U0020582

時間的形狀

—增訂版—

The
Shape
of
Time

Legends
of
Relativity

相對論史話

汪詰

——著

自由學習 15

時間的形狀——相對論史話（增訂版）

作　　　者	汪詰	
責 任 編 輯	林博華	
行 銷 業 務	劉順眾、顏宏紋、李君宜	

總　編　輯	林博華
發　行　人	凃玉雲
出　　版	經濟新潮社
	104台北市中山區民生東路二段141號5樓
	電話：(02) 2500-7696　傳真：(02) 2500-1955
	經濟新潮社部落格：http://ecocite.pixnet.net
發　　行	英屬蓋曼群島商家庭傳媒股份有限公司城邦分公司
	104台北市中山區民生東路二段141號11樓
	客服務專線：02-25007718；25007719
	24小時傳真專線：02-25001990；25001991
	服務時間：週一至週五上午09:30~12:00；下午13:30~17:00
	劃撥帳號：19863813　戶名：書虫股份有限公司
	讀者服務信箱：service@readingclub.com.tw
香港發行所	城邦（香港）出版集團有限公司
	香港灣仔駱克道193號東超商業中心1樓
	電話：(852) 25086231　傳真：(852) 25789337
	E-mail: hkcite@biznetvigator.com
馬新發行所	城邦（馬新）出版集團 Cite (M) Sdn Bhd
	41, Jalan Radin Anum, Bandar Baru Sri Petaling,
	57000 Kuala Lumpur, Malaysia.
	電話：(603) 90578822　傳真：(603) 90576622
	E-mail: cite@cite.com.my
印　　刷	漾格科技股份有限公司
初 版 一 刷	2017年3月16日
二 版 三 刷	2023年6月27日

城邦讀書花園
www.cite.com.tw

ISBN：978-626-95747-7-3、978-626-95747-8-0 (EPUB)　　版權所有‧翻印必究

定價：420元

目錄

第二版自序

本書自首次出版到現在，一晃就是十年過去了。這是我人生的第一本書，我清晰地記得，十年前當我第一次拿到樣書時，內心的激動恐怕和奧運冠軍走上領獎台時差不多。書上市後，我一口氣買了200本。

我當時是一家小公司的老闆，有四五十個員工。我就讓所有員工在我的辦公室門口排隊，每個人走過來，看著我在書上簽個名，然後領走，就好像在書店的簽書會一樣。但這也才送出去不到五十本書啊，這哪夠呢。於是我又開始在親戚朋友中送書，有朋友一家三口（孩子剛上幼稚園），我就送三本，給每個人寫個贈言。我朋友尷尬而不失禮貌地微笑說其實有一本就夠了啦，小孩也還不識字，我說沒事沒事，放個十年就能看了。送完200本書後，我獲得了極大的滿足感，整天都樂呵呵的。

那時我是真沒想到這本書還能在台灣出版，甚至還能在台灣出到第二版，我以前以為只有教科書才需要這樣一版一版地修訂下去的。我也絕對沒有想到，十年後，我成了中國小有名氣的專業科普創作者，作品涉及圖書、音訊、視頻等各種形式，大大小小的獎盃擺滿了一櫥窗。而所有這一切的開端，都是始於這本書。

這本書不僅為我帶來了百萬數量級的讀者（包括有聲書聽眾），也讓我結識了許多重量級的科學界人士。2016年，我有幸認識了台灣著

名的科幻推廣者、科幻作家葉李華博士，葉博士是加州大學柏克萊分校的理論物理博士，曾在台灣多所知名大學開課，目前任教於陽明交通大學理學院。葉老師不僅有深厚的理論物理功底，而且對科學傳播特別熱情。我與葉博士一見如故，相見恨晚。2019 年 5 月我第一次去台灣旅遊，葉博士特別花時間陪我遊覽了許多台灣的名勝古蹟。

當然，我最感謝的還是葉老師為本書指出了不少大大小小的錯誤，尤其是我對「時間旅行」的物理學原理方面的錯誤，以及對量子力學的一些淺薄理解。

因此，這一版中，對原文內容做了比較多的修訂。例如，修訂了關於宇宙膨脹的內容，幾乎重寫了時間旅行的科學原理，修正了對量子力學的幾個不準確的理解。內容的準確和嚴謹性提升的同時，本書最大的特色，即通俗易懂、風趣幽默的特點並沒有被淡化，你依然需要做好一口氣讀完了睡覺的心理準備。

但是不得不說，物理學知識深不見底，任何一本科普書都不可能真正準確地傳達相對論的知識，這是因為科普和科研用的語言不一樣，只有數學才能真正準確地描述物理學知識，而自然語言最多只能讓你形成一個粗略的概念。如果本書讓您對物理和數學產生了比以前更多的興趣或更加深入的探究欲望，就是對我最大的褒獎。

十年，說短不短，說長也不長，我相信自己還有下一個十年創作期。經常有人問我，為什麼那麼熱愛科普創作？有些心裡話我放到書末的第二版後記中再說，先祝您閱讀愉快。

汪詰

2022 年 2 月 22 日於上海

前言

　　我希望這是一本很有趣的書。我認為這本書與傳統科普書最大的差別在於，它更像是一本茶餘飯後的休閒書，或是一本有點意思的小說。在這本書裡，你會看到很多天馬行空般的小故事。牛頓帶著 Tom 和 Jerry 來到一個大水桶裡面觀看神奇的水面凹陷；愛因斯坦化身大警長先是調查了一起環球快車謀殺案，然後又要奔赴雲霄電梯處理可怕的超級炸彈，最後又在太空中建造了一個超級大圓盤以展示他那神奇的時空觀。雖然這一切看上去不像是正經八百的科普，但我可以很負責任地說，故事裡包含的都是很確實的科學真相。很多科學真相用「不可思議」來形容是一點都不過分的，你平常之所以感受不到物理學的神奇，那是因為沒有人告訴你很多看似普通的物理現象背後的故事。現在的高中生都會在實驗室做一個觀察光的雙縫干涉圖像的實驗，這是一個普通得不能再普通的高中光學實驗，可是卻沒有人告訴我們這個實驗背後隱藏著的驚人大祕密，這個祕密足以撼動以愛因斯坦為代表的一代科學家們苦苦建立起來的物理學信仰。一個簡單的光學實驗，如果你了解了它藏在最深處的本質，你會驚訝地發現，這個世界不再是我們原來頭腦中的那個世界了，我們腦袋中很多樸素的哲學觀念，例如物質決定意識，原因決定結果等等都將受到空前猛烈的衝擊。而且，我確確實實是在講科學，不是在講神學或者宣揚神祕主義。

　　我們這本書大致可分為上下兩部分。前六章和大家一起回顧物理學走過的四百多年坎坷歷史，這段歷史中的懸念，其精彩程度不亞於任何一段戰爭史，因為物理學的發展本身就是一部精彩的好萊塢懸疑大片。在伽利略、牛頓等巨星紛紛謝幕之後，我們的超級巨星愛因斯坦閃亮登場，而他成為我們的主角的時候才只有 26 歲。他就像是一個橫空出世的大俠，無門無派，但是一出手就讓天下震驚，他的絕招就是「相對論」。在第六章，我將講述一段跨越半個多世紀的厚重和真實的歷史故事，這個故事塵封已久，但我想告訴大家，真相往往比小說更曲折。後四章是本書的下半部分，故事更神奇，真相更驚人，我將幫你細緻地剖析時空的真相，帶你領略神奇的四維時空奇景。我們先一起去了解整個宇宙時間光錐的終極圖景，然後再回到原子的深處見識一下不可思議的微觀世界，最後看一看當今物理學的最新進展——萬物理論。你只要隨便記住其中的一兩段，就能讓你在平時和朋友們吃飯聊天時大放異彩，只是要當心別聊得興起忘了吃菜，不要發生總是發生在筆者身上的悲劇：話講完了，菜也被別人吃光了。

　　看完這本書，也許你對這個世界的看法會大大改觀。潮起潮落，物換星移，這些平常司空見慣的大自然現象突然在你眼裡會產生完全不一樣的意義。當你晚上抬頭仰望星空，看著夜空中的皓月星辰，宇宙在你眼裡將會換了一番景象，過去的宇宙觀一去不復返了，一個嶄新的宇宙觀將在你的頭腦中建立起來。

　　自小到大，你可能一直會有這樣的疑問：

時間到底是什麼東西？

我們能跨越未來嗎？

我們能回到過去嗎？

光到底是什麼東西？

宇宙到底長什麼樣子？有大小嗎？有生死嗎？

我們能像星際迷航一樣穿梭在銀河系嗎？

這個世界的物質到底是由什麼構成的？

物質可以無限分割嗎？……

這些令人不可思議的問題，科學家到底是如何找到答案的？

看完這本書，或許你將對以上這些問題不再感到疑惑，說不定，你還可以很自信地為你的親朋好友解答他們心中同樣的疑惑。

所有這一切，都要從愛因斯坦發現的相對論開始講起。這的的確確是一個偉大的理論，這是上個世紀人類對這個宇宙祕密最深刻的一次發現。你可能還是會茫然地看著我：「我聽說過相對論，可是它跟我們的日常生活有關係嗎？」

當然是有關係的。比如，GPS導航系統現在已經是一個常用小電器了，我估計很多讀者都有一個車載的，或者手機裡面就有一個。知道嗎，如果沒有相對論，那麼這玩意兒可就會出大問題。因為根據相對論，衛星上面的時鐘會比地面上的時鐘走得快，每天大約快38微秒（0.000038秒）。這個時鐘的快慢並不是因為計時器精度不夠造成的，而是因為衛星上的時間真的變快了。你設想一下，如果人類沒有掌握相對論的知識，那麼就不會知道發射到天上的衛星哪怕用再精確的計時工具計時，也不可能消除這個誤差。你千萬不要小看這微不足道的38微秒，如果不校正的話，那麼GPS導航系統每天積累的誤差將超過10公里（當然這個誤差是垂直方向上的，不是水平方向上的），如果美軍用

這個來導航飛彈的話，那麻煩可就大了。因此在GPS衛星發射前，要先將其時鐘的走動頻率調慢100億分之4.465，把10.23兆赫調為10.22999999543兆赫，這些數字全靠相對論才能精確地算出來。

「神奇！」你大概會驚呼一聲，「相對論原來就是這個啊。」哦不，這並不代表相對論，衛星上的時間變快只不過是相對論無數推論中的一個，我們透過相對論可以精確地計算出衛星上的時鐘和地面上的時鐘的誤差到底是多少。相對論還有很多很多的推論，小到推測水星的運行軌道、在發生日全蝕時星星的位置，大到可以推演太陽的過去與未來、甚至宇宙的過去與未來。「神奇！」你再次驚呼一聲，「不過你越說越玄了，我還是有點不信，你先別說得那麼遠，你前面說什麼來著？時間本身變慢了？這個太令人難以理解了。在我眼裡時間本身是均勻流逝的，我們感受的所謂快慢無非是我們自己的感覺在變化，即便是你的錶和我的錶不準那也不是時間本身不準，而是我們的手錶精度不夠造成的。中午12點整開飯對任何人來說都是12點整開飯，這是一個客觀事實擺在那裡，不會因為我們用的是一支真的勞力士還是一支山寨勞力士而改變。」坦誠地說，我非常理解你的這種想法，而且我還要恭喜你，你的這個思想和偉大的牛頓是一模一樣的。但非常遺憾，這個想法錯了，真的錯了。

相對論是研究時間、空間、運動這三者關係的理論體系的總稱，它是這100多年來人類最偉大的兩個理論之一（還有一個是量子理論，那又是一個長長的激動人心的故事，推薦閱讀《上帝擲骰子嗎？量子物理史話》，作者曹天元），諾貝爾物理學獎是不足以來評價相對論的偉大的。如果上帝真的存在的話，上帝過去總是說：「人類一思考，上帝就發笑。」相對論之後，上帝改口了：「人類一思考，上帝就發慌。」

　　我們對相對論的誤解實在是太多了。大多數人都覺得相對論很神祕、很深奧，是大科學家才能理解的東西。這種誤解來自於一個廣為流傳的關於相對論有多難懂的故事，說的是一位記者問天文學家愛丁頓（Arthur Eddington）：「聽說全世界總共只有三個人能懂愛因斯坦的相對論，您是其中之一，是不是這樣？」愛丁頓一時沉默了，正當記者以為愛丁頓要反駁的時候，沒想到愛丁頓說：「我正在想第三個人是誰。」我估計當時這個記者就震驚了。不管這故事是真是假，總之給我們的一個印象就是相對論很難懂。但是大家千萬不要忘了，這個故事發生在100多年前的1906年，那時候相對論剛剛被愛因斯坦用嚴謹的數學語言描述出來，對那個時代的人來說確實是很難理解的。不要說相對論了，你想像一下如果你回到乾隆年間，對大知識分子紀曉嵐說隨便找一個三角形的東西，把三隻角割下來拼在一起，不多不少，總是恰好能拼出直直的一條邊。

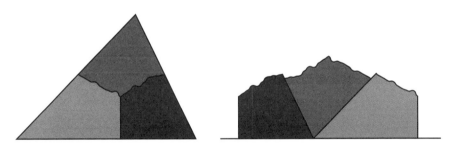

圖0-1　把三角形的石桌的三個角割下來拼在一起，必定可以得到一條直邊

　　鐵齒銅牙的紀曉嵐一開始肯定不相信，真的去找了一些三角形的物件來，一驗證，發現完全正確，即便是大知識分子紀曉嵐也會表示很神奇。但要是在現代，隨便找一個國中生就能證明三角形的內角和是180

度，他會告訴你這是一個很簡單的幾何常識。

同樣，相對論的一些基本原理和概念對我們現代人來說，也一點都不高深，不神祕，很好懂，關鍵在於你是不是願意聽我娓娓道來。

我保證，只要有高中學歷，都可以大致看懂這本書，並且了解到愛因斯坦的相對論為何足以讓上帝對渺小的人類產生敬畏。作為人類的一份子，我以此感到深深的自豪！

1
不得不說的廢話

　　本章之所以叫做「不得不說的廢話」，是因為這章的內容跟相對論本身並不直接相關，如果你完全跳過不看，直接從第二章開始，也不會有任何缺失之處，但我又不得不寫。本章的內容對於你理解相對論會有莫大的幫助，看似有點扯遠的內容恰恰是教會我們如何用一種正確的思維去閱讀，甚至去「找碴」、「批判」。

關於相對論的謠言粉碎機

　　一、某些偽哲學家最喜歡說的一句話就是「偉大的愛因斯坦發現了這個世界的奧祕──世間萬物都是相對的，沒有什麼是絕對的。」

　　胡說八道！尤其是每當我跟某些人說「這是不會變的」的時候，對方告訴我愛因斯坦的相對論禁止這種想法。我忍不住就大喊一聲：「胡說八道，誰告訴你愛因斯坦這麼說過，別抹黑他！」事實上，愛因斯坦在晚年一直很不喜歡別人把他的理論叫做「相對論」，他自己覺得他的這個理論應該叫做「不變論」，因為他的理論中最重要的部分是那些數學方程式中的不變量（invariant）。愛因斯坦深以為自豪的是他發現了宇宙中一些永恆不變的常數，更何況整個相對論都是從「在任何慣性系中，所有物理規律保持不變」和「在真空中光的傳播速度恆定不變」這兩條原理上發展出來的。如果當年相對論真的如愛因斯坦所希望的那樣叫做「不變論」，我很想知道偽哲學家們是否又要說：「偉大的愛因斯坦發現了這個世界的奧祕──不管世界怎麼變化，永恆的永遠就是永恆的。」

　　二、有很多人認為相對論是用來製造原子彈的理論，愛因斯坦正是現在人類面臨的核子危機的罪魁禍首。2011 年日本大地震導致的福島

核電廠的洩漏又一次帶來了很多這樣的謠言，例如「要不是愛因斯坦，要不是相對論，何以至此。」

　　事實是，關於原子彈，愛因斯坦唯一做過的一件事情是在一封由西拉德（Leo Szilard）起草寫給美國總統羅斯福的信上簽了字，這封信主要講的是希特勒有可能正在研製一種威力巨大的「新型炸彈」，如果研製出來，很有可能改變二戰的進程，美國也應該組織力量進行研製，以阻止可怕的災難性後果。而相對論只不過是對這種新型炸彈為什麼會有如此巨大威力的一種理論解釋，即便沒有相對論，這種炸彈也一樣能造出來，只不過人類不知道為什麼其威力如此巨大而已。這就好比我放了一個屁，把自己臭死了，但我百思不得其解為什麼會這麼臭，直到有一天化學家和生物學家經過研究發現了臭屁的原理，但是沒有這個理論並不會阻止我放出臭死自己的這個屁。正如有「活著的愛因斯坦」之稱的霍金（Stephen Hawking）所指出的：把原子彈歸咎於愛因斯坦的相對論，就如同把飛機失事的責任歸咎於牛頓的萬有引力定律一樣（霍金《胡桃裡的宇宙》）。

你必須了解的四個概念

波普的證偽說──科學與偽科學的量尺

　　波普（Karl Popper）是一位著名的科學哲學家，他闡明了一個被現在科學界廣為接受的道理：所有的物理規律（或者說科學定律）都是永遠無法被「證實」的，簡單來說就是科學規律永遠不可能用「拿證據舉例子」的方式來證明給你看的，尤其是證明給那些偽哲學家們。乍聽這個說法，似乎很難理解，其實很簡單。比如說我現在發現了一個科學規

律：天下烏鴉一般黑。那我怎麼證明這個規律呢？我只能到全世界去抓烏鴉的樣本，每抓到一隻都發現是黑的，然後我就跟你說：「你看，我從全世界抓了那麼多的烏鴉，沒有不是黑的，這下你總該相信我關於天下烏鴉一般黑的理論了吧？」你說：「不，你又沒有把地球上的所有烏鴉都抓來給我看，你怎麼知道沒有一隻白色的烏鴉呢？就算你把地球上所有的烏鴉都抓來了，你怎麼知道宋朝的烏鴉也都是黑的呢？你怎麼知道以後會不會生出白色的烏鴉呢？總之你跟我說什麼都不能讓我相信天下烏鴉一般黑這個理論。」波普說得沒錯，我們確實無法證明這個規律是正確的，因為只要舉出一個反例就可以將它推翻，這便是「證偽」。但是我可以根據這個規律大膽地做出一個預言，哪一天你跟我說你又在非洲的某個叢林裡抓到了一隻烏鴉，我不用去看，我就敢說那隻烏鴉是黑的。你每抓到一隻黑色的烏鴉，就為「天下烏鴉一般黑」這個理論增加了一分可信度，直到我們有一天發現了一隻白色的烏鴉，則這個理論就不攻自破了。因而科學理論之所以能稱之為科學，首先它要能做出一些預言，而這些預言恰恰是要能夠被「證偽」的，也就是這個科學理論所做出的預言是有可能被實驗所推翻的。只有滿足了「預言」和「證偽」這兩個條件，我們才能為其冠以科學之名。反過來說，如果你提出的一個理論並且做出的預言是永遠不可能被實驗推翻的，那麼這個就不能稱之為科學理論。比如說，你給出了一個理論：有一種屁放出來是香的。於是我們把全天下的人放的屁都收集過來聞一下，發現都是臭的，但是這也沒法推翻你的理論，因為我們並不能證明你說的那種香屁從來就沒有存在過。另外，你的這個偉大理論也不能做出一個準確的預言：在何年何月何地何人會放出一個香屁來。因此，當一個理論只能「證實」而不能「證偽」，並且當它無法做出可靠的預言時，我們就暫時不

能承認那是科學的，而只能當作一種「見解」來對待，比如「某些人能與死者的靈魂對話」之類的說法。波普認為所有的物理規律都只能算作一種「假說」，它可以做出大量的預測，指導我們的發明創造，但總有一天會因為找到一個不符合理論的反例來要求我們修正理論，不過在沒有找到反例之前，我們仍然認為該理論是正確的、科學的，相對論也不例外。

奧卡姆剃刀原理——科學需要什麼樣的假設？

大概是八百多年前吧，英格蘭有一個叫奧卡姆（Ockham）的地方，那個地方出了一個叫威廉（這在英國是一個超級大眾化的名字，就跟中國有很多人叫王剛一樣）的哲學家，他說了一句話一直影響著科學界直到今天，甚至開始輻射到管理學界、經濟學界等，這句話的原文是Entities should not be multiplied unnecessarily，譯成中文意思是「如無必要，勿增實體」，這就是奧卡姆剃刀原理（Occam's Razor）。為什麼不叫威廉原理呢？你想想看，如果中國有一個住在桃花島的王剛講了一個流傳後世的著名道理，如果叫「王剛原理」就會顯得平淡無奇，但如果叫「桃花島原理」，給人的感覺就完全不一樣了，而且從此桃花島也就出名了，還可以大力開發旅遊資源。不過你看不出奧卡姆剃刀原理有什麼深奧對吧？沒關係，一解釋你就會發現那是大大的有道理。

奧卡姆剃刀原理說的是這樣的道理：如果你發現了一個很奇怪的現象，要對它進行解釋而不得不做很多各種各樣的假設，可能不同的解釋需要不同的假設，但是記住，根據奧卡姆剃刀原理，那個需要的假設最少的解釋往往是最接近真相的解釋。童話「國王的新衣」大家都應該耳熟能詳吧？看到國王在大街上光著屁股走路這個奇怪的現象時，總理大

臣和鄰居家流著鼻涕的小毛都各自有一番解釋。先看總理大臣的解釋：
（1）假設皇帝身上穿著一件世界上最華美的衣服；（2）假設只有聰明
人才能看見這件衣服；（3）假設我是蠢人，所以我看到的是光著屁股
的國王。小毛的解釋：假設國王根本沒有穿衣服，所以我看到的是一個
裸體的國王。根據奧卡姆剃刀原理，小毛的解釋最有可能接近真相！因
為他的假設最少。奧卡姆剃刀原理還說明了另外一個道理：如果有某個
條件是不能被我們感知和檢測到的，那麼和沒有這個條件根本就是等價
的。比如說，天上發生閃電的時候，李大師告訴我們，這是他發功召喚
來的一條天龍正在吐火，但是這條天龍你們凡人是永遠看不見的，也永
遠別想用任何科學手段檢測到，只有他能看見。根據奧卡姆剃刀原理，
李大師的說法和沒有這條龍的存在是等價的。換句話說，我們應當把所
有一切不能被我們所感知和檢測的條件，毫不留情地像剃刀刮肉一樣從
我們的理論中刮去。奧卡姆剃刀原理從提出到現在已經有八百多年了，
這個原理是人類智慧的精華，也是幫助我們看清這個紛亂世界的「第三
隻眼」。我們將會在本書中看到愛因斯坦如何靈光閃現地運用奧卡姆剃
刀原理，他就像說破國王根本沒有穿衣服的那個小孩（那一年他26
歲，在物理學界確實可以算是小孩），一語點醒整個物理界對於光速的
普遍看法。如果用我的話說，奧卡姆剃刀原理說的就是──「上帝喜歡
簡單」。

思維實驗──在大腦中進行的實驗

　　說到實驗，你首先想到的是什麼？是跟我一樣永遠不能忘記第一次
看到老師用火柴點燃倒扣在塑膠杯下面的氫氣時，發出的那一聲巨大的
爆炸聲和自己的驚呼聲嗎？還是傳說中的伽利略在比薩斜塔上面扔下一

大一小兩個鐵球（當然，這只是個傳說而已）？你的腦海中一定翻騰起許多你曾經看到過或者親自做過的實驗。但是你有沒有想過，有一種實驗叫做「思維實驗」，而正是這種思維實驗極大地推動了科學的發展。可能你已經在心裡嘀咕「真的假的？」，現在就給你一個例子。關於思維實驗，科學史上最著名的例子就是伽利略以此推翻了亞里斯多德重物落下得更快的論斷。

（以下對話為虛構）

　　伽利略：「親愛的亞里斯多德先生，您不是說重的東西比輕的東西落下得更快嗎？那麼如果我們把一個鐵塊和一個木塊用繩子拴在一起，從高處扔下來會發生什麼事？按照您的說法，較輕的木塊落下得慢，因此它會拖累鐵塊的落下，所以它們會比單扔一個鐵塊落下得慢一點，是不是這樣？」

　　亞里斯多德：「沒錯，邏輯正確。」

　　伽利略：「但是，鐵塊和木塊拴在一起以後，總重量卻要比一個鐵塊更重了啊，那麼豈不是它們又應該比單個鐵塊落下得更快？」

　　亞里斯多德：「呃……」

　　伽利略：「這個實驗不用實際去做了吧，單單就在我們腦子裡面做一下就可以發現您的理論是自相矛盾的。」

　　亞里斯多德：「你讓我想想，讓我想想……」

　　上面就是一個思維實驗的好例子，在頭腦中進行的實驗有時候往往比真正的實驗更具有說服力。愛因斯坦就是一個思維實驗的大師，相對論的誕生和思維實驗密不可分，甚至可以說，沒有愛因斯坦在大腦中進

行的那些實驗，相對論就不可能誕生。在本書中，我將帶你一起領略很多充滿奇思妙想的思維實驗，感受腦力激盪所帶來的快樂。

佯謬——乍看之下肯定是錯的，沒想到卻是對的

在物理學裡面，經常會遇到一些很有趣的事情，這些事情一開始讓你覺得不可能發生，但恰恰最後又被實驗證明是千真萬確的。像這樣的事情，中文裡面有一個詞就叫做「佯謬」。佯，是佯裝、偽裝的意思；謬，是謬誤、錯誤的意思；佯謬就是佯裝是錯誤的，其實是正確的。在這本書中，會出現很多有趣的佯謬。我們先舉一個統計學中著名的例子給大家看（本例子來源於「果殼網」）：

我高考終於考完了，考得相當不錯呢，終於到了填寫志願的時候，東方大學（簡稱東大）和神州大學（簡稱神大）都是我嚮往的學校，錄取分數都差不多，到底第一志願要填報哪所大學呢？想來想去，為了終生大事我決定報考女生更多的大學，於是我從網上開始搜尋兩所大學的資料開始研究。物理系，東大男女比例大於神大（東大是5:1，神大是2:1，兩所學校都是男生多）；外語系，東大男女比例又大於神大（東大是0.5:1，神大是0.2:1，兩所學校都是女生多，但東大的男女比例更大一點）……哇，怎麼每個科系東大的男女比例都高於神大呢？那還猶豫什麼，我肯定選神大了！兩個月後我順利進入了神州大學，正當我得意於我的選擇的時候，我悲劇地看到了一份資料，上面寫得清清楚楚：東大的整體男女比例小於神大。我靠，有沒有搞錯？！怎麼可能東大的所有科系男女比例都高於神大，但是整體男女比例卻低於神大呢？！我被耍了嗎？肯定是哪裡算錯了吧？於是我拿出計算機狂敲，卻發現網上的資料沒錯，我也沒有算錯資料，結果卻是千真萬確的。這種情況真的可

能發生嗎？是的，這就是著名的統計學上的「辛普森佯謬」（Simpson's Paradox），看起來不可能的事情真的發生了。

你可能還是不相信，那麼我們來編造兩份資料，你可以親自動手演算一下。

物理系數據：

	男生人數	女生人數	男女比例
東方大學	35	7	5:1（大）
神州大學	100	50	2:1

外語系數據：

	男生人數	女生人數	男女比例
東方大學	50	100	0.5:1（大）
神州大學	10	50	0.2:1

學校整體資料（兩科系之和）：

	男生人數	女生人數	男女比例
東方大學	85	107	0.8:1（小）
神州大學	110	100	1.1:1

所以說，這個世界的奇妙往往遠大於你的想像，還有無數更加不可思議的佯謬在前面等著我們。在本書中你會看到發生在一對雙胞胎兄弟身上的佯謬推動了愛因斯坦的深度思考，讓相對論發生了質的飛躍。

2
伽利略和牛頓的世界

相對性原理

我們的故事要從四百多年前開始講起。你可能會嘀咕，相對論不是一百年前的愛因斯坦發明的嗎，怎麼一下子要多倒回去三百多年？知足吧，我已經比美劇《宅男行不行》（*The Big Bang Theory*，又稱為「生活大爆炸」）中的謝耳朵（Sheldon）好多了，他一講起物理，總是從古希臘開始說起。是的，為了讓你能充分領略人類在通往相對論這條路上所經歷的蜿蜒曲折、峰迴路轉，我們必須回到這條路的起點。

現在請跟我一起回到16世紀末的義大利比薩，此時正值文藝復興的後期，國富民強。文學、藝術、科學的春風從義大利席捲整個歐洲，空氣中彌漫著新世紀即將到來的新鮮氣息（相當於中國的明朝萬曆年間）。在比薩大學的一間大教室裡，宮廷數學家奧斯提里歐·利奇（Ostilio Ricci, 1540-1603）正在講台上開講，台下坐無虛席。利奇是聞名全國的著名數學家，一向只在皇宮中講課，他要來比薩大學的消息在幾個月前就已經傳遍了整所學校。醫學系的一位名叫伽利略·伽利雷（Galileo Galilei）的學生起了個大早，終於搶到了最前排的好座位。

利奇開始講解數學的新進展──代數學，並且用簡潔流暢的手法向大家展示了什麼是一元二次方程式，並且給出了 $ax^2 + bx + c = 0$ 通用解法的證明，進而開始講解因式分解的概念以及現場演算了 $(a + b)^n$ 的分解過程。

利奇熟練的演算和生動的講解博得了陣陣掌聲，他注意到坐在第一排的一個年輕學生自始至終都聚精會神地聽講，臉上不時閃過興奮和滿足的表情。利奇一下子對這個學生產生了好感，講課的空檔利奇問道：

「同學，你叫什麼名字？」

「伽利略。」

「什麼科系的？」

「我是醫學系的。」

「啊，真是了不起！」利奇讚歎道，「學醫學的也能對數學如此感興趣，你一定會成為一名偉大的醫生！」

伽利略的臉一下就紅了：「其實，先生，我不喜歡醫學，我更喜歡數學和物理。但是我的父親希望我成為一名醫生，我為此感到十分苦惱。」

利奇說：「別洩氣，年輕人。你可以自學，大學很短暫而人生很長，追隨自己的興趣，你一定能成功的。不管什麼時候，你都可以來找我，我願意成為你的良師益友。」

伽利略受到極大的鼓舞，從此更是瘋狂地喜歡數學和物理，並且經常向利奇請教問題。

我們應該感謝利奇對伽利略的幫助，這雖然使得世界上少了一名不錯的醫生，但是卻催生了一位偉大的物理學家、天文學家和哲學家。

伽利略在力學和物體運動規律方面的貢獻是無與倫比的，是他打下了牛頓古典力學的基礎，而牛頓在此基礎之上蓋起了足以讓後人仰視的古典力學大廈。

伽利略第一項最廣為人知的成就是提出了自由落體定律，這個定律是說：如果不考慮空氣阻力的話，那麼任何物體的落下速度都是一樣的，且都是呈一個固定的加速度（這個加速度上過國中的人都知道，就是 $g \approx 9.8$ 公尺／秒^2）。

　　伽利略把類似自由落體定律這樣的現象和規律統稱為「力學規律」。

　　我們再來看一個伽利略發現的著名的「慣性定律」，其實這就是牛頓第一運動定律（當然，伽利略沒有像牛頓那樣精確地表述出來，因此這一定律的正式的發現權仍然歸於牛頓）。伽利略發現這個定律，也是從一個思維實驗開始的，這個思維實驗具備非凡智慧。伽利略設想把一個小球放到一個 U 型管的一端，鬆手讓小球自由滑落，那麼這根 U 型管表面越光滑，小球在另一頭就上升得越高。伽利略假想如果能發明一種完全沒有阻力的材料，則小球應該能恰好在另一頭到達跟起點同樣的高度。這個現象就好像在一根繩子上掛一個小球做一個鐘擺，如果完全沒有空氣阻力的話，小球從一頭擺到另一頭的高度應該是完全相同的。

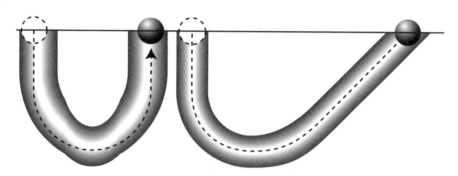

圖2-1　小球從 U 型管一頭落下，應當滾到與起點相同的高度

　　伽利略的這個思維實驗沒有停，他繼續往下想：好，現在假設找到了一種完美的材料，那麼我把 U 型管的另一端拉平，則小球從起點滑落後，為了能在終點達到和起點同樣的高度，它只能不停地、永遠地滾下去，不可能停下來。

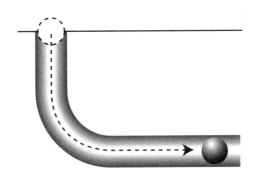

圖2-2　如果Ｕ型管的另一端是平的，小球就永遠不會停下來

　　從這個思維實驗中，伽利略得出了他關於運動的又一個力學規律，那就是在一個完美光滑的表面運動的物體，會有一種保持這個運動的「慣性」，除非有外力阻止這個慣性。伽利略稱之為「慣性定律」。

　　我相信對於各位讀者來說，自由落體定律和慣性定律都是再熟悉不過的物理常識，但是在四百多年前能有這樣的知識可是非常了不起的。講到這裡，我就要拋出本章的重點了，那就是**伽利略相對性原理**。因為你由上述已經知道了什麼是力學規律，有了這個基礎，我們就可以繼續往下講了。

　　伽利略相對性原理：在任何慣性系中，力學規律保持不變。

　　「喂，我剛知道了什麼是力學規律，你馬上又冒出『慣性系』這個專業術語。別賣關子好嗎？」邊上一位同學看我打下上面的黑體字後，忍不住就開始鄙視我。

　　別急，我這就開始解釋「慣性系」是什麼意思。

　　為此，我們來假想一個伽利略和你之間穿越時空的對話。

　　伽利略：「我想問你一個問題，怎麼區分靜止和運動？」

你：「這也叫問題？我開著法拉利一溜煙地從你身邊開過，我就是在運動，難道這有什麼不對嗎？」

伽利略：「對不起，請問法拉利是誰？」

你：「哈，不好意思，忘記你是古人了，那我就不說法拉利了，我們說火車吧。」

伽利略：「火車？」

你（崩潰狀）：「火車也不懂！唉，想想也是，蒸汽機還沒發明，瓦特都沒出生，好吧，那我們說船總可以了吧，船你總知道吧？」

伽利略：「船，當然知道，你的意思是說如果你在開動的船上，我在岸上，那麼我就是靜止的，你就是運動的對嗎？」

你：「哈哈，我可不會上你的當，好歹我也學過幾年物理，我知道你要說什麼，我替你說了吧。說到運動，必須要有一個參考點，如果以你為參考點，那麼你是靜止的，我就是運動的。如果反過來以我為參考點，你就是運動的。對不對？你還真以為我什麼都不懂啊，伽利略先生。」

伽利略：「未來人果然聰明！那好吧，我們繼續，現在假設你在一個沒有窗戶的船艙裡面，完全看不到外面的情況，你有沒有辦法知道船相對於我是運動的還是靜止的？」

你（想了想）：「你這個問題也難不倒我，如果船不是以等速直線運動在開動的話，我很容易知道船是不是在運動。如果船是加速的，我會感到有一股無形的力在把我向後推；如果船是減速的，我就會不由自主地往前傾。我天天坐地鐵，對這種感覺太熟悉了。呃，你就不用問什麼是地鐵了，跟你解釋不清，反正以此我就可以判斷船是在加速還是在減速了。我說得沒錯吧，伽利略先生？」

伽利略：「完全正確。那如果船的加速度很小，你又是固定在座位上的，很難察覺到微小的推背感的時候，你該用什麼方法來判斷呢？」

你：「這個……讓我想一下。有了，這也不難，我只要做一點力學實驗就可以了，比如我用繩子掛一個小球，看這個小球是不是完全垂直的；或者，我把一個小球放在一張平穩的桌子上，看小球會不會自動滾起來。透過很多的力學實驗我都可以發現船的運動狀態。」

伽利略：「回答得完全正確，確實不能小看你。這也就是說，如果船做的不是等速直線運動的話，在船上的力學實驗結果會被改變，換句話說，力學規律會被改變，比如說慣性定律、自由落體定律（自由落體的方向和加速度都有可能改變）等等。但是，如果現在假設船是在做完美的等速直線運動的話，你還能透過力學實驗來知道船是否在運動嗎？」

你：「那顯然就不可能了，如果船艙沒有窗戶的話，我就根本不可能判斷出我是靜止的還是運動的，不論我做什麼樣的力學實驗，我都無法知道。」

伽利略：「是的，也就是說，在等速直線運動的狀態下，所有的力學規律和你在靜止的狀態時都是完全一樣的。而且，你也知道，沒有什麼所謂真正的靜止，我們地球也是在運動的，在地球上的每一個人哪怕站著不動，也在隨著地球一起運動，運動不運動的關鍵在於怎麼選取參考物。」

你：「我覺得，被你這麼一說，靜止和等速直線運動這兩個詞好像失去了準確的意義，我根本無法定義自己到底是靜止的還是在做等速直線運動，靜止和運動永遠都是相對的。」

伽利略：「你越來越接近真理了。沒錯，用我的話來說，靜止和等

速直線運動這兩個詞的物理意義是相同的，或者說都是不精確的，我用一個新的詞來統一他們所描述的狀態，這個詞就是『慣性系』。不論你站在岸上做實驗，還是在一個等速直線運動的船艙裡做實驗，在我眼裡，你都是在一個慣性系裡做力學實驗。我的相對性原理說的就是：在任何慣性系中，力學規律保持不變。」

你：「哦，原來說來說去就是這個啊，嗯，不難理解，我完全同意。」

伽利略的相對性原理對於我們現代人來說，是很容易理解的，但是請大家千萬記住這個原理。在後面我們還會提到這個原理，它跟相對論的誕生可是有莫大的關係，但是你千萬別把伽利略的相對性原理當作是相對論了。

伽利略變換

伽利略在提出了相對性原理之後，覺得用一句話來表述這個原理還是顯得不夠簡潔、不夠酷。伽利略想，好歹我也是個數學家，再怎麼樣也應該用數學的語言來描述我發現的這條偉大的原理吧。於是沒過多久，伽利略就提出了幾個數學公式，用來描述相對性原理，後人把這幾條數學公式就叫做**伽利略變換**（Galilean Transformation）。在我們現代人眼裡看來，這個變換其實相當簡單，只需要一點點小學數學知識即可。現在我要給大家出一道小學數學題（我相信這個題目能勾起你很多美好的童年回憶）：

　　小明和小紅一起來到公車站，兩人見面以後互相對了手錶確定了時間。小紅要坐的車先來，她登上公車，車開動的時候剛好是7點整，公車以10公尺／秒的速度開走了。問：1分鐘以後小紅距離小明多遠？小紅和小明的手錶分別是幾點？

　　可能你腦袋裡會冒出一大堆問號，懷疑這是不是腦筋急轉彎的題目。小明和小紅的手錶完全準時嗎？公車走的是直線嗎？小明在一分鐘內確實沒移動嗎？你這個距離是按照公車頭還是車尾算？小明是一直站著的嗎？真的沒趴下來？

　　我理解你這種心情，社會上混久了，總覺得簡單的背後藏著什麼陷阱。我現在很誠懇地告訴你，確實沒有任何陷阱，忽略你的那些疑惑，這就是一道小學數學題而已。下面是解答：

　　1. 一分鐘等於60秒。小紅距離小明的距離 $s = vt = 10 \times 60 = 600$（公尺）。

　　2. 小明和小紅的手錶都是07:01。

　　上小學的時候，為了解這道題，老師常常以下面這樣的圖來說明：

距離＝速度×時間

小明的位置　　　　　　　　　　小紅的位置

圖2-3　數學題的圖示

　　看到這幅圖，有沒有勾起一點童年的記憶？好了，從這一題出發，我們繼續往下深入一步，我把這個小學數學題改寫為一個國中數學題，如下：

　　小明和小紅各自代表一個座標系的座標原點，且初始位置相同。有一隻大懶貓在小明的座標系中的座標 x 處睡大覺。此時小紅以速度 v 沿著 X 軸方向做等速直線運動，t 時間以後，假設大懶貓在小紅的座標系中的座標為 x'（注意這是 x 一撇），求 x' 和 x 之間的關係式，以及小明的時間 t 和小紅的時間 t' 之間的關係式。

　　我知道你對上面的題幹看了不止一遍，讀起來有點拗口，看起來也有一點深度，但其實這一題實質上和上面那道數學題是完全一樣的，所運用到的數學知識完全一樣，我們看一下這題的圖解：

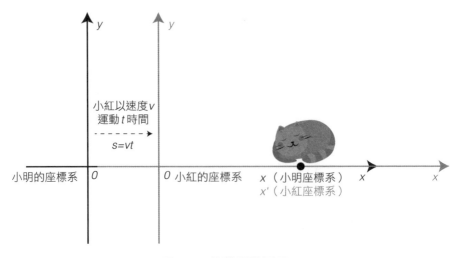

圖2-4　數學題的圖示

看完這個圖，我必須提一下，像這樣一根橫著的X軸加一根豎著的Y軸的座標系叫做直角座標系，這是數學家笛卡兒（Rene Descartes）發明的，我們在高中的時候還學過一種極座標系，那只需要一個極點和一根極軸就夠了（任何一個點的座標是用到極點的距離和與極軸的夾角來表示）。但是直角座標系因為特別容易理解，所以使用最廣泛，以至於我們經常省略直角兩個字，直接叫座標系。如果想要炫耀的話，下次遇到機會就這樣說：「各位，首先讓我們來建立一個笛卡兒座標系……」加上笛卡兒三個字，聽眾馬上就會覺得你很厲害。如果你只是平淡無奇地說：「各位，首先讓我們畫個座標系。」這效果馬上大打折扣。

言歸正傳，就上面的圖解，我直接寫下答案，我想你一定能了解：

$$x' = x - vt$$
$$t' = t$$

以上這兩個數學式我們稱之為伽利略變換式。我知道你正在想：x'到x的變換勉強還能算是個數學公式，不過也真是夠簡單的，但看到這個$t' = t$我真的笑了，這算什麼？就是告訴我們小明的手錶過去了幾分鐘，小紅的手錶也過去了幾分鐘嗎？這也需要伽利略來當作一個偉大的定理來告訴我們？

你先不用這麼忿忿不平，我來解釋一下這兩個數學式的偉大意義。座標x我們可以把它抽象地認為是小明眼中的世界，而座標x'我們可以抽象地認為是小紅眼中的世界，有了這個關係式以後，只要知道了小紅的速度和時間，我們就能把小紅眼中的世界轉換為小明眼中的世界。嗯，上面幾句話我承認還是有點難懂，所以我要來舉個例子。

現在你想像一下，小紅在一艘等速直線運動的船艙裡做各種力學實

驗，測量各種實驗資料來推導各種力學定理。力學實驗要測量什麼？你仔細一想會發現，所有的力學實驗對於物理學家來說只需要測量兩樣東西，一個是座標（比如小球的起點座標和終點座標），另外一個是用一只盡可能精確的錶來測量時間（當然通常還需要測量質量，不過那個一般都是一次性測量或者取一個標準質量的物體）。所有的力學實驗無非就是測量一些座標和時間的數據，然後從這些雜亂的數據中尋找普遍規律，從而總結出力學定律。

　　現在小紅是一個在船艙中做實驗的物理學家，小明是一個站在岸上的物理學家，對於同一個實驗，小紅以自己為參考系可以很方便地測量出一堆數據，但是你想，如果小明也想測量小紅所做的那些力學實驗的數據，他該怎麼辦？小明既沒有千里眼，也沒有千里手，船每時每刻都在離他而去，小明對此只能望洋興嘆。

　　伽利略突然出現了，他看著愁眉苦臉的小明，微笑著說：「不用發愁，山人自有妙計。」

　　小明問：「什麼妙計？」

　　伽利略：「你只需要知道船的速度即可，剩下的事情都好辦。」

　　小明：「船的速度不難知道，測出來以後接下來怎麼辦呢？」

　　伽利略：「你只要讓小紅把她測量到的所有實驗數據下船以後給你，然後用我強大的伽利略變換，你就能把她測得的所有座標數據和時間數據轉換成以你為參考系的數據。」

　　小明：「原來如此，伽利略你真了不起！」

　　於是，小明按照伽利略的辦法如願得到了所有他想要的實驗數據。然後，小明和小紅分別用自己手上的資料開始研究力學規律了，研究完

畢，兩人把他們各自總結出來的規律一比較，竟然完全一致。

你看，有了伽利略變換，我們就能證明對於同一個力學實驗，不管是站在小明的角度觀測，還是站在小紅的角度觀測，所得到的規律是相同的。這不就是伽利略相對性原理嗎？看來伽利略還真是有點不簡單。

大家應該還記得我們在國中的時候學過一個關於自由落體的定律：$h = \frac{1}{2}gt^2$。這個定律告訴我們的是，只要知道物體下落的時間，我們就能算出物體下落的高度。

我本來想以這個例子來說明，雖然通過伽利略變換後實驗數據的絕對值變了，但是最後用數學的方法翻來覆去，等式兩邊同時加加減減，居然所有的差異都神奇地抵消了，最後得出的公式不論是在小明的參考系中還是小紅的參考系中都是完全等價的。但是考慮到很多人對數學公式的天生懼怕，我擔心嚇跑了各位耐心的讀者，因此，我還是不賣弄數學了。

伽利略變換的偉大意義就在於他用數學的方法證明了伽利略相對性原理。

說到這裡，我相信各位讀者已經完全了解了伽利略相對性原理和伽利略變換，一點都不難懂。正因為簡單好懂，符合我們日常生活中觀察到的所有現象，因此，伽利略大俠的這一原理、這個變換就像是倚天劍、屠龍刀，統治了物理學江湖長達二百多年之久。在這二百多年間，無人不臣服，無人敢於挑戰，就好像此刻的你不也認為這是天經地義的事嗎？難道這真有可以挑戰的地方嗎？是的，二百多年後一個叫勞侖茲（Hendrik Lorentz, 1853-1928）的俠士拿著一把鏽跡斑斑的大刀，向伽利略變換發出了挑戰，並且竟然一刀就將伽利略變換這把屠龍刀斬為兩

截。隨後，一個26歲的年輕人，無門無派，不知從何方冒出來，攜一把木劍向伽利略相對性原理這把倚天劍發出了挑戰，這一戰才真是刀光劍影。這個年輕人，姓愛因斯坦，名阿爾伯特，真是一位五百年一遇的奇男子。當然，這是後話，且聽我慢慢道來。

　　1642年1月8日凌晨4點，在其故鄉義大利，78歲的伽利略走到了人生盡頭，他不斷地重複著一句話：「追求科學需要特殊的勇氣。」聲音越來越輕，終於，伽利略吐出了最後一口氣，合上了眼睛，一位科學巨星隕落了。冬去春來，物換星移，整整一年後，在英格蘭的林肯郡有一名男嬰呱呱墜地，一位新的科學巨星誕生了，力學的接力棒從伽利略手上交到了這名男嬰的手上，這名男嬰叫做艾撒克・牛頓（Isaac Newton, 1643-1727）。

史上最強煉金術士牛頓

　　牛頓是歷史上最偉大的煉金術士沒有之一，最偉大的物理學家、天文學家、數學家、自然哲學家、神學家之一。縱觀古今中外所有的「家」們，能集如此眾多的「家」於一身的，古往今來可能就只有牛頓一人。非但空前，而且極有可能絕後，因為現代科學的分支越來越細，研究越來越深，任何一個領域想要成為「家」都得窮其一生才行⋯⋯打住打住，你說什麼？牛頓是最偉大的煉金術士，還沒有之一，真的假的？對於這件事，我沒有半分開玩笑的意思，是千真萬確的。牛頓用其一生追求點石成金之術，不過沒有證據說明他是為了財富才煉金，我想他去煉金也應該是出於對大自然奧祕的追求。牛頓自己多次說過他最大的興趣是煉金術，而且他用自己的實際行動證明了這一點，他流傳下來

的關於煉金方面的著述超過50萬字，他在煉金方面花費的時間相當於他在其他學科所花費時間的總和。但大多數人都不知道牛頓是煉金術士，主要還是因為他在這方面沒有成就，因為以當時人類對自然科學的認識，是不可能掌握點石成金之術的。

　　牛頓在自然科學方面到底有哪些貢獻，那可真是多如牛毛。在物理學方面，他提出了著名的牛頓運動三定律；在天文學方面，他發現了萬有引力定律（還記得那個蘋果掉在牛頓頭上的傳說嗎？那只是個傳說，別太當真），發明了反射式望遠鏡；在數學方面創立了微積分；在光學方面發現了色散現象、牛頓環現象，寫出了《光學》(Opticks)；在經濟學方面，奠定了英國的「金本位」體制，他還是英國皇家造幣局局長。這個清單如果繼續往下還有很長很長，但是上面說的這些你都可以在看完本書之後忘掉，只有一項你一定要記住，記住這個，以後跟人談起牛頓，你只要一提起，人家就會認為你對牛頓了解得不少，那就是你一定要記住牛頓寫過的一本書。李敖曾說過「牛頓其人，五百年不朽；牛頓其文，一千年不朽」指的就是這本書。書名是《自然哲學的數學原理》（Philosophiae Naturalis Principia Mathematica），我們一般簡稱為《原理》。這本書代表了古典物理學的巔峰，牛頓把從大到天上的皓月星辰，小到地上的潮起潮落，一切的自然規律都納入到這本震爍古今的《原理》中。這本書就像是神話中的魔法書，讀懂了它就可以預測一切天文奇觀。我們前面說過伽利略為古典力學打下了基礎，牛頓在上面建立了雄偉的大廈，而《原理》就是這座大廈的門牌，希望你能記住。好了，畢竟我們這本書是講相對論，不是給牛頓著書立說，總之我們只要知道一點，牛頓是一個光芒萬丈的天才科學家即可。對了，他的墓誌銘必須要說一下，詩人蒲柏（Alexander Pope）為牛頓所作的墓誌銘中寫

下了這樣的名句：

> 自然和自然的規律隱藏在黑夜裡，
> 上帝說：降生牛頓！
> 於是世界充滿光明。

　　看看，詩人就是詩人，你說牛頓哪裡還是個人，簡直就是神的化身啊。你說就這麼一個神一樣的人物，用了自己生命的一半時間去研究煉金術，這世界上還有誰能比他煉得更出色？牛頓煉金煉累了，順便想一下物理、數學、天文的事情，想出來的東西就夠我們後人仰視一輩子了，這樣的人如果還不是史上最強煉金術士，還有誰呢？但我們畢竟要說的是相對論，因此，我只談牛頓跟相對論有關的內容，其他部分就略過不表。

牛頓的絕對運動觀

　　下面，我要虛構一段牛頓在劍橋大學給物理系的新生們授課的場景。有史料表明牛頓的講課水準爛得出奇，據說在他的課堂上，常常到第一節課結束時，座位上的學生已經寥寥無幾，牛頓只好對著空蕩蕩的教室快點把剩下的內容講完，然後匆匆回到實驗室做研究去，以至於後來牛頓把每節課的時間減少到 15 分鐘，這樣才不至於要對著空氣講課。可見，牛頓實在不能算是一個稱職的老師。但為了讓各位可愛的讀者能堅持看下去，我盡可能把牛頓的這個弱點補強，把這堂課上得有趣一點。特別聲明，場景和對話純屬虛構。

牛頓：「同學們，上課了！下面開始點名。Tom，ok；Jerry，ok。嗯，不錯，今天來了兩個，比昨天多了一個。今天我們要講的是時間、空間和運動。

「我們假設有一艘船正以10公尺／秒的速度開著（畫外音：船，怎麼又是船，我說你就不能換個花樣嗎？換個火車什麼的。唉，我也不想啊，那個時代沒有火車、飛機、火箭，能開的東西不是馬車就是船，所以那時的物理學家一說起運動，就只能說船，但我跟你保證我們這本書的後面不但有飛機還有太空船，包你過癮）。Tom，現在我把你扔在船尾，你以1公尺／秒的速度朝船頭方向走動。Jerry，你站在岸上，我想問一下，Tom在你眼裡的速度是多少？Jerry，Jerry，這才剛開始你怎麼就打瞌睡了，振作點，這裡還有讀者呢！好吧，Jerry，看在你這麼誠懇地看著我的份上，我就不為難你了。

「我們可以利用伽利略變換很容易地算出，在Jerry的座標系裡面，Tom的移動速度是船的移動速度加上Tom自己走路的速度，也就是10＋1＝11公尺／秒。

「那麼，問題一：如果Jerry自己在岸上用2公尺／秒的速度和船做同方向運動，在Jerry眼裡Tom的速度是多少呢？問題二：如果Jerry和船做著反方向運動，在Jerry眼裡Tom的速度又是多少呢？

「我們再一次利用伽利略變換，可以算出，問題一是10＋1－2＝9公尺／秒，問題二是10＋1＋2＝13公尺／秒。Tom and Jerry，你們的老師我如此囉唆地問你們這些看似很無聊的問題，是希望你們能自己歸納出速度合成的規律，給出速度合成的定律。怎樣，你們兩個誰先表現一下？」

Tom舉手，說：「教授，我知道了，假設A的速度是v，B的速度是

u，那麼他們的相對速度 w 的公式是：

$$w = u \pm v$$

「取加號還是減號，關鍵是看兩個速度的方向，如果一致就取減號，否則取加號。」

牛頓：「非常好。那麼，Jerry，你同意 Tom 的結論嗎？」

Jerry：「我完全同意，教授。我想補充說明的是，速度到底是多少，絕對不能脫離參考系。同樣運動的物體，在不同的參考系中，速度是完全不一樣的。比如說，在我眼裡 Tom 的速度是 11 公尺／秒，但是如果從一個站在太陽上的人眼裡看來，Tom 的速度還得再加上地球繞太陽運轉的速度。」

Tom：「我再補充一句，當我們說某某的運動速度是 v 的時候，必須先設定該速度的參考系，否則就會失去物理意義。按照這個道理，世界上也不存在絕對的速度快慢。當我站在船上 Jerry 站在岸上，在船上飛舞的蒼蠅眼裡，Jerry 運動得比我快；反過來，在岸上飛舞的蒼蠅眼裡，我運動得就比 Jerry 快。」

牛頓：「說得很好，你們兩個今天果然很有精神，有觀眾和沒有觀眾真是不一樣啊。但是接下來我就要問你們一個有深度的問題了，請問，什麼東西可以當作參考系？」

Tom 和 Jerry 異口同聲：「任何東西都可以當參考系。」

牛頓：「很好，那空間本身是不是也可以當參考系？」

Tom 和 Jerry：「呃……這個，還真沒想過這麼深奧的問題。」

牛頓：「請你們想像一下，宇宙中充滿了空間，宇宙延伸到哪裡，空間就延伸到哪裡。這個巨大的空間本身代表的就是宇宙的母體，處處

均勻，永不移動，所有的東西，天上的星星，地上的螻蟻，我們所居住的地球都在這個空間中運動。如果把空間本身看作是一個參考系，這個參考系就是一個『絕對空間』，所有物體在這個參考系中的運動速度就是一種『絕對速度』，他們就可以比較快慢了，我們會發現，原來地球的絕對運行速度比太陽的絕對速度要快。」

　　Tom：「教授，您的這個思想真是太深刻了，學生佩服。」

　　Jerry：「可是，我還是有點無法理解。」

　　牛頓：「Jerry，在上帝的眼裡，我們的宇宙就像一個巨大的玻璃球，玻璃球中充滿了水，水安安靜靜地待在那裡，沒有一絲一毫的流動。太陽星辰和我們就像水中的魚兒一樣在裡面游動，魚兒感受不到水的存在，我們也同樣無法感受到空間中的某樣實體的存在。親愛的Jerry，就像水充滿這個宇宙大玻璃球一樣，我們的宇宙也被一種叫做以太（ether）的物質充滿，宇宙萬物的運動都相對於這個以太有一個絕對速度。這樣你了解了嗎，親愛的Jerry？」

　　Jerry：「是的，教授，我了解了。但是，您說的這個以太總是讓我心裡有點不安，因為它無法被我們所感受到，根據我們老家奧卡姆很流行的一句話來說，似乎這樣的東西就跟沒有是一樣的。教授，您能設計一個實驗來證明絕對空間的存在嗎？」

　　Tom：「我說Jerry，你是不是想多了，教授是多麼偉大的人，他的思想還能有錯嗎？」

　　牛頓：「不，Tom，別這麼說，我可不是虎克（Robert Hooke，另一位著名的英國科學家，發現了虎克定律，也就是彈性定律。虎克與牛頓一生爭執不斷）那個小矮子，不容得別人質疑。我是站在巨人肩膀上的人，當然比虎克那個小矮子看得遠點，哈哈哈。Jerry，你提的問題很

好，我已經想到了一個思維實驗來證明絕對空間的存在。」

牛頓水桶實驗中的絕對時空觀

牛頓轉身在黑板上畫了一個大大的水桶的俯視圖，又在水桶裡面畫了一些水，要不是牛頓一邊畫一邊解釋這是什麼，Tom 和 Jerry 都以為牛頓在畫大餅。

牛頓：「我們來做一個水桶實驗。Jerry 你看到我畫的這個裝著半桶水的水桶了嗎？外面這一圈就是桶壁，裡面都是水。

圖 2-5　牛頓的水桶實驗

「現在，Jerry 你想像你的身體突然縮小了，縮得很小，然後我把你固定在水面附近的桶壁上，讓你可以很方便地看到水的狀態。注意了，我現在用一根繩子把水桶給吊起來，然後我把水桶這麼用力一轉，於是

水桶就轉起來了。Jerry，你，在水桶裡面感覺好嗎？」

Jerry：「教授，感覺很不好，我的頭要暈了，我的眼睛在冒金星。」

牛頓：「你忍耐一下，孩子，集中精神，觀察水面。」

Jerry：「好的，教授，我能忍耐。」

牛頓：「Tom，我已經跟你們講過我的第一運動定律，物體會保持自己的慣性。所以，水桶在剛剛開始旋轉起來的時候，整個水體因為要保持慣性，所以不會馬上跟著轉起來，水桶會轉得比水快很多，這一點不用懷疑。那麼在水桶剛開始旋轉起來的時候，在 Jerry 眼裡看來，水相對於他開始轉動起來了，我們現在向 Jerry 求證一下，看看是不是這樣。Jerry，快點告訴我你看到了什麼？」

Jerry：「教授，正如你所說，我看到水轉動起來了。」

牛頓：「很好，Jerry，我們都知道一個旋轉的物體會產生向外的離心力（準確地說是向心力），這個離心力表現在一個呈圓柱形的水體中，就會使得水面中心向下凹陷，這是我們在生活中經常觀察到的現象。Jerry，你看一下水面發生了什麼。」

Jerry：「教授，我看到水面依然平靜如故，沒有往下凹陷，這可真奇怪了，我明明看到水在我眼前轉動啊？」

牛頓：「Tom，看到了吧，在我們眼裡，轉動剛開始的時候水面不凹陷非常正常，因為在我們眼裡水由於慣性還沒轉起來嘛。換句話說，水相對於絕對空間尚處於靜止狀態，但是對於桶壁上的 Jerry 來說，他把自己視為靜止狀態，所以水相對於他就是轉動的。現在我們稍等一下，因為水的黏著力，我們會看到最終水桶會帶動著水一起旋轉起來，然而對於桶壁上的 Jerry 來說，水就慢慢變成靜止的了。Jerry，你現在看到了什麼？」

Jerry：「教授，我看到水越轉越慢，越轉越慢，快要不動了。哦天哪，太不可思議了，水面正在向下凹去，這真是我這輩子所見過最不可思議的景象，水停止了旋轉，而水面憑空就凹下去了，但是又沒有漩渦，就好像水面上有一個無形的大鐵球把水給壓下去一樣！」

牛頓：「你看，在 Jerry 眼中的神奇景象，在我們眼裡看來平凡無奇，原因很簡單，此時的水相對於絕對空間開始旋轉起來了，這個旋轉的本質不因觀察者所取的參考系而改變。好了 Jerry，我現在把你復原，你回來吧。」

Jerry 擦了擦汗：「這真是一次奇妙的經歷，教授！」

牛頓：「讓我們再來回顧一下剛才那個水桶實驗，如果運動都是相對的，沒有一個絕對參考系的存在的話，那麼桶壁上的 Jerry 應該看到水面是先凹後平，因為在 Jerry 眼裡，水相對於自己是從轉動到靜止的。但是實際上 Jerry 和我們一樣都看到了水面是先平後凹的，這就是絕對空間存在的證明。」

牛頓得意地說完，看著 Tom 和 Jerry，兩人還愣在那裡，一時之間反應不過來。牛頓的水桶實驗雖然具備大智慧，但卻並不能讓所有人滿意，物理學界對這個實驗的質疑聲從來不曾停過。但畢竟牛頓的光芒實在太耀眼了，其他人的聲音很難發得出聲響。

Tom：「教授，你的這個思維實驗太偉大了，我折服了。」

Jerry：「教授，我恐怕一下子還不能完全理解，讓我回去再想想。」

牛頓：「Jerry，看不見摸不著而又真實存在的東西有很多，不只是絕對空間，還有一樣東西，你也看不見摸不著，但是我們誰也無法否認它的存在，那就是——時間。你們說說看時間是什麼？」

Tom：「時間就是生命，時間就是金錢，時間就是知識，時間就是

勝利，時間就是豐收，時間就是靈感，時間就是思考。」

　　Jerry：「時間就是教堂的鐘聲，時間就是太陽的東升西落，物換星移，我說不清楚時間是什麼，但我確實感受到時間在流逝。」

　　牛頓：「時間是它自個兒的事情，它真實存在但又與外在的一切事物都無關，它絕對地、均勻地流逝，不與任何性質相關，任何力量都無法改變它絕對不變的頻率。西敏寺大教堂的鐘聲 12 點整敲響，它就是 12 點整敲響，不會因為你在洗澡還是在跑步而改變它 12 點整敲響的本質。Tom 在倫敦，Jerry 在巴黎，如果忽略聲音的傳播時間的話，當鐘聲響起的時候，你們都應當聽到鐘聲，在聽到的那一剎那你們倆若有心靈感應，你們會同時感受到對方傳遞的感受。時間對於世間萬物都是公平的，上帝既像一個慷慨的施主又像是一個超級吝嗇鬼，不論你是國王還是乞丐，他從不⋯⋯」

　　此時下課鈴響了，Tom 和 Jerry 幾乎是在鈴聲響起的同時消失在教室門口，消失速度之快甚至讓牛頓都懷疑時間是不是真的存在了。

　　「⋯⋯多給一點也不少給一點。」牛頓對著空氣把最後一句話說完，也夾著講義走出了教室。

　　牛頓的時空觀符合我們大多數人的日常生活體驗，因此，牛頓的這套思想體系我相信各位讀者也很容易接受。況且，和牛頓的想法一樣本身就是一件多麼值得自豪的事情啊，牛頓就是跟神一樣的存在，他是當時物理界的泰斗，牛頓說出來的話就像是來自上帝的啟示。牛頓的絕對時空觀被牛頓鄭重地寫入他那本神書《原理》中。神書之所以是神書，因為用神書中所描述的定理可以準確地預測月蝕、日蝕發生的時間，精確到分秒不差，還能藉由計算預言當時尚未被觀測到的太陽系行星的存

在（海王星）。當預言被證實的時候，牛頓和他的神書的聲譽達到了空前的頂峰，再也沒有人懷疑神書中描述的任何事情，牛頓的古典世界觀大有千秋萬載、一統江湖之勢。

然而，就在牛頓死後又過了一百多年，一系列的物理實驗都得到了讓人匪夷所思的結果，這些結果如此地讓物理學家詫異，以至於他們一次次地懷疑自己的實驗設備是不是出了問題。但是重複這些實驗，而且實驗結果都無情地推翻了牛頓的絕對時空觀，整個物理學界都開始陷入瘋狂，物理學遇到了前所未有的危機。如果牛頓地下有知，他一定會說：「上帝啊，這一切到底是怎麼了？」

如果說到目前為止，本書所說的一切都還讓你覺得這個世界就是你所認識的那個天經地義的世界，那麼，接下去發生的一切，將慢慢顛覆你的常識，開始挑戰你的思維極限。

3
光的速度

　　經過了前面兩章，我們終於要開始真正進入相對論的世界了。如果說相對論是隱藏在山谷中的桃花源的話，那麼正是「光」引導著懵懂的人類撥開草叢，沿著蜿蜒的小溪進入一個幽暗的洞穴，穿出洞穴後，一切豁然開朗，桃花源就在眼前。

　　說相對論就必須要談談人類對光的傳播速度的探索過程，你必須再耐著性子，壓著對相對論到底是什麼的強烈好奇，和我一起回顧一下人類和自然界中最普通也最神祕的光的故事。注意，這絕對不是廢話，「光」是這本書最重要的主角之一。

伽利略吹響了衝鋒號

　　在人類漫長的歷史中，大家曾一度認為光線的傳播是不需要任何時間的，也就是光的傳播速度無限大。這非常符合我們的常識，你在漆黑的房間裡劃亮一根火柴，火柴的亮光發出的那一剎那，整個房間就被照亮了，誰也沒有看到過自己的手先亮起來，然後是自己的腳，接著再看到房間的牆壁慢慢顯現出來。當太陽從山後升起來的那一剎那，地面上所有的東西都同時披上了金色的外衣，誰也沒有看過陽光像箭一樣朝我們射過來。

　　但是，在今天，連小學生都知道，我們之所以無法感覺到光的傳播速度，不是因為光的傳播不需要時間，而是光傳播的速度竟然達到驚人的30萬公里／秒。這是一個多麼快的速度啊，如果用這個速度跑步，1秒鐘可以繞地球7圈半。如果用這個速度從地球跑到月球，1秒鐘多一點就到了，而人類最快的飛行器阿波羅登月太空船則要飛4天才到。你可能很好奇，這麼快的速度，到底是怎麼測量出來的？這正是本章要講

述的故事——測量光速。但是所有參與這個故事的人都只猜到了開始，卻沒有猜到結局，人類對光速的測量原本是一個普普通通的物理實驗行為，沒想到最後卻給整個古典物理學說籠罩上了一層烏雲。

第一個對光速無限大提出質疑的人，就是我們的老熟人伽利略先生。伽利略從哲學的角度思考，認為物質從一個地方到達另一個地方不需要時間是一件無論如何都無法想像的事，上帝既然創造了空間，那麼就不應該再創造出可以無視空間存在的東西。伽利略畢竟是伽利略，他不光是提出質疑而已，而是著手開始用實驗來測量光速。

我們來看看伽利略是怎麼做的。

伽利略一行四人，分成兩組，分別登上兩座相隔甚遠的山峰，每組各自攜帶一個光源。很不幸的是，那個時代能夠讓他們挑選的光源只有兩樣：火把和煤油燈。伽利略他們只好帶上兩盞自己改良後的煤油燈。煤油燈其實只是做了一個簡單的改良，就是在燈的一面加上了一個滑蓋，當放下滑蓋時，就可以擋住亮光，而把滑蓋拉起後，亮光又會照射出來，透過這樣快速地拉動滑蓋就能製造出從遠處看來煤油燈一閃一閃的效果。除了兩盞煤油燈外，還需要兩具一模一樣的鐘擺計時裝置（這種裝置也是伽利略發明的，利用鐘擺的等時性原理製成，是擺鐘的前身），以及記錄資料的紙筆。好了，這就是伽利略他們全部的裝備。各位如果你們現在來到山頂，拿著這些裝備，任務是要測量光速，你會怎麼做？是不是會一籌莫展呢？且看我們的大科學家伽利略是怎麼做的吧。

在上山前，伽利略開始給隊員們分配任務：「卡拉齊，你和我一組去Ａ區，貝尼尼和卡拉瓦喬一組，你們去Ｂ區。我和貝尼尼負責掌管煤

油燈，卡拉齊和卡拉瓦喬負責記錄資料。貝尼尼，你要記得，當看到我的煤油燈發出的信號時，你也立即拉開滑蓋給我信號，我一看到你的信號我就會關上燈，然後你一看到我的燈滅了，你也趕緊把燈關上，我看到你關上燈我就迅速地再把燈打開發出信號，於是你也按照前面的步驟重複，我們就這麼迴圈做下去，只要我給信號你就不要停。聽明白了嗎？貝尼尼。」

貝尼尼：「是！」

看到這幅場景，如果不知道的人，一定以為伽利略是特種部隊的頭子，正在打真人射擊遊戲呢。

伽利略繼續說：「卡拉齊，卡拉瓦喬，你們兩個負責記錄資料，你們聽好了，你們的任務是記錄在鐘擺的一個來回內，你們總共看到你們的同伴發出了多少次信號。任務大家都清楚了吧？還有沒有問題？」

眾人齊聲：「沒有問題！」

伽利略：「有沒有信心完成任務！」

眾人齊聲：「一定完成任務！」

於是，帶著必勝的信念他們上山去了。伽利略的智慧是過人的，他已經有了用統計學的方法來消除誤差的想法。他很清楚，他們在開關煤油燈的過程中，必然會有很多誤差，要消除這個誤差，就必須重複做大量的次數取平均值。你可以想見在那個寒風凜冽，伸手不見五指的山頂（為了實驗效果，他們還要特別選擇沒有月光、星光干擾的陰天），伽利略和他勇敢的助手們為了探求光速的祕密，不知疲倦地做著開關煤油燈的機械動作，旁邊還有兩個人一邊數著煤油燈開關的次數，一邊還要注意鐘擺的擺動，其難度可想而知。

　　然而不幸的是，雖然有必勝的信念，但這卻是一個不可能完成的任務。如果伽利略地下有知光速是 30 萬公里／秒的話，他也只能用他那句名言「追求科學需要特殊的勇氣」來自嘲一下了。用煤油燈和鐘擺計時器想要測量光速無異於把比薩斜塔抱起來去量一下細菌的長度。但我們仍然要向伽利略致敬，是他吹響了人類向光速測量進攻的號角。

光速測量大賽

　　伽利略死後又過了三十多年，也就是到了 1675 年左右，人類終於首次證明了光是有傳播速度的。這個榮譽要歸於一位丹麥天文學家，他的名字叫羅默（Ole Romer, 1644-1710）。羅默特別喜歡觀測木星（這是最容易在地球上看到的一顆星星，很大很亮。像我在上海這樣的城市，夜晚的天空很亮，只能看見少數的幾顆星星，一般來說，那顆最亮的，像燈泡一樣掛在天上的通常就是木星）。當年伽利略第一個發現木星原來也有衛星，而且至少有四顆，這四顆衛星繞著木星公轉，從我們地球的角度看過去有時候這些衛星會轉到木星的背面去，於是就產生了如同我們在地球上看月蝕一樣的現象：木星的衛星慢慢地消失，然後又在木星的另一側慢慢出現。羅默對木星的「月蝕」現象整整觀察了九年，累積了大量的觀測資料。他驚訝地發現，當地球逐漸靠近木星時，木星「月蝕」發生的時間間隔也會逐漸縮小，而當地球逐漸遠離木星時，這個時間間隔又會逐漸變大。這個現象太神奇了，因為根據當時人們已經掌握的定理，衛星繞木星的運轉週期一定是固定的，不可能忽快忽慢。羅默經過思考，突然靈光一閃：我的天，這不正是光速有限的最好證據嗎？因為光從木星傳播到地球被我們看見需要時間，那麼地球離木星越

近，光傳播過來的用時就越短，反之則越長，這用來解釋木星的「月蝕」時間間隔不均現象那真是再恰當不過了。羅默的計算結果是光速為22.5萬公里／秒，已經和真相差得不遠了。羅默最大的貢獻在於他用詳實的觀測資料和無可辯駁的邏輯證明了光速有限，並且還精確地預言某一次「月蝕」發生的時間要比其他天文學家計算的時間晚10分鐘到來，結果與羅默的預言分毫不差。從此，光速有限還是無限的爭論劃上了句點，整個物理學界都認同了光速是有限的。

接下來的事情就像一場比賽，大家比賽誰能更精確地測量出光速。在這場比賽中，有兩大陣營，就是天文學家陣營和物理學家陣營。天文學家用天文觀測的方法來計算光速（除了利用我們前面說到的類似羅默觀測木星衛星的方法來觀察其他行星的衛星，還有一種方法叫「光行差」，這裡不多介紹，有興趣可以自己上網查），而物理學家試圖在實驗室中精確地測量出光速。剛開始，天文學家一直跑在前面，畢竟光的速度太快了，在天文的大尺度範圍內顯然更容易觀測到因為光速有限而產生的各種天文現象，但對實驗物理學家來說，要想讓實驗的精度提高到足以測量光速，那真是比登天還難。不過，普羅大眾總是更願意相信實驗室中的資料，因為天文觀測離我們太遙遠，人們迫切地希望能在實驗室中真正測量出光速，畢竟看得見摸得到的實驗設備還是更讓人覺得溫暖一點。但是想要提高實驗精度談何容易，因此一直到羅默證明光速有限後又過了一百七十多年，直到1849年，法國物理學家菲索（Armand Fizeau, 1819-1896）想出了一個絕妙的主意來測量光速。這個點子實在是太棒了，下面我們來看看菲索的旋轉齒輪法是如何測量光速的，凡是見過這套實驗設備的人無不拍案叫絕。

菲索的旋轉齒輪法的原理圖如下：

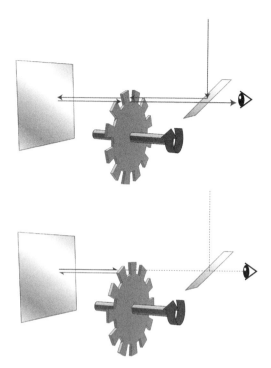

圖3-1　菲索的旋轉齒輪法測量光速的原理圖

　　一束光穿過齒輪的一個齒縫射到一面鏡子上，然後光會被反射回來，我們在這個鍍了銀的半透鏡後面觀察（這種鏡子有種特殊的性質，就是一半的光會被反射掉，一半的光會被透射過去。這種現象一點都不稀奇，你在家裡對著窗戶朝外看，如果明暗適當，你就能看到自己的影像又能看到外面的景物，這就是光的半透射現象），你想想看，如果齒輪是不轉的，那麼被反射回來的光會原路返回，仍然通過那個齒縫被我們看到。此時，你開始轉動齒輪，在剛開始轉速比較慢的時候，因為光速很快，光仍然會通過這個齒縫回來。但是當齒輪越轉越快，越轉越快，到一個特定的速度時，光返回的時候這個齒縫剛好轉過去，於是光

被擋住了，我們就看不到那束光了。當齒輪的轉速繼續加快，快到一定程度時，光返回的時候恰好又穿過下一個齒縫，於是我們又能看見了。這樣的話，我們只要知道齒輪的轉速、齒數，還有我們的眼睛距離鏡子的距離，就能計算出光速了。注意，這個實驗的最偉大之處就是不再需要一個計時器，之前所有的實驗室測量都失敗的根本原因就在於找不到有足夠精度的計時器。但是你們也別以為菲索很輕鬆，事實上因為光速實在太快了，菲索只能不斷地加大光源到鏡子的距離，這樣就必須增強光源的強度，還要不斷地提高齒輪的齒數，齒數太少精度也不夠。就這樣，在菲索不斷的努力下，終於當齒數上升到720齒，光源距鏡子的距離長達8公里之遙，轉數達到每秒12.67轉的時候，菲索歡呼一聲，他首次看到了光源被擋住而消失了，當轉速被提高一倍以後，他又再次看到了光源。菲索終於勝利了，他計算出了光的速度是31.5萬公里／秒，和光速的真相已經近在咫尺了。

光速測量的比賽還在繼續，各種各樣的新方法被發明出來，實驗的精度也不斷提高，我們就不再繼續深究下去了。我只想讓你明白人類在對光速測量之路上是如何艱難跋涉的，光速也絕不是某人的憑空想像，而是幾代人的不斷努力才發現的大自然的奧祕。但本章關於光速的故事才剛剛開始，好戲即將上演。

驚人的發現

菲索在實驗室得到光速的二十多年後的1873年，英國科學家馬克士威（James Clerk Maxwell, 1831-1879）出版了能與牛頓《原理》比肩的物理學經典巨著《電磁通論》（*A Treatise on Electricity and Magnetism*），

不過這本書並不像《原理》那樣一誕生就技驚四座、光芒四射。《電磁通論》剛開始的時候並未得到大多數人的認同，這也難怪，電和磁都是虛無飄渺的東西，對它們進行描述的理論總不像對小球的運動規律進行總結的理論讓人覺得實在。馬克士威認為電和磁是同一種物質的不同表現形式，它們之間的性質和相互作用力被馬克士威用四個簡潔優美的方程式描述出來，那就是「馬克士威方程式」。你只要隨便翻看一本講物理學或科學史的書，裡面基本上都會提到馬克士威方程式是數學美的典範，無數大科學家都被它的美所震撼，單從它的表現形式之美來說，它就不可能是錯誤的（事實上直到今天，所有古典物理學中的公式除了馬克士威方程式以外，都被相對論所修正。唯獨馬克士威方程式仍然保留著它簡潔優美的形式，似乎添加任何一筆都是多餘的）。不過，我不需要在這本書中把這些方程式寫出來，我和很多讀者一樣也是電磁學門外漢，無法體會它的美，如果讀者當中恰好有行家，我相信馬克士威方程式已經深深地印在他們的腦海中，也不需要我再抄出來。

　　根據這四個優美的方程式，馬克士威預言了一種神奇的叫做電磁波的東西。馬克士威說：「隨著時間變化的電場產生了磁場，反之亦然。因此，一個振盪中的電場能夠產生振盪的磁場，而一個振盪中的磁場又能產生振盪的電場。於是，這些連續不斷同相振盪的電場和磁場循環往復，永不停歇，就像一顆石頭扔入湖中產生的漣漪，電磁場的變化也會像水波一樣向四面八方擴散出去，這個擴散出去的電磁場我把它叫做──電磁波。雖然我現在還無法用實驗的方法證明它的存在，但我堅信它一定存在。」

　　很遺憾，天才馬克士威只活到48歲，到死也沒能親眼見證電磁波的誕生。他死後沒過幾年，一位德國的年輕物理學家赫茲（Heinrich

Hertz, 1857-1894）接下了馬克士威的衣缽。終於在1888年，赫茲在實驗室發現了人們懷疑和期待已久的電磁波。赫茲的實驗公布後，轟動了全世界的物理學家，大家紛紛仿效此實驗，所有的實驗結果都證明馬克士威的電磁理論是正確的，馬克士威方程式取得了決定性的勝利，他的偉大遺願也終於得以實現。既然電磁波是一種波，那麼它的傳播速度就可以用頻率乘以波長算出來。頻率很好辦，是由實驗設備的各種參數決定的，而波長也不難測，只要拿著一個感應器找到波峰（感應電流最強）和波谷（感應電流最弱）即可算出波長。赫茲沒有花多少力氣就找出了波長和頻率，他把兩個數值一乘，得出了電磁波的傳播速度是31.5萬公里／秒（限於實驗精度，和真實的速度有誤差），一個很驚人的速度。

　　等等，等等，我相信你和赫茲一樣，看到這個數字突然覺得很熟悉，這個數字好像在哪裡見過，31.5萬公里／秒，31.5萬，啊！這個數字不正是菲索旋轉齒輪法測出的光速嗎？難道天下竟有如此的巧合？這真是一個巧合呢還是說，還是說……光就是一種電磁波？赫茲被這個想法弄得興奮不已。不光是赫茲，全世界還有很多物理學家都因為這兩個一致的數字而猜測光是否就是一種電磁波。很快地，大量的實驗資料接踵而至，各種電磁波和光的相同特性被發現，科學界很快就達成一致意見：沒錯，光就是一種電磁波！

　　現在我們再從電磁波的角度來研究一下光的傳播速度到底是相對於什麼而言的。波的傳播速度等於介質震動的頻率乘以波長，因此這個速度是相對於介質而言的。比如我們熟悉的水波，當一顆石子扔到水中產生漣漪的時候，這些漣漪在產生的瞬間也就脫離了跟石子的聯繫，它們會在水中按照相對於水的恒定速度傳播出去，因此我們在講水波的傳播

速度的時候，隱含的參考系是水而不是那顆石子。同理，當我們談論光的速度的時候，根據前面這種思想，隱含的參考系也不應該是光源，而是光的傳播介質。但眾所周知光是一種能夠在真空中傳播的東西，遙遠的星光穿過空無一物的宇宙空間到達我們的眼睛裡，那麼這個參考系、這個介質到底是什麼？

那不就是牛頓所說的絕對空間和以太嗎（注意，以太這個詞並不是牛頓發明的，牛頓只是以太學說的主要支持者）？牛頓的絕對時空觀在統治了物理學界兩百年後達到了頂峰，偉大的牛頓爵士，您的光芒無人能擋，您為物理學建構起了雄偉的大廈，現在，就差最後一個能證明以太存在的實驗來為這座雄偉大廈砌上最後一塊磚！

既然已經知道了光相對於以太的傳播速度約為30萬公里／秒，那麼光速就成為能證明以太存在的最佳證人，關鍵是要說服它出庭作證。我們看看讓光速出庭作證的這個實驗是怎麼構想的：我們的地球以大約30公里／秒的速度繞太陽公轉，在宇宙空間中飛行，換句話說，我們的地球在以太中高速地飛行。如果把我們的地球想像成一艘大船，我們站在船頭，就會迎面吹來強勁的「以太風」，那麼藉由伽利略變換和速度合成公式，我們很容易得出光在「順風」和「逆風」中的傳播速度，這兩個速度顯然會不一樣。我們只要能用實驗證明以上猜想，那麼就確實能夠證明以太的存在，物理學界將舉杯同慶，新世紀即將到來，這個實驗無疑是獻給新世紀最好的一份厚禮。具體的實驗設計眾望所歸，落到了實驗物理學的兩位泰斗級人物身上，他們就是邁克生（Albert Michelson, 1852-1931）和莫雷（Edward Morley, 1838-1923）。這兩位也的確是當仁不讓的人選，尤其是邁克生，此人一生癡迷於光速的測量。

科學史上最成功的失敗

　　本章的壓軸大戲即將上演，在上演之前，我必須提醒你本書中提到的所有實驗你都可以看完之後忘掉，唯獨這個「邁克生—莫雷實驗」你千萬要記得，隨便打開任何一本物理學史的書，或者任何一本關於相對論的書，甚至任何一本科學史的書，都一定會提這個實驗。如果你記不住邁克生—莫雷這麼拗口的五個字，那你也可以記住「MM實驗」，很多書上都這麼寫。總之，這個實驗對於整個物理學史甚至對於整個人類的科學史都有著舉足輕重的地位，它是給古典物理學帶來狂風暴雨的兩朵烏雲之一。這個實驗剛好發生在世紀之交，怎麼看都有一種史詩大片的感覺，它喻示著物理學新舊兩個世紀的交接。所以，我需要在這個實驗上多花一些篇幅，讓大家對這個實驗了解得多一點。當你看完本書以後跟人閒聊的時候，如果還能記得聊一聊「MM實驗」，這將是筆者莫大的榮幸。

　　（以下邁克生和莫雷的對話為虛構）

　　邁克生：「莫雷兄，你先說說看，你對這個實驗怎麼想？」

　　莫雷：「邁克兄（雖然莫雷比邁克生大14歲，但是邁克生在實驗物理界的威望很高，所以莫雷尊稱他為兄），光速在順風和逆風的理論差值是30公里／秒，而光速是30萬公里／秒，這意味著我們的實驗精度必須要達到萬分之一才行，以我們現在的實驗條件，似乎離這個精度還差得很遠。」

　　邁克生：「這個情況我很清楚，所以想聽聽你的想法，討論一下我們怎樣才能解決這個難題。」

　　莫雷:「在短期內提高實驗精度這條路估計是行不通的,我們必須繞開直接測量光速,要想一個什麼間接方法來測量才行。」

　　邁克生:「莫雷,我跟你的想法是一樣的,一定不能硬著頭皮去測量,必須要想點別的辦法。我想,我們是不是先把目標放低一點,不要想一步就測量出絕對數值,我們先想出一個可以比較兩束光誰快誰慢的辦法。其實我們只要能先證明在順風逆風中光速有差異,就邁出了勝利的第一步。」

　　莫雷:「邁克,你說得很對,我們把目標分成兩個階段,先想出第一階段如何達成。你是不是已經想到什麼好辦法了?就別賣關子了。」

　　邁克生:「我想到了英國人湯瑪斯‧楊(Thomas Young, 1773-1829)發現的光的干涉現象,我們或許可以利用這個特性來比較兩束光的速度是否發生了變化。」

　　莫雷突然轉身面向觀眾,說:「各位親愛的讀者,我來解釋一下什麼是光的干涉現象,聽說你們現代人上高中的時候都要做這個光的雙縫干涉實驗。簡單來說,就是把一束光照到兩個互相靠得很近的狹長的縫隙上,在這個雙縫的後面我們如果豎上一面白牆,我們就會在牆上看到明暗相間的條紋。

　　這是因為,光是一種波,同一束光被分成兩束以後自己會跟自己產生干涉,所謂的干涉就是波峰與波峰相遇,強度就會增加一倍使得光更加明亮,而如果波峰與波谷相遇,則剛好互相抵消,光就會變暗,明暗相間的條紋就是這麼來的。」

　　莫雷轉回去,朝邁克生尷尬的一笑:「不好意思,作者告訴我會有很多一百年後的讀者觀看我們的對話,我跟他保證我們之間的對話要讓讀者能聽懂,請多多包涵啊。」

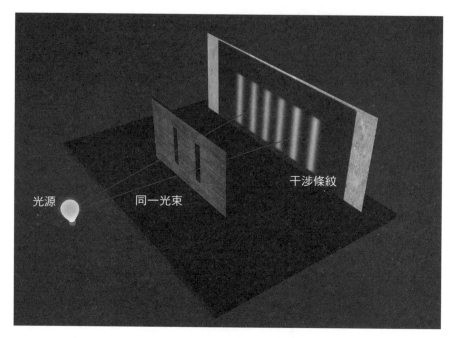

圖3-2　光的雙縫干涉實驗

　　邁克生表示不介意，聽說有觀眾，他表現得反而更積極了，他繼續說：「如果我們能想出一個方法，讓同一束光分別走不同的路線，一條路線是順風的，一條路線是逆風的，然後讓他們最終會合到一起互相產生干涉現象。由於這兩束光的速度不同，因此他們產生的干涉條紋一定和我們正常情況下做出來的干涉條紋有所區別，你說對不對，莫雷兄？」這句話看似對著莫雷講，邁克生卻有意無意地側側身子，似乎是想引起觀眾的注意。

　　莫雷：「邁克，你太神了，這個點子實在是太妙了！」

　　邁克生：「我還有更精彩的沒說呢。在實驗過程中，如果我們把整個實驗裝置慢慢轉動起來，你說會發生什麼？」

莫雷：「我明白你的意思了，邁克。轉動實驗裝置相當於偏轉我們這艘地球大船相對於以太風航行的角度，那麼兩束光的速度也會相應地發生變化，最後反映到干涉條紋上的結果就是條紋會慢慢地移動！如果這個神奇的現象發生了，那麼就確實證明了兩束光的速度有發生變化。邁克，你太偉大了！」

邁克生突然面對觀眾，手裡拿著一張硬紙板，上面寫著「鼓掌」兩字，很快地又轉回去了。

邁克生：「這個利用光的干涉性質來證明光速變化的實驗原理圖我已經想出來了，我畫出來給你看，關鍵就在於中間那塊半透鏡，它可以把光分成兩路，一路被反射90度朝上，一路直接透過去。」

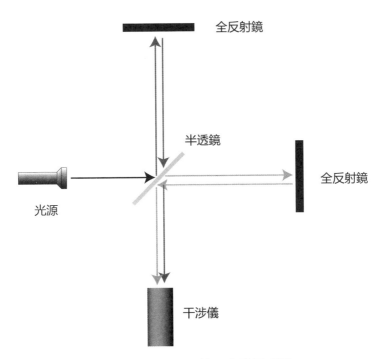

圖3-3　邁克生—莫雷實驗原理圖

　　邁克生：「我發明的干涉檢測儀現在可就能派上用場了，它比我們肉眼觀測的精度不知提高了多少倍。我計算了一下，如果地球的航行速度真是30公里／秒的話，那麼在整個實驗裝置轉過90度以後，我們應該觀察到干涉條紋移動了0.4個條紋的寬度，我的干涉儀可以分辨出0.01個條紋寬度的移動，因此，我們的實驗精度綽綽有餘。」

　　莫雷：「不過這個實驗裝置要造起來也不容易，我們必須盡可能消除地面震動帶來的干擾，如果整個實驗裝置的底座不穩，則很可能前功盡棄。」

　　邁克生：「這個問題我也想到了，我準備建造一個巨大的水泥台，並且把這個水泥台放到注滿水銀的水槽上，讓水泥台浮在水銀上面，這樣就能有效地消除震動。」

　　莫雷：「好的，邁克，你怎麼說我就怎麼做，別看我腦子沒你聰明，可我有力氣啊，體力活兒就交給我吧。」

　　莫雷在製作實驗器具方面確實是一把好手，沒過多久，MM實驗台建造完成。現在一切就緒，只欠東風了，牛頓的夙願即將實現，古典物理大廈就要落成，物理界全都在翹首以待實驗結果。所有人都對實驗結果相當樂觀，前有偉大的牛頓，後有做物理實驗尤其是測量光速的行家，一切都應該合乎邏輯，沒有人懷疑結局必將以喜劇收場。這一年愛因斯坦還只有八歲。此時的愛因斯坦正在癡迷地玩著父親送給他的一個小小的羅盤（愛因斯坦在回憶錄中經常提到這個羅盤），連頭都沒有抬起來看我一眼。（我女兒正在看電視，裡面傳出一個聲音：唯一看破真相的是外表看似小孩，智慧卻過於常人的名偵探柯南。）

　　然而，可能讀者們已經猜到了，最終的實驗結果跌破所有人的眼

鏡，邁克生的干涉儀自始至終沒有觀察到條紋的任何移動，干涉條紋就像被定格在干涉儀裡面，不論怎麼旋轉實驗裝置，干涉條紋都紋風不動。本來這個實驗計畫要做半年，要分別測量地球在近日點和遠日點時對干涉條紋的影響，因為地球在近日點和遠日點的公轉速度不一樣。但是實驗僅僅做了四天就停止了，因為實驗結果如此確實地表明了光速沒有絲毫變化，干涉條紋根本不動，實驗值和理論預測值相差十萬八千里，這個實驗沒必要繼續做下去了，一定有什麼地方不對。

　　整個物理界一片譁然，大家都明白，要麼是理論出了問題，要麼是實驗出了問題。但牛頓的絕對時空觀和以太學說都是看上去如此完美，而且也符合我們的日常生活經驗，因此，當時的物理界也和此時的讀者你一樣不願意相信是理論出錯了，而都傾向於實驗本身出了問題，於是各式各樣的解釋冒了出來。有的說是以太會被地球所拖曳，這就是著名的曳引說，一度特別流行；也有的說是長度在運動方向上會發生收縮剛好抵消干涉變化；還有的說光的速度會受到光源移動速度的影響；等等。總之，各種解釋一時風起雲湧，這股熱潮一直從 19 世紀延續到了20 世紀。但是整體來說，所有的解釋都還是建立在相信牛頓的絕對時空，相信以太的存在，相信伽利略變換的成立，很少有人站出來質疑理論的根基是不是出了問題。

　　19 世紀最後一天的太陽下山了，20 世紀的曙光照亮了人類寫滿滄桑的臉龐。人類文明經過數千年的艱難跋涉，即將在新世紀來臨時迎來一次徹底的洗禮。

4
愛因斯坦和狹義相對論

　　1900年，20世紀的第一場雪似乎來得比以往更晚一些，這不是一個平靜的年份。在中國，孫中山接任了興中會會長，正式登上政治舞台，他後來成為中國第一個共和制總統；隨後，義和團運動達到高潮，八國聯軍攻入北京，慈禧太后和光緒皇帝倉皇逃出北京城；而沉睡了近千年的敦煌莫高窟也在這一年被首次打開，中華文明史被重新發現；在歐洲，尼采死了，佛洛依德發表了他的傳世名著《夢的解析》，巴黎正在舉辦世博會和第二屆夏季奧運會。這一切，都帶著創世紀的味道。

兩朵烏雲

　　同年的4月27日，此時的英國倫敦天氣還有點陰冷。在阿爾伯馬街上的英國皇家研究所門前，人來人往，一位紳士彬彬有禮地扶著貴婦人上了馬車，趕去聽普契尼的歌劇《波希米亞人》。馬車駛過後，兩位老太太望著馬車遠去，羨慕地討論著剛才那個貴婦人的禮帽式樣。在兩個老太太的身邊，一個個穿著考究、表情嚴肅的紳士們走進了皇家研究所的大門。老太太們不知道，這些紳士都大有來頭，全是當時歐洲最有名望的科學家，他們風塵僕僕地從歐洲各國趕來參加科學大會，這在科學界是一件大事。

　　皇家研究所的主席臺上，站著一位白髮蒼蒼的老者，此人就是德高望重而又以頑固著稱，已經76歲高齡的開爾文勳爵（Lord Kelvin, 1824-1907）。他用他那特有的愛爾蘭口音開始了他的演講：「The beauty and clearness of the dynamical theory, which asserts heat and light to be modes of motion, is at present obscured by two clouds. The first came into existence with the undulatory theory of light, and was dealt with by Fresnel and Dr.

Thomas Young; it involved the question, how could the earth move through an elastic solid, such as essentially is the luminiferous ether?」

　　各位聽我說，說到演講，馬丁路德·金恩的《我有一個夢》是在勵志界裡被引用最多的，而在物理學界，開爾文的這段演講是被引用最多的，所有關於物理學史的書一定會引用。雖然本書不是一本嚴肅的物理學史書，只是一本通俗的科普小書，但我也不能打破行業潛規則，必須要引用一下的。上面這段話的中文版本就很多了，五花八門，各種譯法都有，考慮到我們都是物理學門外漢，所以我盡量用大家都容易理解的口語化的語言來翻譯一下，至於精確性我就不管那麼多了，業內人士儘管批評。

　　開爾文講道：「在我眼裡，我們已經取得的關於運動和力的理論是無比優美而又簡潔明晰的，這些理論斷言，光和熱都只不過是運動的某種表現方式（熱是分子的運動，光是電磁波的運動）。但是我們卻看到，在古典物理學這片藍天上有兩朵小烏雲讓我們感到有些不安。自從菲涅爾先生和湯瑪斯·楊博士創立了光的波動學說以來，我們一直在苦苦尋覓一個問題的答案，那就是：我們的地球是如何在以太中航行的？以太這種被稱為『彈性固體』的看不見摸不著的物質存在的證據又在哪裡？這就是我要說的第一朵烏雲。」

　　毫無疑問，開爾文說的這第一朵烏雲指的就是邁克生—莫雷實驗不但沒能證明以太的存在，反而貌似恰恰證明了以太的不存在。我猜大家還很好奇開爾文所說的第二朵烏雲是什麼，他所說的是黑體輻射實驗的結果和理論不一致帶來的困惑。這第二朵烏雲又是一個長長的激動人心的故事，那是關於量子力學的故事，但那不是本書的重點。

　　這第一朵烏雲已經在我們耳旁隱隱地傳來了雷聲，很快就要遮雲蔽

日、掀起狂風大浪了。此時的物理學界，已經是山雨欲來。

巨星登場

時間終於走到了1905年，這一年後來被人們稱為物理學的奇蹟之年，一百年後的2005年被定為「國際物理年」，全球舉行了各式各樣盛大的紀念活動，就是為了紀念1905年這個特殊的年份，或許人類文明史上再也不會出現這樣的一年。這一年之所以被稱為奇蹟年，是因為我們這本書的一號男主角在這一年中連續發表了五篇論文，每篇論文都像一顆耀眼的超新星照亮了宇宙，改變了物理學。

下面讓我很榮幸地介紹我們的一號男主角——阿爾伯特·愛因斯坦（Albert Einstein, 1879-1955）登場。雖然在各位的心目中，愛因斯坦的形象早已經定型了，亂蓬蓬的頭髮，滿是皺紋的臉，經常叼著的煙斗，鷹一樣深邃的眼神，在很多人心目中這個老頭代表的就是科學。但是，愛因斯坦成為本書一號男主角的時候，可是一個只有26歲的英俊小伙子，完全不是你頭腦中的那個形象。看看，這就是青年愛因斯坦。

圖4-1 青年時代的愛因斯坦

下面是愛因斯坦應聘本書一號男主角時投遞的履歷：

姓名：阿爾伯特・愛因斯坦

性別：男

國籍：瑞士

年齡：26

婚姻：已婚

職業：專利局三級技術員

單位：瑞士伯恩專利局

學歷：蘇黎世聯邦理工學院師範系數理科畢業

愛好：拉小提琴和思維實驗

成就：沒有（沒結婚就把女朋友的肚子搞大了，不知道這個算不算）

如果這份履歷被一個平庸的導演看到，不用想，肯定直接被扔進垃圾桶，桌上堆積如山的履歷最差的也有個博士，教授更是多如牛毛，怎麼可能輪得到這個不知道從哪裡冒出來的，專利局的一個小小的三級技術員呢？但是筆者向來不愛走尋常路，所以決定前往瑞士伯恩一探究竟。

作為未來人的好處就是我可以看到愛因斯坦，但是他卻看不到我。我不會跟過去的世界產生任何交流，也無法影響過去的世界，我只是一個全能的觀察者。（科學原理：假設此時你能突然出現在距離地球100光年外的地方，你拿起天文望遠鏡朝地球看，你看到的就是100年前的地球，只要精度足夠，你就能看清地球上100年前發生的事情的每一個細節）。

愛因斯坦作為一個三級專利員，他的工作主要是審查提交過來的各

種發明專利是否具備原創性，是否符合專利申請的標準。最近一段時間，愛因斯坦發現關於遠距離對時方面的發明專利申請特別多，這是因為火車正在快速的發展，這個鋼鐵機器居然比馬車跑得還快，並且不知疲倦，只要給它不停地吃煤，它就能不停地跑，而你給馬不停地吃草只能把它撐死。因為火車跑得太快了，所以就催生出一個新的需求，就是要能遠距離對時。歐洲的各個城市之間還沒有統一的時間標準，各個城市都擁有自己的地方時間，過去只有馬車的時候，從一個城市到了另一個城市，只需要把自己的鐘錶根據當地的時刻調整一下即可，也從來沒人覺得會有什麼麻煩。但是火車出現後，情況就變了，火車跑得那麼快，如果兩個城市之間的鐘錶時間不調到一致的話，那麼在同一個鐵軌上跑的多輛火車很可能就會撞在一起，因此，對時絕對不是一件小事。

此時，利用電磁波來通訊的無線電技術已經逐漸趨向成熟。我們前文已經說過，電磁波的傳播速度是光速，所以利用無線電來實現遠距離對時就是一個很可行的想法。很多這方面的發明專利開始湧向伯恩專利局，愛因斯坦因為是學物理的，所以這類發明往往都會交給他來審查。小愛很敬業，也很細心，為了提高自己的工作品質，小愛也跟著要思考電磁波、光速、時間這方面的問題。但是最近小愛有點煩，他申請二級專利員的申請書被駁回了，理由是專業能力還不夠，這也促使小愛必須多努力思考，提升專業上的能力。

第一個原理：光速不變

每當專利局的工作結束後，小愛總是不急著回家，而是坐在辦公室裡，用自己用過的草稿紙捲起一根紙煙，點燃，深吸一口，往椅子上一

靠，開始他的思考：

　　光為什麼傳播得那麼快？因為它是一種電磁波，電磁波是怎麼傳播的呢？根據馬克士威那組漂亮的方程式可以看出來，振盪的磁場必然產生振盪的電場，而振盪的電場又必然產生振盪的磁場，如此迴圈下去就成了電磁波。那麼，我是不是可以這樣認為，電磁波的傳播速度正是第一個「振盪」引起第二個「振盪」的反應速度呢？嗯，沒錯，這就好像一群人站成一排報數一樣，聽到一的人報二，聽到二的人報三……光速其實就是這個報數的傳遞速度，它和我們常見的小球或者火車的運動速度顯然有著很大的不同。火車從這裡運動到那裡，那就是火車這個實體的位置從這裡移動到了那裡，但是電磁波，也就是光，它的傳播速度其實是「每一個報數的人，他們的反應速度」，真空充當的就是這個報數人的角色，而交替變換的電、磁場就是報出去的這個「數」。

　　1865 年，偉大的馬克士威在《電磁場的動力學理論》中證明過，電磁波的傳播速度只取決於傳播介質。到了 1890 年，第一個在實驗室中發現電磁波的天才赫茲也明確地指出，電磁波的波速與波源的運動速度無關。馬克士威的方程式實在是太美了，我深信蘊含如此深刻數學美的理論一定是正確的。

　　電磁波的速度和波源的運動速度無關，也就是光速和光源的運動速度無關，讓我來想像一下這是什麼概念。當我朝平靜的湖中扔下一顆石子，不管我是垂直的從上空扔下去，還是斜著像打水漂一樣的扔過去，這顆石子產生的漣漪都應該以相同的速度在水中擴散出去。

　　我可不可以做這樣的一個思維實驗：假設我現在一個人在黑漆漆的宇宙中飛行，雖然我飛得跟光一樣快，但是因為沒有任何參照物，我感覺不到自己的速度，就我自己的感覺而言和靜止是一樣的。這時候如果

我身邊有一束光，或者一個電磁波，我將看到什麼呢？一束和我保持靜止的光嗎？一個靜止的電磁波嗎？也就是看到一個雖然在振盪的電磁場，但是它卻不會交替感應下去嗎？哦，不，這顯然違背了馬克士威的方程式，波的速度和波源的運動速度無關，雖然我以光速飛行，不論是我自己用發生裝置發生一個電磁波還是我飛過一個電磁波發生裝置，我看到的電磁波都應該是相同的，因為介質沒有變。我將看到一個振盪中的電場能夠產生振盪的磁場，而一個振盪中的磁場又能夠產生振盪的電場，這個交替反應絕不會停下來。再想像一下報數的情況，如果我和這些報數的人都在一節火車車廂中，火車高速行駛，但是我並不能感覺到火車是靜止的還是運動著的，我會看到報數人的反應速度提高了嗎？這也顯然很荒謬，火車跑得再快也應該跟報數人的反應速度無關，我應該仍然看到他們以同樣的反應速度傳遞著「一、二、三……」才對啊。

這麼說來，光速應該相對於任何參考系來說，都是恒定不變的。哦，我這個想法實在有點瘋狂，但是MM實驗是怎麼解釋的呢？MM實驗得出的最直接的結論不就是光速不變嗎？為什麼我們要把這個簡單的結論複雜化，想出各式各樣的理論和假設來否定光速不變呢？為什麼我不先承認這個實驗結果是正確的，然後再去考慮怎麼解釋這個結果呢？

要解釋MM實驗為什麼測量不到以太的存在，無非就是以下兩種思路：

第一種思路：

假設一：以太是存在的。

假設二：因為某種原因，無法檢測出以太。

結果：我們沒有在MM實驗中檢測到以太。

第二種思路：

假設一：以太是不存在的。

結果：我們沒有在 MM 實驗中檢測到以太。

根據奧卡姆剃刀原理，第二種思路更有可能接近真相，它需要的假設更少。

想到這裡，愛因斯坦手上紙煙的煙灰掉落在地上。愛因斯坦從沉思中回過神來，對剛才的思考感到滿意，他想這個問題已經不止一天兩天了。他拿起筆在草稿紙上寫下一句話：**光速與光源的運動無關，對於任何參考系來說，光在真空中的傳播速度恆為 c**。寫完他馬上匆匆收拾東西回家，再不回去，老婆要生氣了。

第二個原理：物理規律不變

最近小愛被這些想法搞得有點興奮，上班也不太有心思，腦子裡都是這些關於光速的想法。小愛的思考如洶湧的潮水般朝筆者的思維中湧過來，讓筆者應接不暇。在所有這些思考中，關於伽利略相對性原理的思考尤為精彩，而且是從另外一個思考角度出發，同樣得到了光速必須不變的結論。讓我們來一起聽聽小愛的思考：

伽利略相對性原理說的是，在任何慣性系中，力學規律保持不變。這一原理簡潔而深刻，看起來如此優美。但我想問的是，為什麼上帝只偏愛「力學規律」呢？電磁學規律就會變嗎？熱力學規律就會變嗎？這說不通。上帝一定是一個喜歡簡單的老頭子，他不想把問題複雜化。

我的想法是：在任何慣性系中，所有的物理規律都不變。對，就應

該是不變的，如果在不同的慣性系中，普遍的物理規律是不同的，那麼我們會看到什麼？天文學家早就測算出來我們居住的地球是以每秒鐘30公里的速度繞著太陽公轉，對我們地球上的每一個人而言，我們都坐在地球這個大火車中，那麼物理規律在不同的空間取向上就應該不同才對，因為地球的運動方向每時每刻都在發生變化。換句話說，空間會有非等向性（anisotropy，也稱為各向異性），我們做任何物理實驗都不能忽略這個空間非等向性。但是，實際情況是怎樣呢？我們從來沒有想過做一個赫茲的電磁實驗要考慮實驗室的朝向吧？如果有人告訴我們實驗室的朝向將決定電磁實驗的結果，你也一定會覺得很荒謬。對我們這個地球空間來說，哪怕是最小心的觀察也沒有發現任何物理規律的不等效性，也就是沒有發現任何空間非等向性的證據。

就我看來，MM實驗的實質就是對空間是否非等向性的檢測。這是迄今為止對空間是否非等向性的檢測精度最高的實驗了，但即便是如此高精度的實驗，也沒有發現任何空間非等向性的證據，反而恰恰說明了伽利略的相對性原理應該被修正為：在任何慣性系中，所有物理規律保持不變。

伽利略曾經寫過一個生動的故事，說如果我們被關在一艘大船的船艙中，你帶上一些小飛蟲，在艙內放上一隻大水碗，裡面養幾條魚，再掛起一個水瓶，讓水一滴一滴地滴到下面的一個水罐中。然後你開始觀察飛蟲的飛行，觀察魚的游動，觀察水滴入罐，但是不論你多細心地觀察，你也不可能藉由觀察這些情況來判斷船是靜止的還是處於等速直線運動中。同樣地，你所有試圖用力學實驗的方法來判斷船的狀態的行為也都是徒勞的，不管你做什麼力學實驗，都不可能判斷出船的狀態。

我的想法是，不僅是做力學實驗不行，你在上面做任何物理實驗，

不論是光學、電學還是熱學實驗，你都無法判斷出船到底是靜止的還是正在做等速直線運動。上帝不偏愛任何物理規律，在慣性系裡面，眾生平等。

這就是我愛因斯坦的相對性原理，它比伽利略的相對性原理更簡潔、更深刻、更優美，我很難想像它會是錯的。

根據這個原理，真空中的光速必定是恒定不變的，否則，我就可以做光速測量實驗來判斷船到底是靜止的還是運動的。

小愛想到這裡，立即拿出昨天那張紙，在昨天寫的那句話下面又加上了一句話：「在任何慣性系中，所有物理規律保持不變。」寫完他馬上匆匆收拾東西回家了，再不回去，老婆又要發火了。

這天晚上躺在床上，愛因斯坦失眠了，對妻子的暗示也置若罔聞，他滿腦子都是草稿紙上的那兩句話。說實在的，小愛覺得物理學中蘊含的奧祕比身邊的妻子更值得迷戀，他心裡有點後悔大學時過於衝動，幹了不該幹的事情。但是總該對米列娃（Mileva）負責吧，想起自己的婚姻，小愛總是覺得有點無奈。這些東西還是別多想了，草稿紙上的兩句話在愛因斯坦的腦袋中一遍遍地顯現出來：

1. 在任何慣性系中，所有物理規律保持不變（相對性原理）。
2. 光在真空中的傳播速度恒為 c（光速不變原理）。

這兩句話就像一個魔咒，在小愛的腦中揮之不去：如果說我的思考是正確的話，這兩個假設成立，那麼到底意味著什麼呢？如果一個人在一列以速度 v 行駛的火車上，用手電筒打出一束光，那麼從月台上的人看來，這束光的速度難道不應該是 $c+v$ 嗎？但如果真的是 $c+v$ 的話，

明顯又和我上面寫的那兩句話相牴觸。看來我要麼放棄簡潔優美的相對性原理，要麼放棄我頭腦中對於速度的既有理解。如果一隻小鳥也在車廂裡面以 w 的速度飛，從月台上的人看來，小鳥的速度顯然應該是 $v+w$，對這個觀念，現在沒有人會否認。但是，憑什麼我們對小鳥的結論也要硬套在光的頭上呢？我們對光速的認識太淺薄了，相對於光速，不論是小鳥還是火車，其速度都低得可以忽略不計。我們生活在一個速度低得可憐的世界裡，在這個世界裡總結出來的規律難道真的也可以適用於高速世界嗎？在火車上的人和月台上的人看到的光速都仍然是 c，這個結論之所以讓我們感到奇怪，是因為我們一廂情願地把我們在低速世界的感受直接往高速世界延伸，但事實超出了我們的想像。我們應該果斷地拋棄我們的舊觀念，接受新觀念。

小愛不再糾結了，他決定斷然接受光速恒定不變這個新觀念，以此為基礎，繼續往下推演，看看到底會得到些什麼結論。不論這些結論是多麼光怪陸離，我們至少應該有這個勇氣往下想，再奇怪的結論也可以交給那些實驗物理學家用實驗去檢驗真偽。

小愛想起了自己非常崇拜的古希臘數學家歐幾里得（Euclid），他寫的《幾何原本》一直是小愛少年時代最鍾愛的書。歐幾里得從五條公理、五條公設出發，推導出 23 個定理，解決了 467 個命題。這種從基本的幾個公理出發，邏輯嚴密而又無懈可擊的推導過程，讓少年時期的小愛深深感受到數學之美。他還記得當自己第一次親手證明出三角形內角和是 180 度時候的興奮，還記得自己苦苦推導了兩個月，終於親手證明了畢氏定理時的激動，這些小時候的事情歷歷在目。「那麼我是否可以從幾何學的公理思想出發，把光速恒定不變作為基本公理，在此基礎之上往下推導呢？」小愛想著想著，眼皮開始沉重，意識逐漸模糊起來。

小愛睡著了，他做了一個夢，這個夢非常精彩。雖然小愛第二天起床以後把這個夢的情節忘掉了，證據是在他以後的著作中再也沒提過夢中的情節，但是顯然這個夢中的結論他沒有忘記，證據是在他以後的著作中以另一個不同的故事描述了同樣的結論。但從筆者看來，小愛這個夢遠比他後來自己寫下來的故事要精彩得多，下面讓我把小愛的這個夢記述下來：

環球快車謀殺案

凌晨五點，愛因斯坦臥室。

一陣急促的電話鈴聲驚醒了熟睡中的愛因斯坦，他從被窩中伸出一隻手，拿起電話：「喂，什麼事？」

電話傳出的聲音：「警長，環球快車上發生槍擊案，一死一傷，嫌犯受傷，請您快來現場！」

「我馬上就到。」

愛因斯坦警長從床上跳起來，穿衣出門。

天濛濛亮，環球快車的伯恩站，一列銀白色、外形酷似魚雷的火車停在月台上，車身上刷著一行標語：「環球快車，一小時環球旅行」。

現在，車站四周拉起了警戒線。

一位探員上來迎接愛因斯坦，他一邊陪同愛因斯坦朝火車走去一邊說明案情。

探員：「警長，我們30分鐘前接到一位女士報案，聲稱環球快車上發生槍擊案。我們趕到現場的時候，發現兩名男子分別倒在車廂的兩頭，其中一人頭部中彈，當場死亡，另外一人只有手臂中槍，沒有生命

危險，目前正在列車上的醫務室休息。他拒絕回答我們的問題，說一定要見到我們的上司才肯開口。案發當時除了這三人，該車廂裡沒有其他人。」

愛因斯坦問：「那個報案的女士呢？」

探員：「她叫做艾爾莎，是一位年輕漂亮的小姐，我們趕到時她正在給受傷男子包紮手臂。她聲稱槍擊雙方都是自己的朋友，其他的就不肯說了，說要等您到才肯開口。」

發生槍擊案的列車車廂中，三、四名探員正在仔細勘察現場。

愛因斯坦看到死亡男子已經被搬離了現場，在他倒地的地方用白色的粉筆勾勒出一個人形，在車廂的另一頭也用白色粉筆畫了一雙白色的腳印，看位置可以想像出案發當時受傷男子坐在地板上，背靠著車廂壁。

愛因斯坦看到在列車中間的走道上，有一盞自製的電燈還在亮著，這盞燈跟普通的電燈沒有兩樣，只是上面似乎多加了一個自動延時裝置。

探員：「警長，這盞燈我們剛才已經試過了，在打開開關後，它會延遲五分鐘才亮，不知道有什麼用意。」

愛因斯坦沒有回答，只是簡單說了聲：「走吧，我們去看看傷者。」

在列車醫務室，艾爾莎坐在椅子上，表情憂鬱。她旁邊是一位英俊的年輕男子，上臂靠肩的位置包著紗布，隱隱有血跡透出來，表情非常鎮定。

愛因斯坦在他們對面坐下來，對著年輕男子說：「我是愛因斯坦警長。」

男子：「我是包利。」

愛因斯坦：「中槍的男子你認識嗎？」

包利：「認識，他叫狄拉克，我們是情敵。」

愛因斯坦轉頭看著艾爾莎，投以詢問的目光。

艾爾莎憂鬱地說：「是的。可惜我來晚了一步。」

愛因斯坦：「包利，這麼說，你和狄拉克先生是為了這位小姐在決鬥嗎？」

包利：「是的，警長，我們在決鬥，為了神聖的愛情。」

愛因斯坦問艾爾莎：「包利先生和狄拉克先生同時愛上你，是這樣嗎？他們之前有提過決鬥這回事嗎？」

艾爾莎哭了起來：「他們總是在我面前爭吵，逼我從他們之中選一個，可是我實在不知道該選誰。昨天晚上，我看到他們倆留給我一封信，說要在環球快車上決鬥，要我嫁給勝利的一方。信上有他們的親筆簽名，我看到信以後立刻趕到車站，終於在開車前一分鐘登上了火車，但我不知道他們在哪節車廂，等我找到他們的時候，一切都太晚了。」

愛因斯坦：「包利先生，根據決鬥法案，如果你能提供證據，證明你們兩人之間的決鬥是完全公平和自願的，你將無罪。」

包利從上衣口袋中拿出一份文件，遞給愛因斯坦說：「這是我們商定的決鬥規則，有我們的親筆簽名，請過目。」

愛因斯坦接過文件，閱讀起來。

包利繼續說：「我們的決鬥規則是這樣的——我和狄拉克分別站在車廂的兩端，在我們的正中間放一盞燈，這盞燈在按下開關後，5分鐘之後才會亮。我們約定，當我們看到燈亮起來的剎那，就可以互相開槍射擊。我們站立的位置有腳印，可以證明我們跟燈的距離是完全一樣的。」

愛因斯坦看完文件，想了一下，說：「光速是恒定的，這個規則看起來的確公平，但是必須要有證據證明你確實是在看到燈亮起之後才開槍的，否則，你就是犯了一級謀殺罪。」

包利：「這很容易，我們之所以選擇在環球快車上決鬥，就是因為環球快車上每節車廂都有全世界最先進的高速影像記錄儀，只要調出畫面記錄，就可以證明我是在看到燈亮以後才開槍的。」

一位探員在旁邊說：「警長，燈的位置我們已經仔細測量過，確實如包利先生所說，離他們腳印位置的距離完全相等。」

愛因斯坦：「那麼我們現在就一起去列車的影像記錄儀室，我們當場查證。」

影像記錄室。

一位工作人員正在螢幕前調閱影像，他一邊操作儀器，一邊對大家說：「這台儀器是目前全世界最先進的影像記錄儀，理論上它可以無限放慢畫面，甚至連光的運動都能看得一清二楚。找到了，這個時點的畫面就應該是案發當時的影像，警長你可以調整這個旋鈕來前進或後退。」

車廂中包利和狄拉克兩人正站在車廂的兩頭，手都放在腰間的槍套上，螢幕右下角顯示：Time：4:15:20:345:667

愛因斯坦輕輕轉動旋鈕，螢幕右下角的數字跳動著。

只見車廂中間的燈泡上的燈絲慢慢變紅，然後漸漸的由紅變黃，然後又由黃轉白，接著突然整個燈絲被一個黃白色的光球包裹了起來。

愛因斯坦知道此時燈亮了，他繼續轉動旋鈕。

黃白色的光球迅速擴大，就像一個膨脹的氣球。

愛因斯坦小心翼翼地轉動旋鈕。

光球迅速膨脹開來，一下子就把整個車廂都包裹進去了，整個車廂都被照亮。

所有人都看得很清楚，光球同時到達包利和狄拉克所在的位置，到達的時候，雙方的手都沒有動。

圖4-2　從快車上看到的決鬥現場

　　螢幕右下角的數字在跳動，但是整個車廂就跟定格了一樣，等了很久，雙方都沒有動。

　　愛因斯坦：「怎麼回事？」

　　工作人員：「請快轉，警長！」

　　愛因斯坦一拍腦門：「對啊，我怎麼忘記了，人的反應在光速面前是多麼微不足道。」

　　螢幕右下角的數字快速跳動起來。

　　終於，看到了兩人幾乎同時拔槍的畫面，但包利的動作稍稍快了一點點，兩束火光從兩把槍口冒出來，接著，兩人都倒下來。

　　愛因斯坦按下停止鍵：「看來，事情都清楚了，包利和狄拉克先生自願決鬥，決鬥規則公平合理，雙方也都遵守了規則，這樣的話，包利先生應該是無罪的。但我不是法官，我會把我的意見在法庭上陳述，在此之前，包利先生必須被限制自由行動。」

　　愛因斯坦鬆了一口氣，點上一支煙，走出列車，準備收工回家。

　　突然，他聽到背後有人大聲喊道：「警長，等一等。」

　　一個頭戴禮帽的中年紳士急匆匆地跑過來。

　　中年紳士還沒站定便大聲說道：「警長先生，我是狄拉克的哥哥，

我叫波耳，請您別被無恥的殺人犯矇騙了，我有證據證明這是包利精心設計的一場謀殺。」

愛因斯坦：「您有什麼證據？」

波耳：「警長請跟我來，我有證據給您看。」

愛因斯坦：「我們要去哪裡？」

波耳：「我的職業是環球快車的監控員，我得知弟弟出事的消息後，立即趕到車站。哦上帝，我真不敢相信我的眼睛，我可憐的弟弟就這麼輕易地被奪走了年輕的生命。包利說這是一場公平的決鬥，我剛開始也相信了，因為我也調閱了車廂裡影像記錄儀的畫面，看到了當時的情況。從車廂記錄儀的畫面上來看，他們確實同時看到了燈光，並且都是在看到燈光之後才開的槍。但是我總是覺得，事情沒有這麼簡單。我查找了槍擊案發生的那個時點，環球快車恰巧通過巴黎站，於是我就去調閱了巴黎站月台上的影像記錄儀畫面，那個月台也安裝了這種最先進的儀器。於是，我看到了完全不同的一幕。」

環球快車巴黎站的監控室。

波耳熟練地操作著各種儀器，很快，畫面被定格在環球快車通過巴黎站的影像上，月台上的影像記錄儀十分靈敏，從列車的窗戶可以清楚看到車廂內的影像。

波耳一邊操作一邊解說：「警長，請注意，包利的位置在車尾方向，狄拉克的位置在車頭方向。看，燈光亮起來了，警長，請注意，此時環球快車正以每小時 3 萬公里的速度行駛著。你看，當黃白色的光球擴散開的時候，包利是迎著光球的方向運動，而狄拉克剛好相反，他正朝著光球前進的方向運動。警長，我現在定格在這個位置，你看，在包利與光球相遇的這個時點，光球還沒有追上狄拉克。也就是說，包利先

看到了燈亮起，並不是像他所說的兩人同時看到燈亮起。他是個無恥的殺人犯，他必須為我弟弟的死負責，他欺騙了我們，警長！」

圖4-3　從月台上看到的決鬥現場

　　愛因斯坦看著影像記錄儀中的畫面，腦中一片空白，他感到有一個想法重重地擊中了自己的大腦。短暫的暈眩之後，愛因斯坦恢復清醒，他把整個事件在腦子裡重播了一下，一字一頓地說：「列車上的儀器記錄的畫面是真實的，沒有造假；月台上的儀器記錄的也是真實的畫面，沒有造假。從列車的角度來看，他們倆確實同時看到了燈光，這不難理解，因為在列車上看，燈泡發出的光球到達車頭與車尾的距離相等，且光球射向兩端的速度都為 c，所以光球同時與兩人相遇。但從月台上看，包利卻先於狄拉克看到燈光。這一切都是因為光速與光源的運動無關，也就是光速不變所造成的。從這件事情上來說，時間也是相對的，對於列車上的人和月台上的人來說，沒有真正的同時，任何所謂同時發生的事情，都只對於在同一個慣性系中的人才成立。」

　　波耳：「警長，月台儀器記錄的畫面是確鑿的證據，包利的決鬥規則是不公平的，對他自己有利！他應該被指控一級謀殺罪。」

　　愛因斯坦：「波耳先生，我只能把我的觀點如實地陳述給法官，至於

法庭怎麼判斷，我無權干涉。您提供的證據非常重要，我非常感謝您。」

說完，愛因斯坦轉身離去，波耳在後面生氣地大聲吼道：「阿爾伯特，你這個蠢蛋，你怎麼能無視於證據的存在，你給我醒醒！你給我醒醒！」

愛因斯坦突然感到很奇怪，波耳的喊聲怎麼沒有變小呢？我正走離開他，但這喊聲怎麼越來越大了？愛因斯坦突然感到臉上一陣疼痛，他驚醒了。

只見米列娃站在床邊又在準備打他，嘴裡還叫著：「阿爾伯特，你今天怎麼又睡過頭了？快點，你這個懶豬，該去上班了，要遲到了！」

愛因斯坦一骨碌爬起來，跌跌撞撞地趕緊穿戴好，夾著公事包出門了。

同時性的相對性

小愛來到自己的辦公室，打開抽屜，昨天那張稿紙還靜靜地躺在那裡，自己寫下的兩句話赫然在目。他喃喃自語：「光速不變……光速不變到底意味著什麼？」他恍惚記得昨天晚上似乎做了一個很精彩的夢，他努力地想要回憶起夢中的情節，但是有點難，他只記得夢中他似乎說過「時間是相對的，沒有真正的同時」這樣的話。他還恍惚記得昨天晚上的夢跟火車有關。為了幫助自己回憶，小愛埋頭在那張稿紙上畫了一段鐵路，又畫了一個長方形表示火車，他又想起了什麼，於是又在火車中間畫了一個小人，他感覺就要想起來了。突然，局長哈勒（根據記載，哈勒也是物理愛好者，後來成了小愛的粉絲）的聲音從門口傳來：「阿爾伯特，客戶來催前兩天提交的那個申請了，你審查得怎樣了？」小愛大吃一驚，用肚子朝抽屜一頂，迅速合上了抽屜，局長剛好走進來。小愛趕忙說：「就快好了，局長。」

　　局長走了以後，小愛擦了一把汗，再次悄悄地打開抽屜。可是這次思路被打斷後，他怎麼也想不起來昨晚的夢了。但是幸好他還沒忘記夢中得出的結論——沒有什麼真正的「同時」，車上的人認為是同時發生的事情，到了月台上的人眼裡，就不再是同時發生的。經過一番思緒整理，小愛想出了另外一個例子，它後來被小愛鄭重地寫入他那本廣為流傳的著作《相對論入門——狹義和廣義相對論》（*Relativity: The Special and General Theory*）中，書中是這樣描述的：

　　在鐵路的路基上，雷電同時擊中了相隔很遠的 A 點和 B 點。如果我問你，這句話有沒有意義時，你多半會不假思索地說「有」。但是如果我讓你解釋一下這句話的精確意義時，你在經過一番思考後會發現，這個問題並不像原來想像的那麼容易回答。你很可能會這麼回答我：「這句話的意思本來就很清楚，沒有必要加以解釋。」但這樣的回答顯然無法讓我滿意。那麼我們這麼想，如果有一個氣象學家宣稱他發現某種閃電總是能同時擊中 A 點和 B 點，這時候總要提出一種實驗的方法來驗證他所說的對不對吧？對於嚴謹的物理學家來說，首先要給出一個同時性的定義，然後還得有實驗方法能驗證該定義是否能被滿足，如果這兩個條件沒有達成的話，那麼那個氣象學家就是在自欺欺人。好了，經過一段時間的思考後，你提出了一個檢驗同時性的方法，你說：請把我放到鐵路上 A、B 兩點的正中間的位置，然後透過一套鏡子的組合能讓我同時看到 A、B 兩個點，如果閃電發生之後，我能在同一時刻感覺到閃光，那麼這兩道閃電必定是同時擊中了 A、B 兩點。於是你提出同時性的定義就是一個人能在同一時刻感受到閃電的閃光。我很高興你能提出這個定義，當然這個定義的前提還得加上你在 A、B 兩點的中點上。

　　好了，讓我們想像一下：有一列火車正在鐵軌上從 A 點開向 B 點，此時，你正站在 A、B 兩點中點的路基上。突然，有兩束閃電擊中了 A、B 兩點，過了一小會兒，兩束閃光經過相同的距離到達了你的眼裡，你同時看到了它們，所以你會毫不猶豫地認為這兩束閃電是同時發生的。但是我們再設想一下：這次你站在火車裡，正從 A 點開向 B 點。當 A、B 兩點被閃電擊中時，你正好經過 A、B 兩點的中點。你經過中點後，繼續隨著火車向 B 點行進，因此在閃光到達你眼睛之前的這點時間裡，你又向 B 點前進（同時遠離 A 點）了一段距離，而因為 A、B 兩點閃光的光速恆定不變，所以 B 點閃光一定會先於 A 點閃光到達你眼裡。於是就出現了這樣的結論：你認為這兩束閃電以路基為參考系時是同時發生的，但是以火車為參考系時，對於火車上的你來說卻是先後發生的。

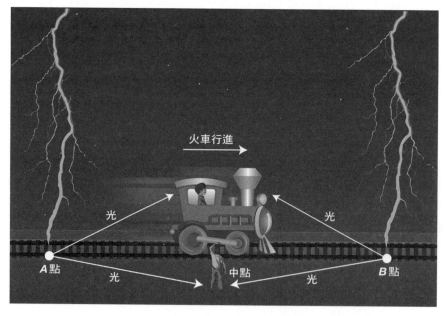

圖4-4　行駛中的火車上的人會認為閃電並不是同時發生

　　這是怎麼回事呢？這說明「同時」也是相對的，當以路基為參考系時是同時發生的事情，但換成以火車為參考系時，卻不是同時發生的了，反之亦然。每一個參考系都有自己的特殊時間，如果不指明參考系，宣稱一件事情同時發生是沒有任何意義的。這乍聽起來似乎很荒謬，在我之前的物理學家一直都在給時間賦予絕對的意義，而我卻認為這種絕對的意義與我們前面講的那個最自然的同時性定義並不相容，如果我們能坦然拋棄我們對時間的絕對化的概念，則真空中光速恒定不變就會變得可以理解和接受了。

　　不知道各位讀者是否聽懂了愛因斯坦關於閃電擊中鐵軌的這個故事？不管你現在腦子是不是如墜五里霧中，一會兒在想那個環球快車，一會兒又在思考這個閃電的問題，總之愛因斯坦是在告訴我們這個重要概念：同時性的相對性。

　　我聽到有幾位已經了解的讀者歡呼起來了：「哈哈，同時性的相對性，我想通了！原來這就是相對論，不難懂啊！」

　　別急別急，相對論的大門只是剛剛打開了一條縫而已，同時性的相對性只是愛因斯坦運用相對性和光速不變這兩條原理推出來的第一個結論。讓我們繼續跟隨愛因斯坦的思維繼續往下推導，馬上就會有更多不可思議的推論出現在你面前，保證你會驚訝得嘴都合不攏。準備好了嗎？這就開始我們的旅程。

時間會膨脹

　　首先我們先想一下什麼是「時間」，怎麼定義這個詞。你很快就會發現這個詞很難定義，在做了各種試圖定義它的嘗試之後，我們不得不

承認，我們總是會陷入不得不用時間來定義時間的迴圈。最後我們會發現，借助一個外部衡量工具來描述時間可能是一個避免落入迴圈的最好方法。比如說一個鐘擺，擺動一個來回我們就認為這代表過去了一秒，但是鐘擺這種東西不夠精確，誤差太大，我們對這樣的外部衡量工具並不滿意。現在，讓我們借助強大的思維實驗和光速不變原理來建構一個宇宙中最理想、最精確的計時器，我把這個計時器叫做「光子鐘」，下面我們看一下這個光子鐘長什麼樣子：

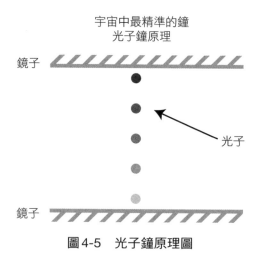

圖4-5　光子鐘原理圖

　　這個光子鐘的構造非常簡單，但是很實用。上下兩面鏡子相距15公分，中間有一個光子可以在兩面鏡子中間來回地反射。光子在兩面鏡子中間來回彈一次，我們可以想像成「滴答」一聲。我們已經知道光速是恒定不變的30萬公里／秒，那麼很容易就計算出，這個「滴答」一下花費的時間是十億分之一秒，換句話說，「滴答」10億次就代表時間走過了1秒。現在有了這個強大的光子鐘，我們就不需要太糾結於時間

的定義了，於是我們達成共識，我們用「滴答」的次數來衡量和比較時間這個虛無縹緲的東西。好，現在你帶著這個光子鐘，坐上太空船，發射，你飛了起來。而我也帶著一個光子鐘，站在地面上，看著你的太空船從我的眼前飛過。注意，既然是思維實驗，我就想像我擁有神奇的能力，能夠看清你手上的那個光子鐘的情況。現在我把這個情況畫出來，你看是不是這樣：

宇宙太空船上的光子鐘

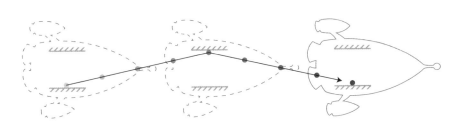

A 點　　　　　　　　　　　　　　　　　　B 點

地面上的光子鐘

圖 4-6　地面上的觀察者看到的太空船中的光子飛行路線比地面上的要長

　　請動動你的腦，我保證本書中需要你像現在這樣動腦的地方很少，但無論如何這都是最關鍵的一次，這次想通了，以後別處再遇到類似的圖全部都可以輕鬆跳過了，掃一眼就知道怎麼回事。當我手上的光子鐘在來回反射時，你的太空船就會從 A 位置飛到 B 位置，那麼我將會看到

你手上那個光子鐘裡面的光子走過的是一條斜線。這是顯而易見的，如果光子飛過的路徑在我眼裡不是斜線的話，光子必定飛到光子鐘外面去了。現在我們運用光速不變原理來看一下，由於太空船上的光子飛行的路線比我手裡的光子更長了，那麼也就意味著，當我手裡的光子鐘滴答一次的時候，太空船上的光子鐘還來不及滴答一次呢。換句話說，當我手裡的光子鐘滴答了10億次的時候，我看到太空船上的光子鐘可能只滴答了5億次（打個比方，不要糾結5億次是怎麼算出來的）。根據我們前面已經達成共識的對時間的最自然的定義，我很自然就得出了這樣的結論：在太空船上，你的時間過得比我慢！

或許你還是覺得不放心，你會想：「你用的是光子鐘這種我從來沒見過的東西，我還是對我自己的勞力士比較放心一點。」好吧，那我們就拿你這個勞力士來做實驗吧，我們把太空船也換成你更熟悉的火車，這樣你就更放心了吧。現在你坐在一列火車裡，左手一只鐘（光子鐘），右手一支錶，火車在做著等速直線運動，窗戶外面黑漆漆的一片，你完全不知道自己是靜止的還是運動的，那麼你覺得你能用觀察光子鐘或勞力士的走時情況來知道火車是靜止的還是開著的嗎？根據我們前面已經闡述過的愛因斯坦的相對性原理（在任何慣性系中，所有物理規律保持不變），你不可能靠任何實驗的方法來確定自己的運動狀態。反過來想，在一間密閉的車廂中，如果你能觀察到光子鐘和山寨勞力士走時忽然一樣，忽然又不一樣，那才是怪事呢。

我們在這裡談論的是時間本身變慢了，不是任何機械的或者化學的原因，就是時間本身變慢了，與時間有關的一切都變慢了，用一個很酷的說法——時間膨脹了。還是回到剛才那個太空船的實驗，在地面上的我會看到，不光是你的光子鐘變慢了，你的動作、你眨眼的速度、你的

新陳代謝、你的一切的一切都變慢了。於是，你現在終於感到震驚了。
趁著你現在精神好，趕緊讓我們來計算一下，時間變慢的尺度和太空船
的速度是什麼關係呢？這個計算要用到我們非常熟悉的畢氏定理，直角
三角形的兩個直角邊和斜邊的關係式：$a^2 + b^2 = c^2$。

　　我們把剛才那個你坐太空船的景象再次畫出來：

v＝太空船相對於地面的速度　t＝太空船上經過的時間　t'＝地面上經過的時間

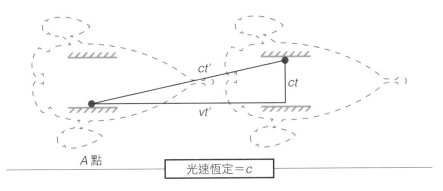

圖4-7　利用畢氏定理可以推導出相對論因子

　　我在上面畫了一些輔助線，並且用一些字母來表示太空船上經過的
時間、地面上經過的時間、太空船相對於地面的速度、還有光速。注意
那個 t 和 t'，我們曾經在本書剛開始時見過這個一撇。上面那個三角形
的兩個直角邊分別是 vt' 和 ct 我猜你很容易理解，只是斜邊為什麼是 ct'
呢？這就是說從我（地面上的人）的角度來觀察的話，光子以恒定速度
c 在地面上經過的時間 t' 裡走過的距離剛好是那個直角三角形的斜邊。
下面我們利用畢氏定理寫出這樣一個等式：

$$(ct')^2 = (ct)^2 + (vt')^2$$

接下來我們用到一點最基本的方程變換的知識，來做點公式變形。我們的目的是要算出以地面為參考系時太空船上經過的時間 t 和地面上經過的時間 t' 之間的關係式。

第一步，先把括弧都去掉：

$$c^2 t'^2 = c^2 t^2 + v^2 t'^2$$

第二步，兩邊同時減去 $v^2 t'^2$

$$c^2 t'^2 - v^2 t'^2 = c^2 t^2$$

第三步，兩邊同時除以 c^2

$$t'^2 - \frac{v^2}{c^2} t'^2 = t^2$$

最後一步，整理成最終形式

$$t' = \frac{1}{\sqrt{1 - \frac{v^2}{c^2}}} \, t$$

結束。

如果你順著我上面的步驟一步步下來，毫無阻礙地得到了最終形式，那麼請你深吸一口氣，因為你發現了這個宇宙中最深刻的一個奧祕，這是迄今為止讓人類第一次感到深深震撼的等式，這一刻，我們根深柢固的時間觀念崩潰了。

讓我們凝視這個等式十秒鐘，解讀一下它的含義。

當 v 的速度和光速相比很小的時候（比如我們的汽車、火車甚至飛機速度都不及光速的百萬分之一），則 $\frac{1}{\sqrt{1-\frac{v^2}{c^2}}}$ 約等於 1，這個公式就退回到了我們熟悉的伽利略變換式 $t'=t$，但如果我們的速度能達到光速，則 t' 等於無窮大。時間等於無窮大？怎麼解釋？這就是說隨著運動速度的增加，時間卻變得越來越慢，最後慢到了停止的地步。假如我們的速度能超過光速呢？那我們就不得不面臨一個負數的平方根，大家知道這叫虛數。那這個虛數用在時間上代表什麼？難道這就是傳說中的穿越？哦，不，這不代表時光倒流，虛數沒有現實意義，事實上我們後面馬上就要證明達到或者超過光速都是不被允許的，本書將在第五章討論關於時空穿越的可能性，但那也絕不是透過超光速來實現的。請不要著急，這次奇妙的時空旅程才剛剛開始，還有很多奇景等待著我們。

現在我們已經掌握了這個時間變換的神奇公式：

$$t' = \frac{1}{\sqrt{1-\frac{v^2}{c^2}}}\, t$$

為了讓這個公式看起來更簡潔一點，我們把 $\frac{1}{\sqrt{1-\frac{v^2}{c^2}}}$ 這個時間 t 前面的係數記為 γ（讀作 Gamma），於是我們可以把這個公式寫成：$t' = \gamma t$。這個 γ 就是流芳千古的「相對論因子」，也被稱為「勞侖茲因子」。你可能奇怪為什麼不叫愛因斯坦因子，那是因為荷蘭物理學家勞侖茲（Hendrik Antoon Lorentz, 1853-1928）首先寫出了這個式子，但他沒有深刻認識到這個式子的時空含義。勞侖茲是絕對時空觀和以太的捍衛者，因此在相對論問世後，勞侖茲與愛因斯坦有過許多爭論，不過這並不影響兩人建立起深厚的友誼和合作關係。關於勞侖茲的事情我們很快還要提到，這裡先放一邊，讓我們來繼續思考時間變慢意味著什麼。

　　你可能已經在心底歡呼終於找到了長壽的祕訣，因為運動的速度越快，時間就能變得越慢。我們姑且認為這沒錯，那麼讓我們來粗略地計算一下，你到底能年輕多少呢？先從坐火車開始吧，假設現在火車的速度是200公里／小時，也就是55公尺／秒，相對論因子$\gamma \approx 1.000000017$。什麼意思？這就是說在這列火車上坐了100年以後，你下了車，會發現比你的雙胞胎兄弟年輕了53.6秒。火車太廢柴了，你暗罵一聲，給我換飛機。好，那我們就換飛機吧，飛機的速度大概是300公尺／秒，$\gamma \approx 1.0000005$，就是說你坐飛機100年以後下來，年輕了26.3分鐘。原來飛機也這麼廢柴，你有點怒了，給我換登月太空船吧。滿足你，我把你換到太空船上。登月太空船的速度是10,500公尺／秒，$\gamma \approx 1.000613063$，就是說你在太空船上飛100年下來後，年輕了22.4天。這次你可能真的發火了，什麼，太空船上飛100年也只能年輕22.4天？這算什麼啊。給我快、快、快，再快一點！在你的淫威之下，我發明了速度可以達到$0.9c$的太空船，現在坐上這艘太空船會如何呢？相對論因子達到了2.3，也就是說你的衰老速度差不多只相當於地面上人的一半，你的1年等於他們的2.3年，這個γ的神奇之處在於它會隨著速度接近光速而迅速增大。

　　比如我們的速度如果能達到$0.99c$，則$\gamma \approx 7$，也就是你的1年相當於地球人的7年；如果達到了$0.99999c$，則$\gamma \approx 224$，你的1年比地球人的兩個世紀還長。我們不用再算下去了，因為我知道你已經禁不住開始狂喜了，哈哈哈，原來長生不老真的可以實現啊。對不起，我不得不再次粉碎你的這個長生不老夢。我的計算確實沒錯，如果你坐上$0.99999c$的太空船飛了1年回來後，地球確實已經過去了224年之久，但是對於你自己的感受來說，你真真切切的還是只活了1年，一秒鐘也不會多，一

秒鐘也不會少。如果你的壽命是 100 年，你一直在太空船上飛，當你回到地球的時候，地球確確實實過去了 22,400 年，但是對於你自己來說，仍然只能感受到你自己生命中的 100 年，一天也沒多，一天也沒少，每天仍然是 24 小時，1 小時仍然是 60 分鐘。只是在走出太空船艙門的那一剎那，你看著地球上的景物，已如隔世。你用自己的一生驗證了你向前穿梭了 22,400 年的時間。從我們地球人的眼裡來看，其實你也並沒有比我們瀟灑多少，雖然你的 1 分鐘相當於我們的 224 分鐘，可是在我們眼裡，你的一切動作全都變慢了，我們吃一個包子 1 分鐘就完了，而在我們眼裡，你吃一個包子卻要 224 分鐘；我們打一個響指只用 1 秒鐘，而在我們眼裡，你卻花了 224 秒鐘才慢慢騰騰地把一個響指打完。我們在地球上仰望著太空船中的你，感慨道：「噢，可憐的人啊，行動得比蝸牛還慢，活著還有什麼意思呢？」

很遺憾，相對論無法讓你長壽。

伽利略的相對性原理這把倚天劍已經被愛因斯坦用他的相對性原理斬成了兩截，那伽利略變換呢？伽利略變換此時在你的心中可能也會變得不那麼天經地義了，看了前面那些由光速不變推導出來的奇怪結果，你可能已經意識到伽利略變換多半也是站不住腳的。你的想法非常正確，伽利略變換這把屠龍刀也早就保不住武林盟主的地位了，事實上早在 1895 年，一位叫做勞侖茲的中年俠士就已經不把伽利略變換放在眼裡了。

下面，讓我來隆重介紹本書最重要的角色之一，來自荷蘭的韓德瑞克‧勞侖茲先生。各位觀眾，還記得你們讀中學的時候，老師讓你們用手握住一個線圈，然後透過大拇指的方向來判斷受力方向嗎？大聲回答我。對了，很好，你們都還記得「左手定則」和「右手定則」嗎？什

麼，你們恨死它了？哦，可以理解，我那個時候也跟你們一樣，都快分不清自己的左右手了。電子在磁場中受到的力就是以勞侖茲先生命名的，叫做「勞侖茲力」（Lorentz force），什麼，我又勾起了你們痛苦的回憶？放輕鬆，放輕鬆，我們今天不考試。

　　勞侖茲在那個年代的物理學界有多出名，用兩件事情可以說明。第一，勞侖茲是索爾維會議（Solvay Conference）的定期主席（1911-1927年），一直擔任到臨終前一年。你可能不知道索爾維會議有多厲害，那你總知道體育盛會裡面的奧運會，富豪盛會裡面的500強財富論壇吧。物理學家的會議裡面最頂級的就是索爾維會議（當然是在上個世紀初期）。無圖無真相，現在上圖：

圖4-8　1927年第五屆索爾維會議

　　這張照片有很多別名，列舉一二：物理學全明星夢幻隊合影、科學史上最珍貴照片、地球上三分之一最具智慧的大腦合影。看到沒，愛因斯坦居中而坐，他的旁邊就是勞侖茲，其他人的名字我就不多說了。無數的學校大樓的走廊上、教室裡都掛著這些人的頭像，對這些名字你多多少少都會看著眼熟的（你居然還發現了環球快車謀殺案裡面的三個演員，你或許在想，那艾爾莎應該也有什麼來頭吧？哈哈，有的，暫時保密，答案在第六章）。第二件事，勞侖茲於 1928 年 2 月 4 日在荷蘭的哈勃姆去世，享年 75 歲。舉行葬禮的那天，荷蘭全國的電信、電話中止三分鐘，全世界的科學大師齊聚荷蘭，愛因斯坦在他的墓前致悼詞。愛因斯坦唸道：「勞侖茲先生對我產生了最偉大的影響，他是我們這個時代最偉大、最高尚的人。」

　　看到這裡，相信你對勞侖茲的景仰已經急速膨脹了，我也一樣。勞侖茲是電磁理論方面的大師級人物，馬克士威的電磁方程式在勞侖茲眼裡美得不可思議，多少次在夢中都驚歎它的簡潔、深刻與美。但是，勞侖茲在研究電子的運動時，居然驚訝地發現，伽利略變換和馬克士威方程式不可能同時正確，這件事讓勞侖茲非常鬱悶，伽利略變換似乎是天經地義的，但是馬克士威的方程式更是神聖的。經過一番痛苦的糾結，勞侖茲決定放棄伽利略變換式，馬克士威的電磁方程式是神聖不可侵犯的，既然伽利略變換式沒法運用到電子的運動上，那什麼樣的座標系變換式能呢？勞侖茲用他高超的數學技巧，利用微積分推出了一個變換式，如果用這個座標變換式取代伽利略的變換式，就和馬克士威的電磁方程式不矛盾了。勞侖茲在 1904 年正式發表了這個著名的變換公式：

$$x' = \frac{x - vt}{\sqrt{1 - \dfrac{v^2}{c^2}}}$$

$$t' = \frac{t - \dfrac{v}{c^2}x}{\sqrt{1 - \dfrac{v^2}{c^2}}}$$

這個式子被人們稱為「勞侖茲變換」，在這個式子裡面我們看到了熟悉的 $\frac{1}{\sqrt{1 - \frac{v^2}{c^2}}}$，這就是為什麼把它叫做勞侖茲因子的原因。你可能有點被搞糊塗了，我們前面親手推導出來的 t' 和 t 之間的關係式好像不是這樣的嘛？在這裡我要提醒親愛的讀者，你一定要明白座標變換的概念。所謂座標變換就是當你的參考系（不是你自己運動，是你的參考系）在你面前運動的時候，你所處的座標在運動前和運動到「某一時刻」時所處的新座標之間的關係。這個關係代表著我們對這個世界中運動和運動之間最本質的認識，換句話說，也就是小紅眼中的世界和小明眼中的世界到底有什麼不同。所以，勞侖茲變換中的 t 代表的是「時刻」、「時點」，而我們之前那個時間和速度的公式中的 t 代表的是「時長」、「間隔」。這裡還要說明的是，在勞侖茲心目中，變換所引入的量僅僅被看作是數學上的輔助手段，並不具有物理本質。

勞侖茲可是權威啊，他的這個變換式一發表，立即引起了強烈的迴響，各界紛紛響應，有讚揚的，有拍馬屁的，有質疑的，有驚訝的，當然也有大受啟發的（比如當時還默默無名的小愛）。下面是虛構的一場新聞發布會，發布會的主角是勞侖茲，接受全世界的同行們的提問。請注意這場發布會的時間是1904年，相對論還沒有發表，人們對MM實驗的結果還在爭論不休。

問：「勞侖茲先生，我們注意到您這個新的變換式中含有光速這個參數，讓我們很困惑，為什麼參考系的運動引起的座標變換會跟光速 c 有關呢？」

勞侖茲：「因為電和磁也是運動的一種方式，在考慮它們的運動時，就必然會引出光速這個常數來，至於普通物體的運動為什麼會跟光速有關我一下子也說不清楚，總之普通物體的運動速度相較於光速來說都小到可以忽略不計，對最終的結果似乎沒有什麼影響。」

問：「先生，按照您這個公式，一列火車在運動的時候，如果車頭取的座標是 x_1，車尾的座標是 x_2，火車的長度就是 $x_2 - x_1$，根據這個新變換式，我做了一個簡單的計算，我發現火車在運動的時候長度居然比靜止的時候縮短了，這未免太不可思議了吧？」

勞侖茲：「根據我的公式，結果確實如你所說，雖然聽起來很荒謬，但是我認為這是有可能的，而且有實驗可以支持這個現象，就是著名的邁克生—莫雷實驗，在這個實驗中我們之所以沒有發現干涉條紋的變化，正是因為實驗設備在隨著地球運動的時候，在運動方向上長度會發生收縮，這個效應剛好抵消了光速的變化。而且根據我的公式算出來的結果和實驗的結果也十分吻合。」

問：「那您依然認為以太是存在的嗎？」

勞侖茲：「那當然，以太是一定存在的，我們總會在實驗室裡把它揪出來的。」

問：「在您的公式中，我還發現一個神奇的地方，時間 t' 跟速度 v 和光速 c 以及座標 x 都有關係，坦白說，這真的讓我們很困惑。難道時間的流逝是不均勻的嗎？跟速度相關嗎？」

勞侖茲：「千萬不要那麼想，這只是一種數學的輔助手段而已，時

間就是時間，那是上帝主宰的東西，別想打時間的主意。」

問：「您仍然支持牛頓的絕對時空觀嗎？」

勞侖茲：「當然，毫無疑問。」

新聞發布會在各界的熱烈討論中結束。

　　勞侖茲變換式發表的時候他已經51歲了，人年紀一大，往往就容易失去勇氣和豐富的想像力，這導致勞侖茲和偉大的相對論失之交臂。歷史有時候真的是很戲劇性，雖然勞侖茲先於愛因斯坦寫出了流芳千古的公式，但是，雖曰同工實屬異曲，勞侖茲看不透國王的新衣，沒有大膽地拋棄以太，也沒有大膽地突破牛頓的絕對時空觀，在回答時間 t' 為什麼會跟速度有關時，含含糊糊，連自己都說服不了自己。在勞侖茲的腦子裡，絕對時空觀是神聖不可侵犯的，他一直到死都沒有放棄證實以太的存在。一個不可否認的事實是，近一百年以來，物理學上幾乎所有的重大突破都是傑出的科學家們在三十歲左右的時候取得的，量子力學更是被戲稱為「男孩物理學」，連愛因斯坦這樣偉大的天才，在他人生中的後三十年中也沒有取得什麼重大成就。有一句流傳很廣的話是這麼說的：「如果愛因斯坦在他38歲的時候死了，那麼今天這個世界並不會有什麼不同。」各位親愛的讀者，如果你現在正值20來歲的大好青春年華，請接受我對你的羨慕，你很有可能跨入「男孩」們的行列。

空間會收縮

　　我們此時已經把我們的一號男主角愛因斯坦冷落了好久，小愛快要失去耐心了，迫不及待地要求再次登場。經過前一段對於時間和速度關

係的思考，小愛的思想已經越來越成熟。根據兩個基本原理，他又能推導出什麼令人驚訝的結果呢？讓我們再次回到瑞士伯恩專利局，一探究竟。

　　仍然是我們已經很熟悉的專利局的那間辦公室，唯一不同的是有一次小愛在上班時間偷偷做計算的時候被哈勒局長發現了。在了解了小愛的研究工作之後，哈勒局長對愛因斯坦實在是相當的佩服，特別准許他可以在工作之餘安心計算，還時不時地來跟小愛打聽又有什麼新發現。哈勒後來成了小愛最忠實的粉絲，並以此自豪了一輩子。這一天，哈勒又來到小愛的辦公室，滿懷期待地走到小愛身邊。

　　（以下對話為虛構）

　　哈勒：「小愛啊，最近又有什麼新玩意兒告訴我啊？上次你跟我講的時間會變慢真是讓我大開眼界啊，雖然最後對於沒法延長生命還是有點小遺憾，不過你的推導真是無懈可擊，還有沒有別的啊？」

　　愛因斯坦：「局長，我發現，不但時間是相對的，空間也是相對的，就跟沒有什麼絕對的同時一樣，也沒有什麼絕對的大和小，長和短。」

　　哈勒：「天哪，這太誇張了，你得告訴我這是怎麼回事。」

　　愛因斯坦：「這還得從勞侖茲變換說起，去年勞侖茲先生公布了他的勞侖茲變換式，這個您聽說了吧？」

　　哈勒：「當然聽說了，雖然我覺得伽利略變換式居然被推翻了這事有點難以置信，但是勞侖茲先生可是大師級的人物，他的結論應該不會錯吧？」

　　愛因斯坦：「其實從慣性系中物理規律不變和光速不變這兩個原理

出發，我也推導出了勞侖茲變換式，推導過程不難，我算給您看看。我們只要做這樣一個思維實驗：讓我們測量在兩個座標系內光在同一段時間走過的距離。因為光速不變，他們走過的距離是 ct 和 ct'……」

愛因斯坦邊說邊在草稿紙上畫了張草圖，並且開始熟練地演算起來（推導過程省略，本書畢竟不是教科書）。很快，就得到了和勞侖茲完全一樣的兩個變換式：

$$x' = \frac{x - vt}{\sqrt{1 - \frac{v^2}{c^2}}} \qquad t' = \frac{t - \frac{v}{c^2}x}{\sqrt{1 - \frac{v^2}{c^2}}}$$

哈勒：「這太有趣了，你跟勞侖茲得出了同樣的公式，但推導過程卻不一樣。」

愛因斯坦：「我們從勞侖茲變換式出發，讓我們來研究一個關於長度的問題。局長你現在到一列飛馳的火車上去，火車上有一根鐵棍，我們想測量一下在我眼中鐵棍的長度 L 和在你眼中鐵棍的長度 L' 有什麼不同，該怎麼辦？在此之前，我們先來給長度下一個定義，我們只要同時讀出鐵棍兩頭在我們各自座標系的座標值，將兩頭的座標值相減得到的數值就是鐵棍的長度，你對這個定義沒有任何異議吧，局長？」

哈勒：「當然沒有異議，這就跟我們拿一把長尺去量鐵棍是一樣的，把一頭放在 a 刻度上，另一頭的刻度讀出來是 b，那麼 $b-a$ 就是鐵棍的長度啦。」

愛因斯坦：「很好，但是火車一旦運動起來，我就沒法實際去拿一把尺去量了對吧？但好在我們有座標變換公式，你只要把你讀出來的座標值記錄下來，然後我們只要知道火車的速度，用公式一變換，就可以求出在我眼中鐵棍兩頭的座標值，然後把兩個座標值一減就可以得到長

度了。把我所在地面的座標系設為 K，你所在火車的座標系設為 K'，現在 K' 正在運動，於是我們就要用到座標變換式來求出我眼中正在運動的鐵棍的長度了。假設現在的座標變換式是伽利略變換，我們很容易就可以得到你我眼中的鐵棍長度是一樣的結果。就像這樣：

$$x'_2 - x'_1 = (x_2 - vt) - (x_1 - vt) = x_2 - x_1$$

「根據定義，兩個座標值相減就是長度，於是得到：

$$L' = L$$

「但問題是，現在的座標變換式已經不是伽利略變換了，我們剛剛推導出座標變換式應該是勞侖茲變換，那就讓我們用勞侖茲變換來計算一下運動中的鐵棍的長度是多少吧：

$$x'_2 - x'_1 = \frac{x_2 - vt}{\sqrt{1 - \frac{v^2}{c^2}}} - \frac{x_1 - vt}{\sqrt{1 - \frac{v^2}{c^2}}}$$

「整理公式，得到：

$$x'_2 - x'_1 = \frac{x_2 - x_1}{\sqrt{1 - \frac{v^2}{c^2}}}$$

「還是根據定義，兩個座標值相減就是長度，於是進一步整理得到：

$$L' = \frac{1}{\sqrt{1 - \frac{v^2}{c^2}}} L$$

「為了看起來更舒服一點，我們把它換成相乘的形式：

$$L = \sqrt{1 - \frac{v^2}{c^2}}\, L'$$

「看，我們的長度變化公式出來了，這裡面的 L 就是在 K 座標系中，也就是我眼中運動鐵棍的長度，而 L' 則是在 K' 座標系中的你眼中靜止鐵棍的長度。讓我們來解讀一下它的含義吧。」

哈勒迫不及待地搶著說：「我了解了，鐵棍在運動方向上的長度縮短了！$\sqrt{1 - \frac{v^2}{c^2}}$ 總是小於 1，所以運動的物體在我們眼裡會在運動方向上發生長度收縮現象。如果我在火車上，你會看到我變瘦了，但我的高度不會變，勞侖茲先生也得出了這個結果。啊！如果這列火車的速度超過光速怎麼辦？根號裡面變成負數了，會發生什麼？」

愛因斯坦：「誰也不知道會發生什麼，負數的平方根是虛數，是沒有意義的。雖然勞侖茲先生也得到了長度在運動方向上收縮這個結論，但我跟他的解釋不一樣，勞侖茲先生認為這種長度收縮是由於某種壓力效應產生的收縮，他並不是從光速不變這個原理出發的。而我的觀點不一樣，從我們剛才推導的過程中也可以看出來，其實不需要用鐵棍打比方，用任何東西打比方都能得到同樣的結果，我的結論是……」

愛因斯坦頓了一下。

哈勒問：「是什麼？」

愛因斯坦做了一個神祕的表情：「是空間本身收縮了！就跟沒有絕對相同的時間一樣，也沒有絕對相同的空間，牛頓先生又錯了。運動物體的收縮不是任何機械的、化學的、材料的原因，跟任何外力無關，這是我們這個宇宙的物理規律，看似空無一物的空間本身也必須當作一個實體來看待。」

小愛說完上面的話，露出一副得意的表情朝觀眾的方向看了一眼，那意思好像在說：「如何？我沒有辜負觀眾的期待吧？」

哈勒：「太神奇了，小愛，你太給力了！」

愛因斯坦：「局長，還有一件事情，我不知道該講不該講？」

哈勒：「講啊，講啊，有什麼不該講的，還有什麼，快說，快說。」

愛因斯坦臉一紅：「局長，我那個二級專利員的申請，您看，是不是能再考慮考慮？」

哈勒臉上的笑容突然就消失了，板起臉正色道：「愛因斯坦先生，公事是公事，一切都要按規矩、按流程辦，明白了嗎？」

愛因斯坦：「知道了，局長。」

速度合成

各位親愛的讀者，我相信因為前面已經有了一次時間膨脹（時間變慢你也可以理解為時間膨脹，這種說法比較酷，很多書都喜歡這麼說，我也繼續附庸風雅）的神奇經歷後，再看到這個空間收縮的結論時，你已經能平靜地接受了。那讓我們來算一下這個空間收縮的效應跟速度的關係到底有多大，不舉一些例子我們沒辦法有一個直觀的感覺。一輛時速300公里的高鐵火車從你身邊開過，它的長度會收縮多少呢？一算，大約收縮了10^{-13}公尺。這是多少呢？差不多就是一根針尖的千萬分之一長度，人類到目前為止還不具備這樣的測量精度呢。但是如果你能坐上一艘速度為$0.99999c$的太空船，那收縮效應就可觀了，你地面上的親人將看到「壓縮」了224倍的你和太空船，變成一個很扁很扁的玩具模型了，但是在太空船中的你，卻不會有任何感覺。我們所說的收縮是指一

個參考系相對於另一個參考系的收縮效應。太空船沒有發射的時候，你拿一把尺量出太空船的長度是10公尺，太空船飛起來後，你用這把尺一量還是10公尺。儘管地面上的親人看到太空船「壓縮」成了玩具模型，但你的這把尺也同樣縮短了，隨著你的太空船運動的一切物體都縮短了。

　　我們勤奮的小愛已經利用兩個基本原理推導出了同時性的相對性、時間膨脹、勞侖茲變換、空間收縮這幾個推論，但並沒有停止他非凡大腦的思考活動，緊接著又從勞侖茲變換推導出了新的速度合成公式，這個公式可以解決你可能會冒出來的一些疑惑。比如第一個疑惑：如果兩艘太空船一艘朝東飛，一艘朝西飛，太空船的速度都達到了0.9c，那麼從其中一艘太空船看另外一艘太空船，豈不是另一艘太空船的速度可以超過光速c了嗎？第二個疑惑：如果我從一艘速度達到0.9c的太空船上再發射一艘速度為0.9c的太空船（或者飛彈）出去，那地面上看到的第二艘太空船（或者飛彈）的速度豈不是也應該超過光速c了？之所以還有這樣的疑惑，那是因為牛頓時代建立起來的速度合成公式$w = u + v$（此處的w代表合成後的相對速度），在你的腦海裡仍然是一個天經地義的常識，而且根深柢固。但是牛頓的古典物理學已經在愛因斯坦的兩個原理下崩潰了，幾乎所有的公式都需要修正，都需要考慮光速這個看似不搭嘎的東西。讓我們來看一下愛因斯坦推導出的新的速度合成公式是怎樣的：

$$w = \frac{u + v}{1 + \dfrac{uv}{c^2}}$$

　　你仔細一看就會發現，當uv遠小於c時，這個公式就近似等於古典的速度合成公式。那讓我們用這個新公式來解決一下你上面的兩個疑惑

吧：

$$w = \frac{0.9c + 0.9c}{1 + \frac{0.9c \cdot 0.9c}{c^2}} = \frac{1.8c}{1 + 0.81} \approx 0.9944c$$

看，不論你速度多快，兩個速度的合成速度最終都不超過一個c，哪怕兩束光背道而馳，利用這個速度合成公式簡單一算，結果最多也還是c。當然了，其實這個公式本身就是在光速不變的基礎上推導出來的。但這絕不是文字遊戲，這叫做物理公式的自洽性（self consistency），也是非常重要的一條物理定律法則。

到此，愛因斯坦對自己的思考和得出的推論比較滿意了。他把抽屜裡演算用過的草稿紙都翻了出來，還好，最關鍵的幾張都還在，沒有被捲上煙絲當香煙抽掉（愛因斯坦有用草稿紙當捲煙紙的習慣，以至於他當初演算的眾多草稿紙都這麼白白地被燒掉了。從今天的眼光來看，這燒錢燒得可夠厲害，每張草稿紙都能在拍賣會上賣個好價錢）。愛因斯坦整理了一下自己的工作成果：

1. 相對性原理：在任何慣性系中，所有物理規律保持不變。

2. 光速不變原理：光在真空中的傳播速度恒為c。

3. 同時性的相對性

4. 勞侖茲變換

5. 時間膨脹

6. 空間收縮

7. 新的速度合成公式

愛因斯坦用五週的時間把以上這些成果寫成了一篇論文，題目叫做〈論運動物體的電動力學〉。在這五週時間裡，愛因斯坦的快樂心情無

以言表，他對專利局的好兄弟索特（經常與愛因斯坦討論物理學問題）只說了一句話：「我無法表達我的快樂。」1905年6月底，愛因斯坦將論文投給了德國的學術期刊《物理學年鑑》（*Annalen der Physik*，這份期刊上還發表過愛因斯坦的許多著作）。該刊物負責理論的一位編輯——大物理學家普朗克（Max Planck, 1858-1947）對文章中的觀點感到非常吃驚，雖然與自己的觀念相衝突，但開明的普朗克依然大膽地決定將論文發表出來，並且在日後成為相對論在科學界受到承認的過程中最重要的人物之一。

　　各位讀者，請特別注意，到此時「相對論」這個詞還沒有正式出生，更不要說本章的標題「狹義相對論」了。筆者正是要牢牢抓住你的好奇心，放到本章的最後再來解釋為何要加上「狹義」二字。

　　論文雖然發表了，但是愛因斯坦自己心中的一個困惑始終還沒有解決，總是搞得他茶飯不思，連晚上做夢也總在想：如果物體的運動速度超過光速會怎麼樣？從公式上看，會得到一個虛數，但虛數是一個數學概念，它到底有沒有實際的物理意義呢？愛因斯坦非常糾結，不論他怎麼做思維實驗，總會遇到虛數這個數學怪獸跳出來擋住去路。

　　但愛因斯坦終究是愛因斯坦，此時的他已經打通了六脈中的三脈，雖然離最終神功煉成還有十年的時間，但僅憑這三脈神劍也讓他成功地戰勝了這隻數學怪獸。且讓我們來看一看愛因斯坦是如何用一招「質速神劍」一劍封喉的。

質速神劍

　　為了讓各位讀者更容易理解愛因斯坦這神奇的一招，請讓我們一起

來回憶一個最基本的物理規律——動量守恆。還記得我們小時候打玻璃彈珠嗎？如果你用你的玻璃彈珠把對方的彈珠打飛一定的距離，你就可以贏得那顆打飛的彈珠。每一個打玻璃彈珠的人都會有一個自然的體會，那就是自己的彈珠越重、打出的速度越快，則對方的彈珠就會飛得越遠。但這裡面還有些特別的技巧要掌握，首先，你要正面擊中對方的彈珠，如果打偏了效果就不好；其次，如果你能打出一個「旋轉彈」，則這個彈珠打到對方的彈珠後，會停在原地旋轉，而對方的彈珠則會滾得很遠。這裡面的道理就是動量守恆定律。在一個理想化的狀態下，如果你的彈珠質量是 m_1，彈珠出手的速度是 v_1，對方彈珠的質量是 m_2，對方彈珠被撞後的速度是 v_2，假設對方彈珠被撞擊後，你的彈珠停在原地不動，則符合下面的關係式：

$$m_1 v_1 = m_2 v_2$$

這便是動量守恆定律。由這個最基本的動量守恆的公式我們還能得出另一個含義相同的公式。比如有一個物體的質量是 m_0，以速度 v_0 運動，在運動途中由於某種原因（比如某個定時斷開的機關）突然一分為二，分成兩個質量為 m_1 和 m_2 的物體，分開後的速度分別為 v_1 和 v_2，則它們之間也要符合動量守恆定律。如果用公式寫出來就是這樣：

$$m_0 v_0 = m_1 v_1 + m_2 v_2$$

愛因斯坦把玩著這個公式，突然想到：根據用勞侖茲變換推導出的新的速度合成公式，兩個物體的合成速度不可能無限增大，而是會隨著接近光速而遞減，那麼為了滿足動量守恆，質量 m 的數值就必須增大。愛因斯坦想到了馬上就動手，他很快就利用勞侖茲變換和動量守恆定律

得到了下面的公式：

$$m = \frac{m_0}{\sqrt{1 - \dfrac{v^2}{c^2}}}$$

我們又看到了熟悉的相對論因子，這個公式改寫一下就是：

$$m = \gamma m_0$$

這個公式正是愛因斯坦解決超光速問題的神奇一招──「質速神劍」，通常我們也把它叫做「質速關係式」，就是說明質量和速度的關係。這個公式中 m_0 表示物體相對靜止時的質量，m 表示物體以速度 v 運動後的質量。一看到 m_0 旁邊有我們的老朋友 γ，你一定能馬上反應過來，這就是說物體的運動速度越快，質量就越大。

牛頓如果地下有知，必定又會睜大眼睛，暴怒道：「這個世界瘋了！」在牛頓力學中，所有的定律都隱含著這樣的一個前提，那就是物體的質量是不變的。我們用小球做實驗，不管這個小球是在岸上還是在船上，不論是在實驗室裡還是在山頂上，它的質量是多少就是多少，根本不需要我們去重複地測量。現在，愛因斯坦居然告訴我們物體的質量並非是恆定不變的，質量也是相對的，就跟沒有什麼絕對的快慢，沒有什麼絕對的長短一樣，對不起，也沒有什麼絕對的質量大小。劉慈欣在他的科幻小說神作《三體》三部曲中，描寫了一個外星文明用一個玻璃彈珠大小的物體擊毀了另一個外星文明的「太陽」，其中的理論正是這個質速關係式。當「玻璃彈」的速度接近光速的時候，其相對論質量就會變得無比巨大，足以擊毀一顆恆星（有興趣的讀者可以去讀一讀《三體》這部中國科幻界的扛鼎之作）。

我已經聽見了你的嘀咕聲：「喂，離題了，你還沒講清楚為什麼愛因斯坦用這個質速關係式殺死了那隻數學怪獸，這個公式跟超光速到底有什麼關係啊？」抱歉，我一想到《三體》就開始神遊宇宙。還記得牛頓第二運動定律嗎？物體的加速度和所受到的力成正比，和質量成反比。通俗地講，就是你要把一個物體推得運動起來，物體質量越大你要用的力就越大，想想看，質速公式告訴我們，物體的速度越快，則質量就越大，那麼要推動它加速的力就必須越大。當物體速度無限接近光速，質量也會逐漸變得無限大，那麼顯然要推動它繼續加速的力也必須變得無限大。對不起，無限大的力是不存在的，誰也不可能創造無限大的力，你就是把全宇宙的能量都集中起來，那也比無限大要小。這就證明了沒有任何有質量的物體的運動速度能達到光速，連達到都不能，更別說超過了。那光本身呢？因為光在靜止時沒有質量，所以它能達到光速。

光速極限

關於超光速的話題還沒完，還要解決一些你心中的疑惑。愛因斯坦所說的沒有物體的運動速度能夠超過光速，說得精確一點，是沒有能量和資訊的傳遞速度能超過光速，如果失去了這個前提，那麼超光速的「東西」可就多了。比方說，你在地面上插一根棍子，然後用一支手電筒去照這根棍子，然後在棍子後面很遠很遠的地方（比如說在阿凡達居住的潘朵拉星球上）放一個白板，理論上這根棍子的影子就會出現在這個白板上，這時候，你把手電筒輕輕轉一個角度，那麼遠在潘朵拉星球的影子就會迅速地移動，可以想像只要距離足夠長，這個移動速度絕對會超過光速。

圖4-9　移動速度可以超過光速的影子

　　這個想法有一個很酷的名字,叫做「暗影之疾」,它並不違反相對論。因為首先影子並不能儲存能量,所以這裡並沒有能量的傳遞。然後我們再來看看,透過這個暗影之疾能不能傳遞資訊呢?你可能想,如果我在棍子上用刻刀小心地刻一個空心字「喂」,然後由影子組成的這個「喂」在潘朵拉星球上不就能以超光速傳遞了嗎?我非常佩服你能想到這個點子,但是這個方法真的能讓潘朵拉星球上的兩個人超光速傳遞資訊嗎?

　　好,那麼就讓我們來設想在潘朵拉星球上,男主角傑克站在白板的這頭,女主角奈蒂莉站在白板的那頭,現在傑克跟奈蒂莉在分手的時候

約好，如果看到一個「3」的影子，表示我們3點開始進攻人類的基地，如果看到一個「4」的影子，就表示4點開始進攻。傑克在前方偵察完敵情，決定4點開始進攻，現在他要把這個資訊傳遞給奈蒂莉，但麻煩的是，傑克必須先告訴遠在地球的我趕緊把「4」的影子掃過去，傑克跟我之間的資訊傳遞馬上碰到了光速極限問題，因此4點進攻的消息依然無法突破光速極限。

　　若取消能量和資訊傳遞這個前提，要得到超光速還有更簡單的方法。比方說，你找一個晴朗的夏夜，站在滿天繁星下面，腳尖點地，來個輕巧的360度大旋轉。哇，不得了，整個宇宙都在你的眼中轉了一圈，這宇宙的轉動速度何止光速，簡直神速！對不起，你可以認為這種神速是超光速運動，但這並未違反相對論，因為沒有實際的資訊和能量在這個運動中傳遞。

　　總之，自從愛因斯坦得出了能量和資訊的傳遞無法超過光速之後，有無數聰明人設計了各種各樣的思維實驗，經常有人宣稱自己成功地設計出了超光速資訊傳遞的方法，可惜除了那種死不認帳的自戀狂外，所有的方法都經不起考驗。直到1982年，法國人阿斯派克特（Alain Aspect）帶了一個實驗小組，成功地做了一個可能會在歷史上成為第二個MM實驗的特殊實驗，這個實驗的名稱叫做EPR實驗，實驗結果把相對論關於光速極限的推論逼到了牆角（注意我的用詞，我可沒有說證偽或者推翻）。特別有趣的是，這個實驗正是以愛因斯坦為首的三個科學家——E代表愛因斯坦、P代表波多斯基（Boris Podolsky）、R代表羅森（Nathan Rosen）——提出的。最初只是一個思維實驗，愛因斯坦他們的目的是為了嘲笑當時出生沒多久的量子理論有多荒謬，因為在這個思維實驗中，按照量子理論的說法，兩個基本粒子居然可以在相隔很

遠的距離時，在光速都來不及跑完的時間內互相知道對方的旋轉狀態（基本粒子就是一種比原子還要小千萬倍的某種粒子）。愛因斯坦和另外兩個科學家嘲笑道：「哈哈，看看，這有多荒謬，量子理論居然發明了超光速的資訊傳遞。」這個思維實驗是1935年提出來的，當時的愛因斯坦早已經是物理學界的權威，但是當時的技術條件還無法實現這個EPR實驗。

時光飛逝，時隔47年之後，愛因斯坦都過世27年之後的1982年，科學家們的實驗條件終於具備，而實驗結果震驚了全世界！被愛因斯坦稱為荒謬的結論居然是事實，量子理論和相對論的矛盾徹底激化。EPR實驗到底有沒有違反相對論，這個話題引發了從物理學界到民間科學家曠日持久的熱烈討論，關於這個話題我們還將在第九章中詳細說明。但直到今天（2022年）為止，人類並沒有發現任何超光速運動，所有關於超光速的報告都被證實是錯誤的。因此，光速極限仍然是相對論的堅實基礎。

質能奇蹟

聊完了超光速，我提醒各位親愛的讀者注意，一個偉大的時刻就要到來了，本章的壓軸大戲正式上演。愛因斯坦馬上就要寫下古往今來最出名、最厲害，連小學生都知道的一個驚天地泣鬼神的傳世公式。請屏住呼吸，下面是見證奇蹟的時刻。

愛因斯坦現在手上有這麼一個質速公式：

$$m = \frac{m_0}{\sqrt{1 - \dfrac{v^2}{c^2}}}$$

此外，人們很早就知道一個運動的物體是具有能量的，子彈能把木板打穿，斷頭台能砍下路易十六的腦袋，靠的就是物體的動能。古典物理學對動能的計算公式是：

$$E = \frac{1}{2}mv^2$$

現在，這兩個公式到了愛因斯坦手裡，他知道古典的動能公式肯定也需要修正，於是他開始像搭積木一樣把這兩個公式搭來搭去。筆者就不寫出具體的推導過程了，因為那需要用到一些「無窮級數展開」的數學手法，會影響很多讀者閱讀時的愉悅感。總之我們的愛因斯坦用魔術師似的神奇手法把玩著手裡的方程式，很快，奇蹟出現了，愛因斯坦的草稿紙上出現了下面這個公式：

$$E = mc^2$$

愛因斯坦寫出這個公式後（愛因斯坦最早的論文是用 L 來代表 E 的，這裡筆者有意換了一下），拿筆在這個公式上面畫了一個圈，禁不住激動地抬起頭來看了我們一眼，說：「魔術是騙人的，我這是真的。」

這就是大名鼎鼎的質能公式。我保證這是本書出現的最後一個公式，從現在開始再也不會有惱人的公式來刺激你了。

它代表了質量和能量是可以相互轉換的，它解開了英國科學家拉塞福（Ernest Rutherford, 1871-1937）在前不久發現的神祕的放射性物質為何能發出巨大的能量之謎，也解開了開爾文勳爵（就是前面提過的那個演講中用烏雲做比喻的老頭）冥思苦想也想不通的太陽為何能經久不息地放出如此巨大能量之謎。

這真的是不可思議，因為這個 c^2 是個大得不得了的數字，這個數字

是90,000,000,000（公里／秒）^{2}，也就是說1公克的物質如果全部轉換為能量就可以產生90兆焦耳的能量。這是多大的能量呢？打個比方，假設我能自爆，把我自己70公斤的質量全部轉換為能量，那麼就相當於30多顆氫彈的威力。這太恐怖了！你驚呼一聲，周圍每個人都隨身攜帶30多顆氫彈啊，以後得躲遠一點。別激動別激動，沒人能把自己變成氫彈自爆，即便是威力巨大的原子彈，也不過僅僅能把1%的質量轉換為能量而已。如果你對這個結論是怎麼做出來的還是感到難以理解，我可以這麼解釋：你想想，任何物體在光的眼裡看來是不是都在以同樣的速度，也就是以光速運動呢？那麼相對於光而言，每個物體都是具有龐大動能的子彈也就完全不稀奇了，當然這只是便於你理解的一種思考方式，真實的理論並不是從這個角度出發的。

但請你千萬記住的兩點是：（1）愛因斯坦並沒有參與原子彈製造，質能公式也不是造原子彈的理論；（2）即便沒有質能公式，原子彈也一樣能造出來，只不過原因仍然會很神祕。

這個質能公式是如此的簡潔而又不可思議，以至於它成了相對論和愛因斯坦的代名詞，甚至被用來代表科學。但如果愛因斯坦地下有知，他可能會覺得用這個質能公式來代表相對論並不妥，如果用相對論因子 γ 的公式來代表，也許馬馬虎虎還能接受。

在〈論運動物體的電動力學〉這篇論文即將發表的前夕（1905年9月底），愛因斯坦把他最新發現的質速公式和質能公式寫成一篇僅僅三頁紙的論文，作為上一篇論文的補充，定名為〈物質的慣性同它所含的能量有關嗎？〉，又投給了《物理學年鑑》雜誌，兩篇文章終獲發表。不過，文章在發表後的很長一段時間內，並沒有立刻獲得驚天動地的迴響，就好像一粒沙子扔進了沙漠，迅速埋沒在沙海中。那是一個物理學

創世紀的時代，每天都在產生大量新論文、新思想，物理學的新發現如潮水般湧進人們的大腦。一個新學說想要被學術界承認，不是一件容易的事。但畢竟，愛因斯坦的理論不是沙子而是金子，遲早會發出耀眼的光芒。愛因斯坦耐心地等待著。

非常有趣的是，愛因斯坦雖然是相對論的創立者，卻並非這個名稱的創造者，他自己並不喜歡這個名稱，完全是「被迫」接受。在他的這個新學說漸漸受到重視，被越來越多的學者討論時，也許是受到文章中無處不在的「相對」一詞的影響，大家很自然地提出了「相對論」這個新詞，並且普遍使用。時間一長，愛因斯坦也只好無奈地接受了這個新名稱。

正當相對論逐漸被更多物理學家和數學家接受時，愛因斯坦本人卻冷靜地看到了其中的兩個缺陷。什麼缺陷呢？請大家注意一下，愛因斯坦的相對性原理前半句是什麼——在任何慣性系裡。慣性系也就是相對靜止或者做等速直線運動，但問題是，我們的生活中真的有慣性系存在嗎？船在海浪中顛簸，火車要加速減速，孩子們扔出去的小球的軌跡是個拋物線……即便是我們一直把它當成慣性系的地球本身，也是在繞著太陽做圓周運動，真正的慣性系幾乎找不到。而放眼宇宙，更是非慣性系主宰了我們的世界。同時，無論他如何嘗試，都無法將重力納入到相對論的理論中，新的障礙橫亙在愛因斯坦面前。然而十年後愛因斯坦便再次做出巨大突破，將相對論極大地提升到了一個全新而更廣闊的高度。於是人們把 1905 年的相對論稱為「狹義相對論」（Special Relativity），把 1915 年的稱為「廣義相對論」（General Relativity）。

四個瘋狂的問題

　　寫到這裡，本章的內容即將結束。如果你此時的感覺是：「狹義相對論原來也並不難懂嘛，我基本上都明白了」，那是筆者莫大的榮幸；如果你此時的感覺仍然是不明所以，一頭霧水，那也一定不是你的問題，是我的問題。但是，我想問前一類讀者：你真的明白了嗎？抱歉，我馬上要給你一點小小的打擊了，你以為你全都明白了，其實也許並非如此，讓我來問你幾個問題，請你思考一下：

　　第一個問題：

　　想像一下，愛因斯坦和哈勒各自駕駛著一艘同一型號的太空船在黑漆漆的太空相遇。在愛因斯坦的眼中，哈勒的太空船開始是一個小亮點，然後越來越大，最後以高速從他身邊飛過，一轉眼就不見了。愛因斯坦心想，根據狹義相對論的時間膨脹和空間收縮效應，哈勒的時間過得比我慢，哈勒的太空船相對於我的太空船縮小了。但是，讓我們跑到哈勒那裡，在剛才那起相遇事件中，哈勒看到愛因斯坦的太空船開始是一個小亮點，然後越來越大，最後以高速從他身邊飛過，一轉眼就不見了。哈勒心裡也在想，根據狹義相對論的時間膨脹和空間收縮效應，愛因斯坦的時間過得比我慢，愛因斯坦的太空船相對於我的太空船縮小了。親愛的讀者，請問，他們到底誰比誰的時間變慢了？誰比誰的太空船縮小了？

　　第二個問題：

　　想像一下，你即將坐上一艘亞光速（編按：亞光速是接近於光速的

速度，當物體的速度大於90%光速但小於光速時，我們稱它的速度處於亞光速狀態）的太空船告別地球上的雙胞胎弟弟去太空旅行，當你弟弟看到你的太空船瞬間衝上雲霄，一下子就飛得不見蹤影時，他心裡想，等哥哥回來的時候，我就比他老了，哥哥會比我更年輕。可是，你在太空船上可不一定這麼想，對於你的感覺來說，你覺得是地球載著你的弟弟突然飛離你而去了，你越想越覺得有道理，所以感慨道：「等我再見到弟弟的時候，我就更老了。」親愛的讀者，你覺得當你們再見面的時候，你到底是變得更年輕了，還是變得更老了？（雙胞胎佯謬）

第三個問題：

勞侖茲開著一輛亞光速快車正在平坦的北極冰面上飛馳，他越開越快，真是爽極了。突然，車載雷達顯示，前方有冰面出現了一道裂縫，裂縫的長度剛好和車子一樣長，情況十分緊急，到底要不要剎車？勞侖茲突然想到，啊哈，那個裂縫正相對於我做著高速運動，它會在運動方向上收縮，於是會小於我的車長，我應該能順利地衝過去。這麼一想，勞侖茲心裡一寬，反而踩下了油門加快速度。可是當他就要到裂縫時，一個念頭突然冒出來，他嚇呆了：如果裂縫裡面有一個人，從他的眼裡看來，我正在朝他飛速運動，因此我的車子在運動方向上會收縮，我會更容易一頭跌入冰縫，天哪，得趕緊剎車！可是此時已經來不及了。親愛的讀者，請問倒楣的勞侖茲先生到底會不會掉入那個冰縫中呢？（長棍佯謬）

第四個問題：

龐加萊先生正指揮著一艘潛水艇在大西洋中巡航，海裡的美景真是

美不勝收，看上去比數學公式要有趣得多。突然，一陣淒厲的警報聲把龐加萊的思緒拉回現實。中士慌慌張張地跑來報告說一個不明物體撞上了潛水艇，撞壞了深度控制箱，潛水艇正在下沉，情況危急。龐加萊不愧是身經百戰的大師級人物，臨危不亂，他想：只要我加快潛水艇的前進速度，那麼對面的海水就會相對於潛水艇做高速運動，根據狹義相對論的質速公式，海水的質量會增加，那麼密度就會增加，浮力就會增大，我們的潛水艇就能順利浮上去了。當龐加萊正要發出以亞光速加速前進的指令時，他突然又想：哎呀不對，一加速，在海水看來，潛水艇的質量就增大了，我豈不是下沉得更快？龐加萊這時也慌了，看著全體船員焦急的目光，大顆汗水從額角落下。親愛的讀者，請問可憐的龐加萊先生到底該不該下達加速前進的命令？（潛水艇佯謬）

　　問題問完了。

　　請原諒我，你本來已經清楚的頭腦，突然一下子又墜入深淵，你忍不住火冒三丈，這該死的相對論到底該相對誰啊！

　　請息怒，我親愛的讀者，你一點都不用感到鬱悶，這些問題不但困擾你，同樣也曾經困擾著比我們聰明十倍的大科學家們，那個雙胞胎到底孰老孰少的問題也曾經引發過全世界範圍的大討論。

　　要搞清楚這些問題，不是我三言兩語就能說得清的。請你繫好安全帶，我們的旅程才剛剛過半，更刺激、更驚險、更不可思議的故事和風景還在前面等著我們。猶豫什麼，這就跟我繼續出發吧！

5
廣義相對論的宇宙

　　從狹義（special）到廣義（general）是文字上的一小步，卻是人類對這個宇宙認識的一大步，其意義絕不亞於阿姆斯壯在月球上跨出的那一步。這一步，愛因斯坦整整跨了十年。當他在1915年最終完成廣義相對論的所有內容後，愛因斯坦自己寫道：「讓我好好休息一陣子，我實在是太累了。」他是應該好好休息一下，如果說狹義相對論是愛因斯坦集各門各派武功之大成的話，那麼廣義相對論則是愛因斯坦傲視天下的獨門祕笈，其難度是可想而知。

愛因斯坦的不滿

　　當時，有很多學者已經摸到了狹義相對論的邊緣。我們前面提到過，勞侖茲與相對論只有一步之遙；另外一位法國數學家龐加萊（Jules Henri Poincare）已經正確地闡述了相對性原理，並推測真空中的光速可能是常數；此外還有與愛因斯坦同時代的奧地利物理學家馬赫（Ernst Mach），率先向牛頓的絕對時空觀提出了挑戰，堅定地認為不存在絕對空間和絕對運動（可惜在相對論發表後，龐加萊和馬赫卻一直表示反對）。可以說，當時狹義相對論在整個物理界已經呼之欲出，即使沒有愛因斯坦，不超過五年，也一定會有別的「斯坦」發表狹義相對論。但廣義相對論就不同了，它幾乎是愛因斯坦一個人潛心修煉的成果，如果沒有愛因斯坦，我們可能今天還在等待這個理論。在一本美國人寫的科學史書中，廣義相對論被評價為「這無疑是人類歷史上最高的智力成就」。你有點迫不及待地想知道了吧？這事還得從頭說起。

　　我們的故事要從……（讀者：不會吧，又要講四百多年的歷史？）要從1905年開始講起（讀者：還好，嚇死我了！），讓我們再次回到瑞

士的伯恩，還是那家專利局，故事的主角自然還是愛因斯坦，故事的配角仍然是我們的局長大人哈勒先生。話說愛因斯坦申請二級專利員被駁回後一直對局長有些耿耿於懷，他有些不服氣：自己已經憑藉〈分子大小的新測定法〉順利取得了博士學位（這篇論文是奇蹟年的五篇論文中的第二篇，據後人統計，愛因斯坦一生的所有論文中，這篇論文被引用得最多），可是卻連二級專利員都沒能批下來，太不尊重人才了吧，此處不留爺自有留爺處。對學術圈充滿情懷的愛因斯坦開始申請伯恩大學的物理系講師，準備跳槽，然而申請卻被拒絕了（此後他堅持不懈地申請了三年，直到1908年終於獲得了一個編外講師的職位）。既然大學講師當不成，愛因斯坦又試著去申請蘇黎世中學的教師職位，沒想到也沒有成功，只好繼續幹著專利員的工作。

這一天，哈勒又晃進了愛因斯坦的辦公室，笑嘻嘻地對愛因斯坦說：「小愛啊，最近怎麼樣？又有什麼新想法了沒？」

愛因斯坦：「最近很不好，很多事我想不通。」

哈勒：「耐心點嘛，小愛，明年，明年一定幫你升。」

愛因斯坦：「我想不通的不光是這件事情。」

哈勒：「還有什麼事？」

愛因斯坦突然意識到自己說漏了嘴，自己準備跳槽去申請伯恩大學講師的事情怎麼能讓局長知道呢？得趕緊想辦法繞開去，愛因斯坦急中生智，說道：「慣性系！因為慣性系！」

哈勒：「什麼意思啊？」

愛因斯坦：「我前不久告訴你的相對性原理你還記得嗎？」

哈勒：「記得啊，不就是在任何慣性系中，所有的物理規律保持不

變嗎？我覺得很有深度，很偉大啊，這又怎麼了？」

愛因斯坦：「所有的物理規律為什麼只在慣性系中才維持不變呢？我們的生活中根本不存在真正的慣性系啊，所有的運動沒有一個是理想中的等速直線運動，你能給我舉出一個真正的慣性參考系的例子嗎？」

哈勒想了想：「我們就用大地作參考系，這總是慣性系了吧？」

愛因斯坦：「顯然不是，別忘了我們的地球是以大約10.8萬公里的時速繞著太陽做圓周運動的，等速圓周運動是一種加速度運動，產生加速度的力就是太陽對地球的引力，速度是有方向的，哪怕速度的絕對值不變，只要方向在不停地變化，就是一種加速度運動。所以，我們的大地根本就不是慣性系。」

哈勒恍然大悟：「想想還真是這樣，我們身邊一個慣性系也找不到。」

愛因斯坦：「慣性系實在是太特殊了，上帝這個老頭子不應該這麼偏愛根本不存在的慣性系嘛。我們在慣性系中總結出來所有公式其實根本不能解決實際問題嘛，最多只能求出一些近似值而已，你如果想求出精確值，馬上就會遇到加速度這隻怪獸。」

哈勒：「那我們乾脆就不加慣性系了，直接說在任何參考系裡面物理規律不變，一了百了，哈哈哈。」

愛因斯坦：「哈你個頭啦，說的倒是容易，可是怎麼個不變法呢？比如你坐在電梯裡面，電梯加速上升的時候，你拋起一個小球，這個小球的落地時間就會跟電梯等速上升時不一樣。顯然，在這個參考系裡面，物理規律變了。」

哈勒：「我只是隨便說說，隨便說說，你別認真嘛。」

愛因斯坦：「但從內心深處來說，我又認為你說的是對的，物理世

界應該是民主平等的世界，各種參考系都應該眾生平等，慣性系不應該在這個世界中享有特權，憑什麼慣性系的地位就那麼特殊呢？」

　　哈勒見今天問不出什麼新鮮玩意來，也就走了。

　　在此後差不多接近兩年的時間裡，愛因斯坦都被這個問題折磨得茶飯不思。不過到了第二年，也就是1906年，哈勒局長果然沒有食言，愛因斯坦升為了二級專利技術員，薪水福利都漲了。又過了一年，到了1907年，愛因斯坦再次升職，這次升到了一級專利員，同時愛因斯坦還擁有了更寬敞的辦公室和更舒適的椅子，這下愛因斯坦的心情好多了。雖然看起來偉大的靈感往往來自於一些偶然發生的小事，但其實偶然中蘊含著必然。某些書裡說一個蘋果砸到了牛頓的頭上讓他得到了萬有引力定律，這種故事雖然真實性經不起推敲，但確實讓人覺得很浪漫、令人神往。有些書裡說有一次愛因斯坦看到一個工人從房頂上摔下來，讓他靈光一閃解決了困擾他兩年的疑惑，這個故事不但不浪漫也經不起推敲。愛因斯坦自己說過，當他想到那個絕妙點子的時候，他是坐在椅子上的。當時的情況是這樣的（別問我是怎麼知道的）：愛因斯坦午後抽完一支煙，舒服地半躺在椅子上，不知不覺就進入了夢鄉，他做了一個噩夢，當他從噩夢中驚醒的時候，萬萬沒有想到，這個噩夢卻造就了他「一生中最快樂的想法」。

生死重量

　　逐漸模糊的視線，畫面漸漸黑下去。

　　突然——

畫外音：「警長，警長，快醒醒！」

畫面一陣搖晃，漸漸亮起。

愛因斯坦睜開眼睛，看見很多探員圍在他身邊。

「出了什麼事了？」愛因斯坦問。

探員羅森：「出大事了，在雲霄電梯裡發現了一枚定時炸彈，拆彈組已經趕去，目前還不知是何人所為，有何目的。」

「距離爆炸還剩多少時間？」

「不到24小時。」

「我們走！」

一座酷似艾菲爾鐵塔般的建築物聳立在眼前，唯一不同的是一眼望不到頂，人們只能看到它直入雲霄的塔身。塔基處掛著一行大字：「雲霄電梯，讓你重新發現世界」。

羅森說道：「這是本月剛剛落成的全世界最高的觀光電梯，高度達到2萬公尺，電梯往返一趟最短僅需30分鐘，可以同時容納100人左右。我前兩天曾經上去過一次，真是令人震撼。天氣好的時候，感覺可以把整個歐洲盡收眼底，天氣不好的時候，可以看到一望無際的雲海包圍著大地，雲海裡面透出陣陣閃電，如入仙境。」

兩人穿過警戒線。

羅森繼續說：「據初步判斷，炸彈威力可能極大，方圓1公里內已經開始疏散。」

愛因斯坦：「炸彈是怎麼發現的？」

羅森：「今天早上維修工人對電梯做運行前的例行檢查時，在電梯的底部發現了這顆炸彈，吸附在電梯的底盤上，上面有一個倒數顯示器，上面顯示為23:20:32，他們就立刻報警了。」

愛因斯坦：「你們初步估計是何人所為？目的是什麼？」

羅森：「我們的初步判斷是某個極端的環保組織所為。環保組織一直反對雲霄電梯這個工程浩大的專案，但目前還未接到任何組織或個人聲稱是他們幹的。」

說著兩人走到電梯前，從一個樓梯下去，進入一個檢修通道，在這裡，抬頭就能看見那顆炸彈，炸彈邊上站著兩個專家，其中一位正拿著一種儀器仔細檢查，另一位在拍照。

愛因斯坦抬頭朝炸彈看過去，首先映入眼簾的就是那個非常顯眼的倒數顯示：

22:35:48

倒數顯示器非常規律地一秒跳動一下。

炸彈比普通人的手掌大不了多少，呈橢圓形，銀白色，非常光亮，人影都能照得出來。愛因斯坦問其中一位正在用儀器掃描的專家：「我是愛因斯坦警長，有什麼新發現？」

那人回答：「你好，警長，我叫普朗克，國土安全局的首席爆破專家。這枚炸彈很複雜，是高手製作的。」

愛因斯坦：「爆炸威力能準確地估計嗎？」

普朗克：「這枚炸彈用的是目前威力最大的C4炸藥，雖然我現在還不能準確算出殺傷半徑，但要把整座電梯塔炸塌是絕對沒問題的。」

愛因斯坦：「有可能拆除嗎？」

普朗克：「沒有把握，這個炸彈用的防拆裝置是一個精密的重力感應器，只要感應到重力的變化超過一個閾值，炸彈就會立即爆炸。炸彈是用一種特殊的膠水黏在底盤上的，如果我們想要把它和底盤分離，就

必須切割，切割過程引起的震動肯定會讓重力感應器超過閾值。」

愛因斯坦：「那能不能把整個電梯廂拆下來，搬離現場？」

普朗克：「我剛剛諮詢過電梯製造商，這種電梯廂想要拆除，最快也要花48小時，肯定來不及，而且也不能保證在拆除的過程中所引起的震動能在安全範圍內。」

愛因斯坦：「看來，我們遇到麻煩了。」

兩小時後，國土安全局總部大樓。

會議室裡面坐滿了人，每個人都表情嚴肅，一言不發。國土安全局的開爾文局長居中而坐，愛因斯坦坐在他的旁邊。

開爾文環顧了一下全場，說道：「今天召集大家過來，是因為我們正面臨一場嚴重的危機，需要大家拿出解決辦法來。我們請負責這個案件的愛因斯坦警長做一個情況簡報。」

愛因斯坦立刻站了起來：「各位，事情是這樣，今天早上我們在雲霄電梯的底盤上發現一枚威力超強的定時炸彈，一旦爆炸，不但威力會波及1公里範圍內的所有建築物，最重要的是，爆炸威力足以把雲霄電梯炸塌。這麼一個龐然大物如果倒塌，後果不用我多說，絕對是個大災難，而現在離爆炸還有……」愛因斯坦看了看錶，「還有20小時。關於炸彈的情況，我們請安全局的首席爆破專家普朗克先生說明一下。」

普朗克：「這枚炸彈裡面安裝了一個非常精密的重力感應裝置，只要發現重力稍有變化，立即會爆炸。目前我們還在想辦法拆除它，但是情況不樂觀，我們必須做好準備，可能無法在炸彈爆炸前拆除它。」

開爾文：「情況大家都了解了，請大家集思廣益，拿出辦法來。」

消防局長：「我的想法是，讓電梯開上去，萬一拆不掉，就直接讓

它在頂上炸了，這樣受損的範圍有限。」

　　愛因斯坦在心裡暗罵一聲「白痴」，對消防局長說：「這是不行的，電梯離地面越高，重力就越小，您不會連牛頓的萬有引力定律都不知道吧？在上升的過程中，重力感應器就會感應到重力的變化，炸彈會立即爆炸。」

　　消防局長臉一紅，不說話了。

　　建設局長：「那麼，我們是不是可以在電梯上升的過程中慢慢地加重炸彈的重量，比如，把吸鐵石一小塊一小塊地吸附上去。」

　　愛因斯坦：「沒用，注意，重力感應器感應的是自身重力的變化，並不是整個炸彈的重量，往炸彈上加東西，根本不會改變重力感應器自身感受到的重力。」

　　普朗克：「我補充一下，其實，根本不用等到電梯升到半空，只要電梯一啟動，炸彈就爆炸了，因為電梯啟動的時候必然會產生一個加速度，這個加速度會讓重力感應器感受到一個如同重力增加的力。我們坐過電梯的人都知道，當電梯剛往上升的時候，我們會感覺自己變重了，就是這個道理。」

　　本來安靜的會議室現在開始出現了一些騷動，大家紛紛交頭接耳，但一時誰也拿不出好主意。

　　愛因斯坦低著頭在沉思，突然他抬起頭，臉上閃過一絲喜色，站起來，大聲說：「大家安靜，請聽我說，我想到一個辦法。」

　　會場立刻安靜下來。

　　愛因斯坦：「剛才普朗克先生啟發了我，電梯的加速度會產生如同重力的效應，而電梯升得越高，則重力越小。請大家想一想，如果我們能精確地控制電梯的加速度，剛好把重力減少的效應完全抵消，這樣我

們就能把電梯安全地升到頂端，然後引爆炸彈，這樣我們就可以保住整座雲霄電梯塔了。」

開爾文：「愛因斯坦警長的這個方案從理論上來說可行，不過，請雲霄電梯的製造商方面來回答一下是否有可能精確控制電梯的加速度。」

一個中年人站了起來：「我是雲頂電梯公司的總工程師愛丁頓。從理論上來說，雲霄電梯具備任意加速度的能力，但控制系統需要加一個控制模組，當初設計的時候沒有考慮到需要如此精細的控制。」

開爾文說：「製造這個控制模組需要多久？」

愛丁頓看了看手錶，想了一下說：「如果現在馬上開始的話，應該能趕在爆炸前半小時左右完成，時間還來得及，不過……」

愛丁頓遲疑了一下。

開爾文：「有話就直說，愛丁頓先生。」

愛丁頓：「因為考慮到摩擦力和空氣阻力的變化，電機必須要不停地調節輸出功率。但在這麼短的時間內，恐怕無法做出自動控制模組，必須……必須手動控制。也就是說，必須要有一個人在電梯內手動微調參數，直到電梯升頂。不知道這樣說大家是否能了解，開爾文先生。」

開爾文瞬間就明白了愛丁頓的意思，不愧是久經沙場的老將，開爾文冷靜地說道：「請你立即動手去製作控制模組，剩下的事情交給我們，謝謝你，愛丁頓先生。」

愛丁頓說了聲是，立即三步並作兩步離開了會場。

此時，整個會場鴉雀無聲，所有人其實都明白了愛丁頓的意思。

開爾文環視了一周，鎮定地說：「我想大家應該已經明白了，電梯只能在加速狀態下才能維持重力不變，一旦升頂後開始減速，就會立即引爆炸彈。」

會場安靜得可以聽見一根針落地的聲音。

「我已經一把老骨頭了，對這個世界也沒有什麼留戀了，」開爾文一字一頓，「讓我對這個國家的國土安全再盡最後一次責任吧。」

安靜，死一般的安靜。

開爾文緩緩地站起來，穩穩地一步一步走出門外。

雲霄電梯檢修通道。

倒數計時血紅的數字：**00:26:23**

每跳動一下彷彿都是死神的敲門聲。

雲霄電梯中，愛丁頓在電梯控制台上忙碌著，終於小心地合上面板，旋緊螺絲，面板上露出一個圓形的旋鈕。愛丁頓抬起頭來，臉色凝重地看著開爾文，慎重地把一個手掌大小的儀表交給開爾文。

儀表上面什麼按鍵都沒有，只顯示了一行醒目的數字：9.80665

愛丁頓：「尊敬的開爾文先生，再多的語言無法表達我此刻對您的感激，這是重力常數測定儀，請您注意看儀錶上的數字，如果數字增大，說明電梯加速度過大，請把旋鈕逆時針轉動減小輸出功率。反之請順時針旋轉增大輸出功率。請注意，數字必須維持在 9.81 和 9.79 之間。」

開爾文：「我明白了。啟動電梯吧，時間不多了。」

愛丁頓朝開爾文鞠了一躬，緩緩地退出電梯。此時，電梯外所有人都注視著開爾文，就像看著一位英雄。開爾文回敬了一個注目禮，沉著地發出命令：「啟動電梯。」

突然，一個人影衝進電梯，迅速地搶過了開爾文手裡的儀表，並把開爾文往外一推，拉下扳手。開爾文一個跟蹌的同時，電梯門緩緩地合

上了。

在電梯門合上的那一瞬間，大家都認出來了，那正是愛因斯坦警長。

開爾文大怒，朝著電梯喊：「豈有此理，你怎敢這麼做！」

愛因斯坦在電梯中對大家說：「請立即啟動電梯，時間已經來不及了。我已經下定決心，電梯門我已經反鎖，我再重複一遍，請啟動電梯，時間來不及了。」

僵持了一會兒，儘管開爾文暴跳如雷，但也無計可施，大家心裡都明白，時間一分一秒過去，必須啟動電梯了。

開爾文痛苦地看著電梯裡面的愛因斯坦，知道已經不可能改變了，紅著眼睛對愛丁頓吐出兩個字：「啟動。」

電梯頂上一盞紅燈變成了綠燈。

電梯無聲無息地啟動了，剛開始幾乎看不出任何移動，慢慢地，看出了一點點抬升，隨著時間過去，移動越來越明顯。

愛因斯坦一隻手按著控制旋鈕，一隻手拿著重力測定儀，眼睛盯著讀數，不時地調節旋鈕，以維持讀數的穩定。

電梯的速度越來越快。20分鐘後，電梯終於要接近頂端了，愛因斯坦明白，電梯升頂前的減速會立即破壞炸彈上重力感應器的平衡，炸彈會立刻爆炸。

最後的時刻到了，愛因斯坦聽到哐噹一聲，猛然感到自己的身體一下子輕了起來，手中儀表上的數字急遽地變小。

等效原理

「啊——」愛因斯坦一聲驚叫，從椅子上跳起來，他驚醒了，一身

冷汗。

　　剛才的夢實在印象太深刻了，幾乎歷歷在目。「加速度和重力等效，加速度和重力等效，加速度和重力等效……」愛因斯坦一聲比一聲大地唸了三次，他得到了他一生中最快樂的想法。此時，哈勒也走進愛因斯坦的辦公室，顯然他聽到了愛因斯坦的叫聲。

　　哈勒：「小愛，發生什麼事了？」

　　愛因斯坦衝過去一把抱住哈勒：「那個問題我想明白了，哈哈，哈哈哈！」

　　哈勒推開愛因斯坦：「別激動，你說的是哪個問題？」

　　愛因斯坦：「慣性系。明白了嗎？慣性系。上帝這個老頭子不偏心，這個世界又回到了民主的世界，所有的參考系都是平等的。現在我們可以大聲地宣布：在任何參考系中，所有物理規律保持不變。只要在這個前面加上一個等效原理的前提即可。」

　　哈勒一臉茫然：「我不明白。」

　　愛因斯坦：「加速度和重力，也就是加速度和萬有引力，它們是完全等效的。請想一下，局長，如果你被關在一個密閉的電梯中睡著了，當你醒過來的時候，你如何區分自己是在太空中做著加速運動還是靜止地待在地面上呢？你能不能用做任何物理實驗的方法判斷自己是靜止地待在地面上，還是在太空中加速上升？」

　　哈勒仔細想了一下：「好像是不能。」

　　愛因斯坦：「反過來，如果你醒來的時候，發現自己漂浮在電梯中，請問，你能區分是自己在太空中失重了，還是電梯在地球重力場中做著自由落體運動嗎？你能用做任何物理實驗的方法區分這兩種狀態嗎？」

　　哈勒又仔細想了想:「很對,確實完全無法區分,不可能用實驗的方法來知道自己的確切狀態。」

　　愛因斯坦:「因此說,加速度就是重力,重力就是加速度,它們在物理性質上是完全等價的,這個我稱之為**等效原理**(equivalent principle)。對於任何參考系來說,我們都可以把它分解為一個在重力場中的慣性系來考慮,這樣一來,所有的參考系就平等了,參考系與參考系之間就沒有任何區別了。比方說,你在地球上一列等速直線運動的火車中做物理實驗,我可以理解為是在一個施加了地球重力的慣性系中做實驗;同樣,如果我在太空中一部加速上升的電梯中做實驗,假設上升的加速度剛好等於地球的重力加速度的話,那麼在沒有等效原理之前,我們只能認為這部電梯不是一個慣性系,但是現在,我們可以看成是在一部地球上的、靜止的電梯中做實驗。再比方說,我們如果在地球上一部加速上升的電梯中做實驗,我們也可以等效地認為是在太陽上一部等速上升的電梯中做實驗,假設電梯的加速度與地球重力之和剛好與太陽的重力相同的話。你看,有了這個等效原理後,我們可以把任何非慣性系都轉換為慣性系,只要額外處理一個重力場的影響即可。」

　　哈勒:「那做等速圓周運動的參考系也能做同樣的轉換嗎?」

　　愛因斯坦:「當然可以,你想像一下,現在你處在一個密閉的鏈子球裡面,我把你甩起來,你會感到一股無形的力把你貼在外壁上,這個力就是向心力,但是對於在密閉的球中的你來說,是無法區分這是向心力還是重力的,如果我在太空中甩這個鏈子球,那麼你就會感覺跟在地球上靜止時一樣,受到同樣的重力。因此,只要考慮了重力場,任何參考系,不論是加速還是減速直線運動,還是非直線運動,都可以分解為慣性系不變、重力在發生變化。因此,最重要的是我們要找出一個重力

場方程式來。在狹義相對論中，我們只研究了時間、空間、運動這三者的關係，現在我們必須再加入一個重要的對象，那就是——重力！」

哈勒若有所思地點點頭：「我開始明白了。」

愛因斯坦為了這個快樂的想法高興了好幾天，每天都覺得思路比前一天更清晰，在重力這條路上開始往前探索，無數嶄新的風景一下子湧過來，很多過去想也沒想過的問題接踵而至，讓愛因斯坦有一點應接不暇。

愛因斯坦首先通過一個思維實驗很容易就得出了重力會使得光線彎曲的結論。你可能覺得非常難以理解，光線怎麼可能彎曲呢？我們從來也沒有見過手電筒打出去的光會有任何一絲一毫的彎曲，其實那只不過是光的速度太快，彎曲的程度太低，令我們的眼睛無法察覺。我可以用一個思維實驗很容易就證明——光，是不可能在任何時候都走直線的。

請閉上你的眼睛，跟我一起來想：現在假設你在一部做著自由落體運動的電梯中，你會感覺到失重，所有的東西在你身邊都漂浮起來了。你隨手從口袋裡拿出一個玻璃球，在眼前鬆手，你會看到玻璃球在眼前漂浮起來，你輕輕地一彈，玻璃球在你眼前以等速直線運動朝前飛去。這一切都如此的正常，天經地義。

現在我是站在地面上的一個觀察者，我看到的情況就完全不同了，假設電梯是透明的，我會看到什麼呢？我會看到那個在你面前做等速直線運動的玻璃球以一個拋物線的軌跡落下。

這個情景就如同你在運動的火車上從車窗扔出一個物體，你自己看到這個物體是直線落下到地上，可是月台上的人來看，物體是一個拋物線運動。這一切都是如此的正常，天經地義。

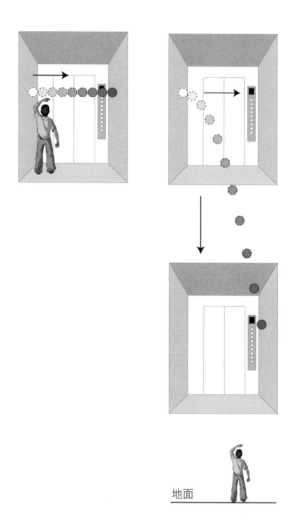

圖5-1　不同參考系的人看到的小球飛行路線不同

　　那麼，請再次閉上你的眼睛，還是回到那部失重的電梯中，你打開手電筒，一束光從你的手裡打出去，請把這束光想像成是一個小球。請問，這束光對你而言是不是做著等速直線運動呢？如果是，那麼對於地面上的觀察者我而言，這束光就必定也是個拋物線。如果你覺得這想不

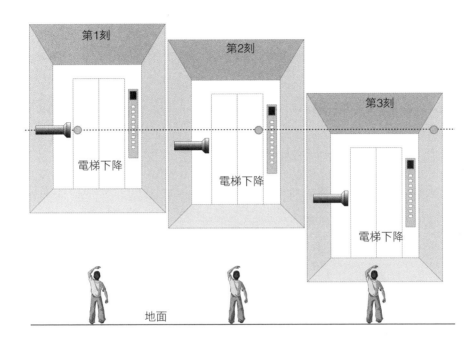

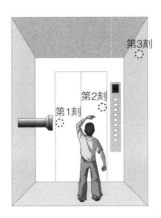

圖5-2　如果地面上的人看到的是直線，那麼電梯中的人看到的就是曲線

通，你一定要認為地面上的我看到的光是直線而不是拋物線，那麼，如果我看到的是直線，你看到的就一定是向上彎曲的拋物線了，別忘了，

你正在不停地往下墜落呢。換句話說，我們兩人不可能同時看到光走的是一條直線，要麼你看到的是拋物線，要麼我看到的是拋物線，只能二選一。

稍稍經過思考後，所有人都會選擇後者，也就是從地面上的觀察者來看，光走的路線跟小球一樣也是拋物線，只是光的速度太快了，這條拋物線拉得很長很長，因此彎曲度很低很低，我們的肉眼根本察覺不出來。但是我們應該能達成共識，那就是地球的重力確實會使光線彎曲。

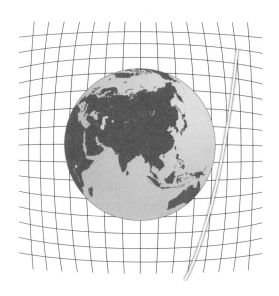

圖 5-3　地球的重力會使經過地球附近的光線彎曲

那麼顯然，既然地球的重力可以使光線彎曲，那麼所有的重力場應該都會使得光線彎曲，我們這個地球不應該有什麼例外的特權。重力越大，光線也就彎曲得越厲害。再根據等效原理，加速度就是重力，重力就是加速度，因此，加速度同樣會造成光線的彎曲。

太空大圓盤

　　這個世界已經變得越來越神奇了，連光線都不再是直的，但這又不由得我們不信。還有更神奇的，愛因斯坦用一個非凡的思維實驗論證了這樣一個事實：重力其實造成的是時空彎曲，也就是時間和空間同時被彎曲了。這下你的腦袋徹底暈了，你完全無法想像出時間和空間彎曲是什麼概念，如果我說時間變慢，甚至說時間膨脹，空間收縮什麼的，你大概覺得還勉強可以想像，但是這個時空彎曲實在太令人費解了。別慌，愛因斯坦這個非凡的思維實驗叫做「愛因斯坦圓盤實驗」。「有趣啊，」你心裡想，「前有牛頓水桶實驗，後有愛因斯坦圓盤實驗。乾脆我們把有趣進行到底，把 Tom 和 Jerry 再次請出來吧。」你的主意很好，我這就請出這兩位小傢伙，這回讓他們擔任愛因斯坦的學生，一起來做這個思維實驗。

　　愛因斯坦：「歡迎 Tom 和 Jerry 來到我的廣義相對論大講堂，這次講課包你們滿意。」

　　Tom 托著腮幫子：「我討厭上課。」

　　Jerry 眯著眼睛：「能再睡會兒嗎？」

　　愛因斯坦：「你們聽我說，這堂課我們不在教室裡面上，我們去太空中上課，怎麼樣？」

　　Tom 和 Jerry：「太空，哇塞，太好了，怎麼去？快走快走。」

　　愛因斯坦：「請你們閉上眼睛，準備好了嗎？般若波羅蜜！」

　　Tom 和 Jerry 突然感到自己漂浮起來了，睜開眼睛一看，三人已經懸浮在漆黑的太空中，四面八方全是星光點點。

　　愛因斯坦：「現在，我需要把你們倆放到一個特殊的、非常好玩的轉盤遊樂機裡面去。」

　　Tom 和 Jerry：「在哪裡？在哪裡？」

　　愛因斯坦：「變！」

　　突然，三人眼前出現了一個巨大的轉盤，就像一個超級巨大的圓形餅乾鐵盒。

　　愛因斯坦：「這就是我們要去上課的地方，你們倆進去。因為我是這裡的上帝，所以，你們倆的一切行動我都能看見，你們能聽到我說的話，我也能聽見你們說話。好了，現在給你們發東西，每人一只原子鐘和一把奈米尺，這可是全世界最精確的時鐘和量尺，千萬要保護好。」

　　Tom 和 Jerry 接過鐘和尺，丈二金剛摸不著頭腦，完全不知道愛因斯坦教授有何用意。先進去再說，看看有什麼好玩的。於是兩人抓著「餅乾盒」的門框，稍一用力，輕輕巧巧地就漂進去了。

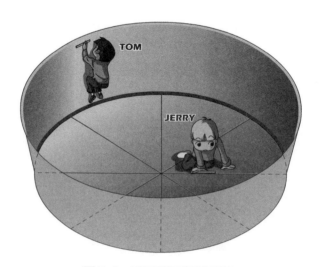

圖5-4　愛因斯坦圓盤實驗

愛因斯坦：「Tom，現在請你在圓盤的內壁上就位；Jerry，請在圓盤底的圓心就位，我們的實驗馬上就要開始了。」

Tom：「這讓我想起了我家關小白鼠的籠子裡面的那個輪盤。」

Jerry：「這讓我想起了我小時候最喜歡玩的東西。」

愛因斯坦：「請注意，我馬上就要把它旋轉起來了，你們準備好了嗎？」

Tom 和 Jerry：「準備好了。」

愛因斯坦手一揮，整個轉盤飛快地轉動起來。

Tom 由於是在圓盤的內壁位置，立刻就感受到向心力。從我們觀眾的角度來看，他感受到的是向心力，但是對 Tom 自己來說，他根本分不出是重力還是向心力。且看我們的 Tom 怎麼說。

Tom：「啊哈，我們是不是回到地球上了？我突然就感覺回到了地面，能正常走路了。」

愛因斯坦轉身面向觀眾，解釋說：「等速圓周運動的實質是一種加速運動，根據我的等效原理，加速度和重力是同一回事，所以 Tom 感受到了像在地球上一般的重力感。」

Jerry 站在圓心的位置，所以他相對觀眾來說是靜止的，Tom 在 Jerry 周圍一圈圈地轉著。且看我們的 Jerry 怎麼說。

Jerry 說：「我沒有感覺到任何的變化，這裡能見度不夠，我甚至連 Tom 都看不到。」

愛因斯坦再次轉向觀眾，解釋說：「Jerry 就好像處在重力的邊緣一樣，他此時仍然是懸浮在太空中的，沒有受到任何重力的影響。我們用這樣一個旋轉的圓盤創造了一個小小的人工重力場環境。接下去，我們就要研究這個重力場對我們的時間和空間到底造成了什麼影響。先讓我

們來研究一下相對比較容易的時間問題。」

　　愛因斯坦轉過身去對兩人問道:「Tom 和 Jerry，請你們告訴我你們的原子鐘的時間是多少?」

　　Tom:「11 點 55 分，教授。」

　　Jerry:「12 點整，教授。」

　　愛因斯坦解釋說:「很好。大家請注意，Tom 相對我們在運動，而 Jerry 相對我們則是靜止的，根據狹義相對論的時間膨脹效應，運動會使得時間變慢，因此，我們可以很容易得出結論，那就是 Tom 的時間變慢了。但現在請大家把視角放回到 Tom 身上，對 Tom 來講，他感覺自己並未運動，只不過是受到了重力而已，因此 Tom 可以得出這樣的結論──重力使得時間膨脹了。讓我們繼續往下研究。」

　　愛因斯坦對 Jerry 說:「Jerry，現在我要你沿著圓盤上的徑線往前去一點點。」

　　Jerry 往前挪了一點點，突然就感覺到了一點輕微的重力，這股重力正在把他向遠處拖曳，Jerry 趕緊打開了綁在腰上的推進裝置，以維持平衡。

　　愛因斯坦:「Jerry，請你再告訴我你的時間。」

　　Jerry 報了一個精確的數字，愛因斯坦發現比自己的原子鐘慢了 1 秒鐘。

　　愛因斯坦:「很好。Jerry，請你繼續沿著徑線朝前挪一點，跟剛才挪動的距離一樣，再告訴我時間。」

　　Jerry 照做，又報了一個精確的數字。

　　這次比愛因斯坦的原子鐘時間慢了 2.5 秒。

　　愛因斯坦繼續指揮著 Jerry 一點點朝前挪動，每挪一段距離，就報

一個時間，愛因斯坦記下每次 Jerry 時間變慢的幅度。

愛因斯坦解釋說：「Jerry 的時間為什麼會變慢，道理很簡單，Jerry 一旦離開了圓心，他就會產生速度，所以時間就會變慢，而且他的線速度是隨著離開圓心的距離不斷增大的，因此他的時間變慢幅度就會逐漸增大。現在讓我們建立一個笛卡兒座標系，把 X 軸當作距離的變化，Y 軸當作時間變慢的幅度大小，然後我們把剛才 Jerry 告訴我的所有資料用一個個的點標在這個座標系上，最後把這些點用線連起來，我們很快就會發現，這是一條拋物線，一條完美的曲線。換句話說，隨著離開圓心的距離增大，也就是重力會逐漸增大，而時間會逐漸變慢，但時間變慢的幅度是一條曲線。我們可以這樣理解，在圓盤上時間彎曲了，進一步說，也就是重力使得時間彎曲了。」

你禁不住鼓起掌來，太精彩了，愛因斯坦不愧是大師級人物啊，我似乎明白了時間彎曲是怎麼回事了。繼續繼續，那空間彎曲又該怎麼解釋呢？

愛因斯坦：「Tom 和 Jerry，請拿出你們的奈米尺，不要告訴我你們弄丟了，那把尺可是要花教授我一個月的薪水呢。」

Tom：「教授，尺在我手裡呢，我需要做什麼？」

Jerry：「這把尺真好看。」

愛因斯坦：「Jerry，我要你現在開始量一下圓盤的半徑長度。Tom 你呢，就幫我量一下圓盤周長，就是你剛好走一圈的長度。」

不一會兒，兩人都把數字報過來了。愛因斯坦用 Tom 量的周長除以 Jerry 量的半徑，得出的數字發現比 2π 要大，這是怎麼回事？

愛因斯坦解釋說：「請注意，從我們觀眾的角度看起來，Tom 由於在運動，那麼根據狹義相對論，在運動方向上就會發生尺寸收縮現象，

所以 Tom 手裡的那把奈米尺就會縮短一點點。而同時，Jerry 是在沿著
徑線方向測量，在這個方向上，奈米尺沒有運動，自然也就不會發生尺
縮現象。於是，Tom 量出來的周長就會比靜止時長一點點，而 Jerry 量
出來的半徑則不會變化。於是，奇怪的事情發生了，這個轉動的圓盤的
圓周率大於 π。我們進一步想下去，在這個圓盤的人造重力場中，所有
以 Jerry 為圓心的半徑不同的圓都可以用同樣的方法得出圓周率大於 π 的
這個驚人事實。各位觀眾，你能告訴我在什麼情況下一個圓的圓周率會
大於 π？」

一個聰明的觀眾說道：「我知道，我知道。」

愛因斯坦：「請講。」

觀眾：「圓規的品質不佳，不小心把圓畫成了橢圓的情況下。」

愛因斯坦：「拜託，我們不是腦筋急轉彎呢，不考慮這種意外誤差
情況。」

觀眾一臉不好意思：「那我就不知道了。」

愛因斯坦：「如果你在一張紙上畫一個標準的圓，圓周率自然是
π。但是，如果你在一個籃球上畫一個標準的圓，然後去測算一下的
話，就會發現籃球上那個圓的圓周率小於 π。同理，如果你在一個馬鞍
面上畫一個標準的圓，則圓周率就會大於 π。觀眾們，我們的結論就
是，如果在一個曲面上畫圓，圓周率就不會等於 π。由此可見，在圓盤
重力場中，我們發現圓周率大於 π，這說明這個圓盤重力場中的空間並
非平直，而是彎曲的。」

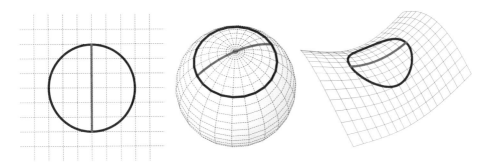

圖 5-5　平面上的圓、球面上的圓、馬鞍面上的圓

　　你再一次忍不住鼓起掌來，真是精彩啊！你對愛因斯坦的佩服真是越來越膨脹了。其實筆者在理解了愛因斯坦的這個圓盤實驗後，也是忍不住大聲喝彩，這實在是一場思維的盛宴。你馬上就想到：我這麼抬起手來，朝空中一劈，顯然我的手劈下去不是等速直線運動而是加速運動，那豈不是我這一招真的可以把時空給弄彎曲了？沒錯，你的思考完全正確，只是你這一劈造成的時空彎曲效應恐怕要把你的手放大到銀河系那麼大才有可能被察覺到。

　　作者按：關於所謂「剛性轉盤」（即太空大圓盤的更科學說法）的分析，很容易引起混亂。實際上，在這個例子中，許多方面到今天也沒達成一致意見。正文遵從了愛因斯坦本人分析的精神，現在我們還是按照那個精神來澄清幾點可能會令人困惑的性質。第一點，也許有人奇怪，為什我們圓盤的周長不跟尺一樣產生勞侖茲收縮，那樣 TOM 測量的周長應該和我們原先看到的一樣。不過應該記住，那圓盤在我們的整個討論中都是旋轉著的；我們從來沒有分析過它靜止的情形。因此，從我們靜止觀察者的立場看，我們的測量與 TOM 的測量的唯一區別是，他的尺發生勞侖茲收縮了。我們測量時，圓盤在旋轉；我們看 TOM 測

量時，圓盤仍然在旋轉。由於我們看他的尺收縮了，所以認為他需要多
測幾步才能測完一個周長，那當然就比我們測量的長。只有當我們比較
圓盤在旋轉和靜止的性質時，圓盤周長的勞侖茲收縮才有相對意義，但
我們並不需要做這種比較。第二點，雖然我們不需要分析靜止的圓盤，
你可能還是想知道，假如它慢慢停下來，會發生什麼事情呢？看來，在
這時候我們應該考慮由於不同旋轉的勞侖茲收縮引起的隨速度的改變而
改變的周長。但這如何與不變的半徑相一致呢？這個問題很微妙。回答
這個問題的關鍵一點是，世界上並沒有完全這樣的剛體。物體可以伸長
或收縮，從而能夠協調我們看到的伸長和收縮。假如不是這樣，就會像
愛因斯坦說的那樣，通過熔鐵在旋轉運動中冷卻形成的圓盤將因後來旋
轉速度的改變而斷裂。

時空彎曲

　　這就是廣義相對論的時空彎曲效應，在重力越強的地方，時空被彎
曲得越厲害，也就是時間變得越慢。地面上的地球重力比在高山上的地
球重力要大，所以地面上的時鐘會比高山上的時鐘走得慢一點。

　　細心的讀者可能會發現這裡面有個特別有趣的事情：地球是在自轉
的，因此離地面越高，自轉的線速度就會越大，根據狹義相對論，速度
越快，時間越慢，因此似乎高山上的時鐘應該比地面上的慢；但是根據
廣義相對論，高山上的地球重力更小，所以高山上的時鐘又應該比地面
上的快。那麼到底是狹義還是廣義相對論的效應更顯著一點呢？根據精
確的計算，是廣義相對論效應更加顯著，高山上的時鐘走得比地面上的
快。這一點在上個世紀90年代得到了實驗資料的有力支持。同樣，天

上的衛星也是同時受到狹義和廣義相對論效應的影響，結論也是廣義相對論效應更顯著，因此GPS衛星上的時鐘要比地面上的時鐘走得更快一點。再來看看坐飛機的人，民航飛機時速一般是800到1000公里，那麼你的時間到底是變快了還是變慢了呢？比較認真的讀者還會想到，考慮到大氣環流的影響，飛機相對於地面的速度跟飛機是自西向東飛還是自東向西飛有關。是的，沒錯，根據精確的計算，發現以飛機的時速考慮的話，如果是順著大氣環流方向飛，你的時間會變慢；若是反過來逆著大氣環流的方向飛，你的時間就會變快。

1971年，有兩位美國科學家哈菲爾（Joseph Hafele）和基廷（Richard Keating），他們帶著全世界精度最高的銫原子鐘（這種超精確鐘600萬年才會誤差一秒）先後2次從華盛頓的杜勒斯機場出發，搭上一架民航客機做環球航行，一次自西向東飛，一次自東向西飛，飛行高度9000公尺左右，飛行時速800公里左右。兩次飛行一次花了65小時，一次花了80小時。落地後他們與地面上的銫原子鐘進行了比較，實驗資料與相對論的計算結果吻合得幾乎完美。因此，請你記住結論，以後從中國飛美國就會年輕一點（不考慮從北極走的那條航線），從美國飛中國就會老一點。看來坐飛機能讓你變得年輕還真不是假的。不過英國的大物理學家霍金開玩笑說：吃飛機餐對你壽命的損害要遠遠大過相對論效應（霍金《胡桃裡的宇宙》）。有讀者提出要求說，把廣義相對論的時間變化的公式告訴我嘛，我以後就可以自己算了，多好玩。很抱歉，廣義相對論的公式都是微分方程（為什麼是微分方程，因為重力是一個隨著距離不斷變化的值，這種不斷變化的量，我們知道，必須要用到強大的、令人頭暈的微積分來處理。愛因斯坦當年為了弄出重力場方程式，還特別去大學裡學了一年的微積分呢），所以必須把微積分學

得很好才會計算，像筆者這樣早就把微積分還給老師的人就跟看天書一樣，而且我前面有保證過，不再出現任何公式來刺激讀者了。

還記得我們上一章結束的時候我提出的第一個問題嗎？現在有了廣義相對論的基礎概念，我們就可以來研究一下了，讓我們再回顧一下這個問題：

想像一下，愛因斯坦和哈勒各自駕駛著一艘同一型號的太空船在黑漆漆的太空相遇。在愛因斯坦的眼中，哈勒的太空船開始是一個小亮點，然後越來越大，最後以高速從他身邊飛過，一轉眼就不見了。愛因斯坦心裡想，根據狹義相對論的時間膨脹和空間收縮效應，哈勒的時間過得比我慢，哈勒的太空船相對於我的太空船縮小了。但是，讓我們跑到哈勒那裡，在剛才那起相遇事件中，哈勒看到愛因斯坦的太空船開始是一個小亮點，然後越來越大，最後以高速從他身邊飛過，一轉眼就不見了。哈勒心裡也在想，根據狹義相對論的時間膨脹和空間收縮效應，愛因斯坦的時間過得比我慢，愛因斯坦的太空船相對於我的太空船縮小了。親愛的讀者，請問，他們到底誰比誰的時間變慢了？誰比誰的太空船縮小了？

我們先來研究一下誰的時間慢的問題。為了把這個問題研究清楚，我們首先要想一個能比較兩個人時間的方法，你同意嗎？你心想，這還不簡單？兩個人對一下錶，誰快誰慢不是一目了然嗎？但我們現在說的是兩艘相對飛過，且越飛越遠的太空船，不是並排坐著的兩個乘客。那不是也很簡單嗎，一個人打個手機（你突然意識到可能手機沒信號）或發個電報給另一個人，告訴他自己是幾點了，另一個人看看錶也就知道誰快誰慢了，難道不是嗎？你的主意很不錯，我非常贊同，那就讓我們來模擬一下吧。

　　現在愛因斯坦坐在太空船的駕駛艙裡面，開始呼叫哈勒：「哈勒哈勒，我是愛因斯坦，當你接下來聽到嘀的一聲時，表示我這裡是 12 點整，一切正常。請立即回報你的時間。」愛因斯坦認為只要哈勒聽到「嘀」聲的時候，看看錶，就能確定到底是誰的時間更慢了。

　　可是親愛的讀者們，大家千萬不要忘了，信號傳遞不是暫態的（transient），信號的極限速度是光速。因此，當愛因斯坦發出「嘀」的一聲時，哈勒什麼時候聽見取決於他們兩艘太空船之間的距離。但不管怎麼說，我們可以肯定的是哈勒在聽到「嘀」聲時，愛因斯坦的手錶肯定是過了 12 點了。過了幾秒鐘，愛因斯坦收到了哈勒的回報：「愛因斯坦，我於 12:00:05 聽見『嘀』聲，當你聽到我下面發出的嘀聲時，正好是 12:00:15。」愛因斯坦聽到「嘀」的一聲後迅速記下了聽到「嘀」聲的時間是 12:00:25。但是愛因斯坦馬上就發現，靠這個時間無法證明哈勒的鐘走得比我的鐘慢還是快，還得扣除信號在中途傳遞的時間。於是，愛因斯坦迅速拿出計算機，開始愉快地計算起來，結果他驚訝地發現，信號傳播的時間居然超過了五秒鐘，也就是說，哈勒是在 12:00:05 才聽到了「嘀」聲，哈勒會自然地認為愛因斯坦的錶走慢了，但是扣除信號傳遞的時間後，愛因斯坦仍然認為哈勒的錶走得更慢。當哈勒給愛因斯坦回報「嘀」聲時，他們倆之間的距離進一步加大，再計算一下信號傳播的時間，對比一下愛因斯坦收到「嘀」聲的時間，愛因斯坦得出的結論也是哈勒的時間走得比自己的時間慢。但問題是哈勒此時仍然認為愛因斯坦的時間更慢，哪怕他再次收到愛因斯坦報告的時間，但哈勒總是要在愛因斯坦報告的時間之後才能收到。不好意思，我知道你的腦子開始有點暈了。我只想說明一點，在以往我們完全不會考慮的信號傳遞時間居然在這個比對時間的遊戲中發揮了決定性作用。再進一步計

算，我們會發現，隨著速度的增加，信號傳遞的時間總是要大於相對論效應拉慢的時間。也就是說，在這個遊戲中雙方完全處於對稱的地位，一方的計算完全可以想像成是另一方的計算，最後如果你經過一番仔細的計算和論證，你會得出一個驚人的結論：儘管看起來像一個悖論，但是無論愛因斯坦和哈勒用什麼方法比對時間，他們都會得出同樣的結論，那就是對方的時間變慢了。

　　瘋了，你大聲叫道，這完全沒有道理嘛，我不想看你上面囉囉唆唆的一大堆，我就用一個最簡單也最可靠的辦法可以吧？讓他們倆見面，把兩個人的錶並排放一起，誰快誰慢不就一目了然了嗎？

　　我沒意見，這確實是個好辦法，但是首先我們必須決定一下是要誰掉頭去見另一個。「讓哈勒那傢伙去見愛因斯坦。」你不耐煩地說。OK，現在就讓哈勒先生減速，掉頭，然後加速追上愛因斯坦。親愛的讀者，注意到沒有，如果要讓哈勒去見愛因斯坦，就必須要讓哈勒減速再加速，於是廣義相對論的時間膨脹效應在哈勒那裡急速地顯現出來。讓我們假設他們分開的相對速度是光速的99.5%，哈勒掉頭後仍然以這個相對速度去追趕愛因斯坦，等他終於追上愛因斯坦的時候，哈勒覺得用了六年的時間。六年前的情景歷歷在目，哈勒激動地去跟愛因斯坦問好，但是愛因斯坦卻已經老了60歲，愛因斯坦要苦苦追尋自己60年前的記憶，回想他們相對而過的那一刻。如果你要求愛因斯坦去見哈勒，那麼情況也是一模一樣的。因此，最後的結論又是如此的讓人啼笑皆非：誰要想去見另一個人，誰就會變得更年輕。換句話說，誰要是掉頭去追另一個人，就是在向著對方的未來前進。

　　理解了這個時間誰慢的問題，再來思考誰的太空船縮得更小的問題也就很容易了。答案就是，只要他們有相對速度，那麼從任何一方看

來，對方都縮小了，但一旦他們速度一致可以放在一起比較的時候，他們的長度又變成完全一模一樣了。

此時，我們關於雙胞胎兄弟孰老孰少問題的答案也就水落石出了：你乘著太空船飛離地球而去，只要你還在等速飛行，你們兄弟倆都會很欣慰，互相都知道對方跟自己相比是越來越年輕了，但是一旦你想返回地球，在返回掉頭的那個時刻，時光開始飛逝，你的弟弟對你而言開始迅速地老去。

不看不知道，世界真奇妙！你發出了一聲由衷的感歎。我跟你有同感。

重力的本質

重力，這正是廣義相對論所要研究的核心問題，關於重力的話題我們還要深入地講下去，這趟旅程比你能想像的還要出人意料。重力這東西到底是什麼？我們看不見它，摸不著它，但它又無所不在。從你有記憶的第一天起，你就能記得自己是怎麼走在路上跌倒，又是怎麼費力地爬起來；當你逐漸長大，你丟沙包，打籃球，一頭栽進水裡游泳，這一切都讓你無時無刻不感受到地球的重力；再長大一點，你開始明白潮起潮落是因為月球的重力影響了海水。有一天，你終於抬頭好奇地注視著浩瀚的星空，你能看到的宇宙中的一切無不被重力這雙無形的大手控制著。你是否跟牛頓一樣好奇過：重力到底是什麼？牛頓認為，重力就像一根無形的線，牽連著宇宙中的所有物體。從牛頓優美的萬有引力公式我們可以看到，重力的大小跟物體的質量成正比，跟距離的平方成反比。我們地球正是被一根從太陽拉出的無形的線所牽引著，繞著太陽做

著規律的圓周運動，就好像我們甩一個鏈子球一樣。按照牛頓的公式，如果太陽突然爆炸了，那麼太陽的質量瞬間降為零，重力的大小也會瞬間降為零，就好像這根線突然斷掉了，那麼地球就應該瞬間被甩出去，這就叫重力的超距作用。也就是說，在愛因斯坦之前，人們一直認為重力的互相作用是瞬間產生的，不管距離有多遠，只要質量發生變化，重力的大小也立即跟著發生變化。

　　愛因斯坦對這個觀點產生了嚴重的懷疑。根據狹義相對論所證明的，沒有什麼信號或者能量的傳遞速度能超過光速，如果太陽突然爆炸了，地球最快也要在八分鐘後才能得知真相，重力的傳播絕不能逾越光速這個極限。如果重力真的可以超距作用的話，那麼就可以靠著規律地改變質量的大小來向遠方傳遞資訊，就跟摩斯電碼一樣，這顯然違反了狹義相對論的基本推論。牛頓肯定錯了，但是，如果不是牛頓所說的看不見的線，重力又到底是什麼呢？為什麼它可以隔著遙遠的真空而相互作用？

　　愛因斯坦點燃一根紙煙，陷入了深思。重力可以引起光線的彎曲，光為什麼會彎曲？因為光要走最短的路徑，在一個彎曲的空間裡面，光的最短路徑看起來就像一條曲線，就好像我們在一個皮球上的兩點間畫一條最短的線，它看上去就是一條曲線。既然光總是要走最短的路徑，物理規律都是一樣的，一個扔出去的小球是不是也應該走最短路徑呢？我想應該是的，如果沒有地球重力，這個小球就會沿著直線一直飛下去。現在有了地球重力，這個小球走了一條拋物線落到地上，它的運動軌跡是一個曲線，那麼，我覺得這個曲線就應該是小球認為的在這個空間中的最短路徑，我們這個空間是被地球重力包裹的空間。所以，對了，就是這樣，重力的實質並不是一種力，它只不過是空間彎曲的外在

表現而已，沒有什麼無形的線，只有彎曲空間這個實質。我們的宇宙空間就好像一張張開的大網，地球就壓在這張網上，網被壓得凹陷了下去。

圖5-6　地球使得周圍的空間彎曲

就好像我現在一屁股坐在沙發椅上，我的屁股底下凹陷了一塊。這個凹陷的比喻和圖示都非常粗糙，只是一種近似，你千萬不要認為空間真的就是這麼凹下去的。實際上，三維空間是在所有的維度上都彎曲了，以我們人類有限的想像力，是很難把它真正形象化的，更不用說把它在一張二維的紙上給畫出來。但不管怎樣，有這麼一個比喻總比沒有好，雖然結果可能會讓這世界上的少數聰明人更頭痛，但好處是會讓大

多數普通人突然理解了時空彎曲。

　　我們在地球邊上被壓凹陷的網上放一個玻璃球，這個玻璃球當然會滾落到凹陷的最深處，直到和地球碰在一起。如果我們從遠處貼著網朝地球打一個玻璃球出去，當玻璃球滾到凹陷的地方時，如果速度不夠，就會繞著地球一圈圈地滾，越滾越深，最後和地球撞在一起。但如果玻璃球的速度夠快，它就會滾到凹陷的地方下沉一下，然後在另一頭出來，在凹陷的地方的軌跡看上去就是一條曲線。

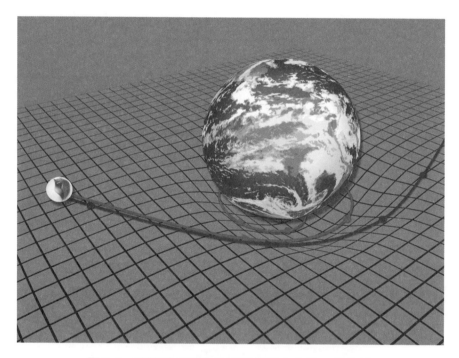

圖5-7　玻璃球走過的最短路徑看上去像一條曲線

　　我的這些想像和真實世界中的一切都是如此的吻合。流星劃過地球的軌跡就是一條曲線，如果流星速度很快，就會劃過天際，掠過地球而

去。如果大網上的地球質量變化了，就好像這個球在網上抖動了一下，於是下陷的深度就會產生變化，這個深度的變化會從中心迅速地傳遞出去，但是不可能瞬間抵達邊緣，必然會有一個傳遞的過程，就好像捲曲的空間泛起了一個波瀾，這個波瀾的傳遞速度也是光速。這個波瀾，可以稱之為重力波（gravitational wave），重力波的傳播速度也是光速。愛因斯坦在1916年和1918年各發表了一篇論文預言了重力波的存在。

重力波，多麼動人的一個詞，如果重力波真的存在，它就是宇宙空間中的漣漪，靠著時空的捲曲在宇宙中震盪。不過，關於重力波的理論卻是一波三折，到了1936年，也就是愛因斯坦57歲那年，他卻開始懷疑自己對重力波的預言是錯誤的，他還與自己的學生羅森（Nathan Rosen）一起寫了一篇否定重力波存在的論文，所幸在這篇文章正式發表之前，愛因斯坦在羅伯遜（Howard P. Robertson）的啟發下，又改變了自己的觀點，從否定重力波的存在轉變為不確定。自從愛因斯坦預測重力波的存在以來，近一百年來，人類一直致力於透過實驗捕捉來自宇宙空間的重力波，這個努力延續了將近一百年。2011年我寫這本書的初稿時，我是這麼寫的：很遺憾的是，我們至今尚未成功地探測到重力波。

但是很慶幸的是，我竟然如此幸運，就在寫下上面那段文字的4年多後，2016年2月11日，地球上最大的重力波探測器LIGO正式宣布：找到重力波了。我居然在有生之年親眼見證了如此激動人心的物理大發現，我堅信，在今後的物理學年鑑上，2016年將成為一個極為重要的里程碑式的年份，重力波的發現就好像人類又進化出一雙新的眼睛一般，在未來，這雙新的眼睛必定會看到前所未有的宇宙奇景。在人類揭開宇宙奧祕的歷史中，望遠鏡的發明、電磁波的發現、重力波的發現就

好像三級台階，讓我們一次又一次地站到了一個新的高度。如果愛因斯坦還活著，那麼2016年的諾貝爾物理學獎將毫無懸念地再一次頒發給他。

圖5-8　LIGO重力波探測器

另一個好消息是，耗資數百億美元、人類迄今為止最大的重力波探測器LISA可望在2018年開始工作，這個探測器將被部署在太空中，由三個繞著太陽運行的航空器組成。

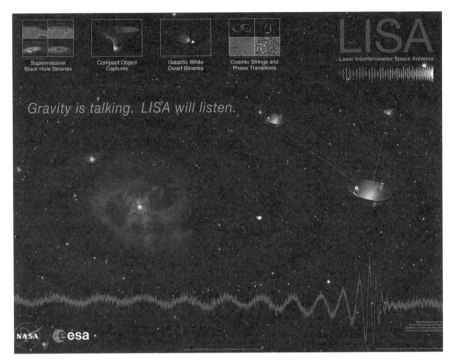

圖5-9　重力波探測器LISA的效果圖

　　當愛因斯坦有了「重力的實質是空間的彎曲」這個想法後，他並沒有急於寫論文向外界公布，因為愛因斯坦深知，如果他的假想不能提出有力的實驗證據的話，沒有人會相信他。要能被實驗證實，首先要設計一個實驗，而且這個實驗的結果要能根據自己的理論預測出來，如果實驗的觀測資料和理論預測的資料完全一致的話，那麼這個理論才能站得住腳，被科學界所接受。愛因斯坦知道，真正的挑戰來了。第一步，他要能找到計算空間彎曲程度和重力大小的關係公式，然後才可以再談實驗，否則一切都是空中樓閣。為此，愛因斯坦開始潛心學習微積分的知識，同時，為了能夠掌握曲面上的幾何學知識，他專程去大學深造了一

年，深入學習黎曼幾何。在平面上的幾何學是由歐幾里得開創的，就是我們中學都學過的歐氏幾何，但如果是球面上的幾何，就無法用歐氏幾何來計算了。比如你在籃球上畫一個三角形，它的內角和就會大於180度；你在籃球上畫一個圓，周長和直徑比也不再是 π。研究曲面上的幾何問題就需要用到德國數學家黎曼（Bernhard Riemann, 1826-1866）創立的黎曼幾何學知識。就這樣，愛因斯坦在打通了狹義相對論的三脈神劍後，繼續朝著打通六脈的目標潛心修煉。僅有廣義相對論的思想還遠遠不夠，關鍵是要用數學的語言描述出來才行，因為數學是科學界通行的語言。

終於在1915年，愛因斯坦打通了剩下的三脈，六脈神劍大功告成。此時的愛因斯坦已經掌握了強大的數學工具，他已經能精確地推算出重力對空間造成的彎曲程度。下一步便是實驗，且看愛因斯坦是如何設計那個將在四年後震撼全世界的著名實驗的，這真是一個夢幻般的實驗，其視覺震撼力絕不亞於大衛魔術，愛因斯坦將一戰成名。別走開，整點新聞之後馬上回來。

水星軌道之謎

下面是今天的整點新聞。

主持人：「各位聽眾，愛因斯坦先生近日宣布，他解決了困擾世人長達一百多年的水星運行軌道之謎。這一事件引起了天文物理學界的熱烈迴響。不過，對我們一般人而言，都還不知道什麼是水星軌道之謎。我們今天有幸請到了著名的天文學家愛丁頓先生作為嘉賓，請他來給我們簡單介紹一下這方面的相關知識。」

　　愛丁頓：「大家好。自從克卜勒（Johannes Kepler, 1571-1630）的行星運動三大定律和牛頓的萬有引力定律發現後，人類已經可以精確地計算天體運行的軌道。總的來說，太陽系裡面的行星都是繞著太陽運行，運行軌道不是一個標準的圓形，而是一個橢圓。為什麼是橢圓呢？因為……」

　　主持人：「愛丁頓先生，可以跳過這段解釋，大多數聽眾並不需要知道理論細節。」

　　愛丁頓：「好，簡而言之，行星繞太陽運行的軌道不但受到太陽重力的影響，還受到太陽系中所有天體的影響，區別在於影響力有大有小。行星最終的軌道是一個橢圓形，當它運行到離太陽最近的地方，我們稱之為近日點，最遠的地方則稱為遠日點。水星是距離太陽最近的一顆行星，幾百年來，我們對水星累積了大量的觀測資料。早在一百多年前，天文學家就發現水星的近日點位置與理論計算值有輕微的差異，每個水星年的近日點居然都不在同一個位置。剛開始，人們以為是觀測精度導致的，但是隨著觀測方法的越來越先進，觀測精度的逐漸提高，反而越來越確定了這個差異的存在，這一百年多來的觀測結果是水星的近日點已經漂移了43秒角（arcsecond, 1秒角＝1／3600度角）。這就讓天文學家感到很困惑，於是人們就推測在水星附近還有一顆我們尚未發現的行星，是這顆未知行星的重力影響了水星的運行軌道。但是，這一百多年來，我們始終未找到這顆神祕的未知行星。事實上我早就不相信有這麼一顆Ｘ行星的存在了，水星附近的空間對我來說早就像我家的後花園一樣，一草一木盡收眼底。但如果不是因為未知行星的影響，又是什麼影響了水星的軌道呢？這就是水星軌道之謎，學界一般稱之為水星的近日點進動問題。」

主持人：「謝謝愛丁頓先生。那麼最近愛因斯坦宣布他解決了這個問題，又是怎麼回事呢？」

愛丁頓：「愛因斯坦先生認為並沒有任何東西影響了水星的軌道，原因很簡單，我們之前的理論不夠精確，用粗糙的理論自然只能計算出粗糙的結果。」

主持人：「原來是這樣。那麼愛因斯坦先生的理論又是什麼呢？」

愛丁頓：「愛因斯坦先生在十年前發表了狹義相對論，最近又發表了他的廣義相對論。說實在的，他的理論看起來非常大膽，也非常挑戰人們的想像力。愛因斯坦在十年前說運動會使得時間變慢，這已經夠瘋狂的了；最近他又說重力會使時間和空間彎曲。太陽的重力很強，所以離太陽越近，時空就會被彎曲得越厲害。水星離太陽很近，尤其是在近日點的時候，因此這個時空彎曲效應產生的後果已經達到了能夠被觀測到的程度。根據他那晦澀難懂的方程式，由他的新理論計算出來的水星近日點的位置和觀測資料吻合得非常完美。」

主持人：「坦白說，我無法理解什麼是時空彎曲，我相信大多數聽眾也跟我一樣無法理解，但我們現在知道愛因斯坦發明了一種新理論，修正了克卜勒和牛頓的理論，可以解釋水星的進動問題，我這樣理解對嗎？」

愛丁頓：「完全正確。」

主持人：「那這麼說來，愛因斯坦的新理論是正確的？」

愛丁頓：「我相信這個理論，但是也有不少反對的聲音。」

主持人：「現在有一個聽眾打電話進來，讓我們來聽聽這位聽眾的高見。」

聽眾：「我認為，雖然愛因斯坦的方程式計算出了水星的進動現

象，但是，這不能證明愛因斯坦的理論就是對的，這是典型的事後諸葛，先有了大量的觀測資料，然後愛因斯坦根據這些資料湊出了一個公式而已。時空彎曲之類的鬼話誰能相信呢？請問主持人，你見過一束彎曲的光線嗎？」

　　主持人：「我們誰也沒有見過，謝謝這位聽眾的參與。我們今天有幸，把愛因斯坦先生也請到了我們的線上。我們不妨來聽聽愛因斯坦先生他自己是怎麼說的吧。喂，您好，是愛因斯坦先生嗎？對，您可以講了。」

星光實驗

　　愛因斯坦：「謝謝。我給大家帶來的這個實驗叫做星光實驗，有些魔術師可以把飛機瞬間挪動位置，而我，要把星星挪動位置，並且，這不是魔術，是真實的世界。

　　「首先我們找一個晴朗的夜晚，給某一塊星空拍張照片。我們會看到很多星星彼此靠得很近，我們可以把它們彼此之間的距離給量出來。我們都知道恒星之所以叫恒星，就是因為它在天上的位置相對於地球是不動的，也就是說每年地球運行到同一相對位置時，這幅星空的照片應該是完全一致的，星星之間的距離也應該是完全相同的。地球繞著太陽做著圓周運動，那麼每年地球都會有兩次機會和恒星的相對位置保持一致。也就是在圖5-10的位置A和位置B時。由於恒星離我們非常非常遙遠，所以在位置A和位置B拍出來的同一塊星空也是完全相同的，至少以人類目前的觀測精度，是無法發現差異的。

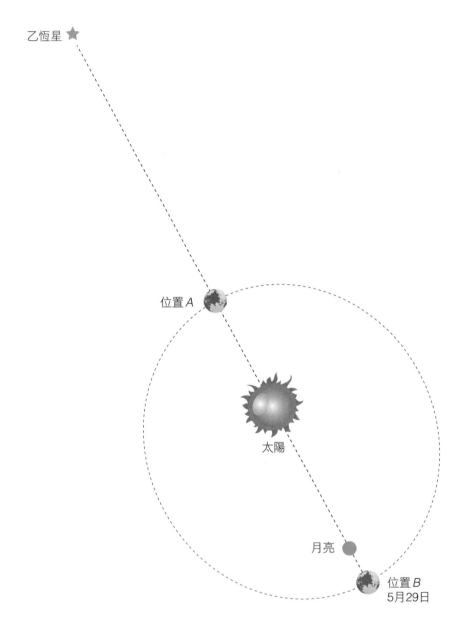

圖5-10　每年地球在位置A和位置B時，其相對於恒星的位置是完全相同的

　　「但是，請大家注意，下面是我要說的重點：當地球在位置B時，與在位置A相比，有一個巨大的不同，那就是太陽擋在了中間。根據我的廣義相對論，太陽的重力是如此之大，以至於星光經過太陽時會發生彎曲，從而使我們在B位置觀察到的那些離太陽比較近的恒星的視位置發生了可觀測到的改變。那麼如何檢驗恒星的位置發生了改變呢？我們只要測量離太陽很近的恒星與其他離太陽很遠的恒星之間的距離即可。在位置B處的星空照片和在位置A處的星空照片相比較，我們會發現，恒星之間的距離發生了變化，這就好像魔術師憑空把星星挪了個地方一樣，請看圖5-11。

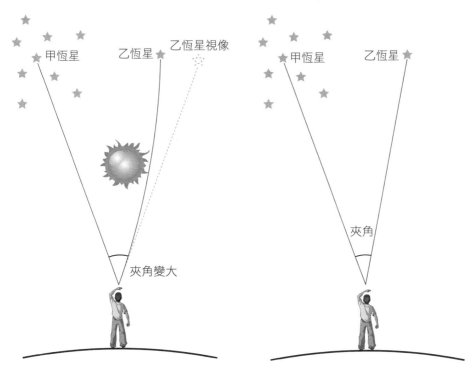

圖5-11　太陽的重力使得星光偏轉，恒星的視位置發生了位移

「我們可以發現，離太陽近的乙恆星的視位置會朝著遠離太陽的方向偏這麼一點點。這一點點是多少呢？根據我的計算，這一點點是1.7秒角。我知道你們心中的疑惑，當地球處在位置B的時候是根本無法看到恆星的，因為是白天，誰也無法在白天看到星星。可是，大家別忘了，有一個特殊的時刻可以在白天看到星星，那就是當日全蝕發生的時刻。我希望天文學家們別閒著，再下次也就是1919年日全蝕來臨的時候，請驗證我這個偉大的預言。謝謝主持人。」

主持人：「謝謝，那麼本次節目就到這裡。我們期待著那一天的到來。」

愛丁頓：「我都有點等不及了。」

（愛因斯坦在《相對論入門》中的原文是這樣的：儘管光線穿過重力場時其曲率極其微小，但是當星光掠過太陽時，其曲率的估計值達到1.7秒角，這應該以下述的方式來證明：從地球上觀察，某些恆星與地球相隔並不遙遠，因此他們在日全蝕時能夠被加以觀測，當日全蝕時，這些恆星在天空中的視位置與非日全蝕時相比，應該偏離太陽。這一個極其重要的推斷，它的正確與否，希望天文學家能夠早日予以解決。）

愛因斯坦提出的這個星光實驗具有非凡的意義。為什麼愛因斯坦自1905年發表狹義相對論到1915年廣義相對論的發表，十年來，這些理論在科學界一直無法受到廣泛的認同和重視呢？關鍵的原因在於，之前提出的所有推論都無法用實驗來驗證。無論是時間膨脹或是空間收縮，以當時的實驗精度來說，都是不可能測量出來的。但是這個星光實驗就不同了，這是當時能夠達到的觀測精度，是一個可以真實去做的實驗，而愛因斯坦對這個實驗的預測在那個時代絕對可以用「瘋狂」兩個字來

形容，畢竟「時空彎曲」這四個字對於大多數常人來說既無法想像也難以理解。現在，居然可以讓人們真實地看見時空彎曲所產生的效應，這實在是有一種夢幻般的感覺。

愛因斯坦的「皇榜」已發，且看哪位英雄來揭榜。

愛丁頓（Arthur Eddington, 1882-1944），英國的大天文學家，只比愛因斯坦小三歲，也是愛因斯坦的第一個粉絲。他相信相對論，決定去完成愛因斯坦交給天文學家的這個使命，驗證星光實驗的預測到底準不準確。最近一次日全蝕將在1919年到來，當時，第一次世界大戰還沒有完全結束，世界各地都還有未盡的戰火，但是愛丁頓這些科學家們已經等不及了，毅然決定冒著一戰的炮火奔赴日蝕發生地去進行觀測。特別有趣的是，英國和德國是一戰中的敵對國，愛丁頓是英國人，愛因斯坦可以說是德國人（他擁有德國國籍，出生並長期生活在德國），於是我們看到一個英國人為了證明德國人的理論，不惜風塵僕僕、遠征萬里，這為戰後兩國修好做出了巨大貢獻。為了使觀測的誤差降到最低，同時也為了取得更多的公信力，愛丁頓還以他的號召力邀請到許多有名的天文學家，比如柯庭漢（Edwin Cottingham）、克羅梅林（Andrew Crommelin）、大衛森（Charles Davidson）等。他們分成了兩個遠征觀測隊，一隊遠赴巴西的索布拉爾（Sobral），另一隊由愛丁頓親自率領，遠赴西非的普林西比島（island of Principe）。1919年5月29日，日全蝕如約而至，雖然當時天公不作美，兩支遠征隊都遇到了陰天，但是在最關鍵的時刻還是拍到了至少八顆恆星的照片。他們把照片帶回英國後，和半年前拍攝的照片仔細比較，經過長達五個月的資料分析，同時邀請了全世界的天文學家齊聚英國皇家研究所一起分析與計算，最後，他們宣布，愛因斯坦的理論獲得了完美的證實，觀測值與理論計算值吻

合得非常好！「這是一次徹底而滿意的結果。」愛因斯坦自己說。

　　星光實驗的成功，讓愛因斯坦瞬間走紅全世界，一戰成名。全世界的記者蜂擁而至，鎂光燈亂閃，全球的各大報紙爭相報導。英國的《泰晤士報》刊出頭版大標題「科學革命──宇宙新理論──牛頓理論大崩潰」。最可愛的要屬美國人了，《紐約時報》不知道出於什麼原因，派出了一個專門採訪高爾夫球賽的記者去採訪愛因斯坦，結果這個「科盲」記者幾乎把所有的知識都搞錯了，而且錯得離譜，最後文章居然還發表了，據說這是美國人接受相對論比別的國家較晚的原因之一。

沒見過這麼黑的洞

　　宇宙的神祕面紗已經被我們輕輕掀起了一小角，人類就像一個好奇的小孩小心翼翼地往裡面瞄了一眼，頓時從頭震撼到腳。但是各位親愛的讀者，你僅僅是看到了真相的冰山一角，後面的風景才將真正挑戰你思維的極限。讓我們順著時空彎曲這條道路繼續往下，看看還有什麼驚人的推論等在前方。

　　通過水星進動現象和星光實驗，我想我大概已經讓你相信重力確實可以使空間彎曲了。那麼讓我們順著這個線索，繼續深入下去。什麼東西產生重力？對，是質量。質量越大，重力越強，重力越強，空間彎曲得越厲害。請把我們的宇宙空間想像成一張細密的網，任何有質量的物體就像一個球放在這張網上，這個球質量越大，體積越小，則在這張網上下陷得越深。剛開始只是像一個小小的凹陷坑，但是隨著下陷的深度越來越大，就會越來越像一個空間中的「洞」。

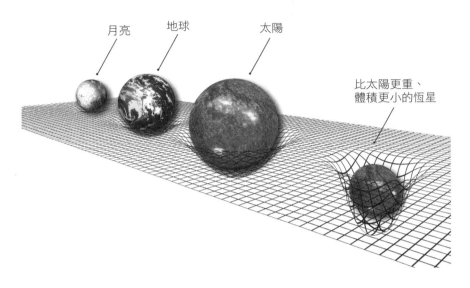

月亮　　地球　　太陽　　比太陽更重、體積更小的恆星

圖5-12　質量越大的物體在空間上形成的洞越深

　　任何掉進這個洞裡面的東西想要出來，就好像井裡的青蛙想要跳出來，必須達到一個能逃出來的最低速度才行，這個速度我們稱之為逃逸速度。地球也會在宇宙空間中形成一個「洞」，不過地球質量很小，這個「洞」充其量也就像是沙灘上的一個屁股印。那麼要從地球上逃逸出去的速度是多少呢？這個在牛頓時代人類就會計算了（當時的人並不知道重力是空間彎曲這個概念，當然更不可能有什麼洞的概念，但是從研究運動和力的關係出發，同樣能計算出逃逸速度），是11.2公里／秒，這也叫做第二宇宙速度。這個速度大約是民航客機速度的40倍，所以要發射衛星到太空去用飛機是不行的，非得用火箭才行。逃逸速度的值取決於天體的質量和半徑這兩個參數，用個具體的比喻，就是同樣重量的木球和鐵球，因為鐵球的體積要小得多，所以造成的洞就會深得多，因此要從這個洞中逃出來的速度也會大得多。大家想想，宇宙中跑得最

快的東西是什麼？上一章已經說過了，是光，沒有什麼東西比光的速度還快。那麼有沒有一種可能，這個洞是如此之深，深到令它的逃逸速度比光速還要大，那就意味著連光都休想從洞裡面逃出來，更別提其他東西了。如果真有這樣的洞存在，那麼這個洞可真夠黑的，永遠是只進不出。德國天文物理學家史瓦西（Karl Schwarzschild, 1873-1916）首先開始思考這個問題，他也是愛因斯坦的粉絲之一。他仔細研究了廣義相對論，透過廣義相對論的重力場方程算出了名垂千古的「史瓦西半徑」（史瓦西自己當然不會給這個半徑取名叫史瓦西半徑，這裡先提前借用一下，如果我是史瓦西，寧可不要用我的名字命名，看到後面就知道了）。他的意思是說任何天體都存在這樣的一個半徑臨界值，如果小於這個半徑，那麼它在宇宙空間這張網上摳出的這個洞就會成為一個名符其實的「黑洞」（black hole，這個詞的正式出現一直要到1967年，筆者為了表述方便，提前借用，對嚴謹的學者們說聲抱歉），這個半徑的大小取決於天體的質量。史瓦西計算出來，說如果太陽的半徑縮小到三公里的話，那麼太陽就會成為一個黑洞，什麼光也發不出來了。他還說如果把地球壓縮到半徑只有九公厘（0.9公分）的話，那麼地球也可以變成一個黑洞。任何物體，只要有質量，壓縮到史瓦西半徑以內，都會成為一個黑洞。史瓦西半徑之內也被具象地稱之為「視界」（horizon）之內，因為人類的視線以這個半徑為臨界點，一旦越過這個半徑，就是「全黑」的。史瓦西半徑一公布出來，立即引起了包括愛因斯坦在內的很多天文學家和物理學家的興趣，吸引了一大批科學家去深入研究這個恐怖的黑洞，只是我們可憐的史瓦西先生在算出史瓦西半徑的當年就死於意外，年僅43歲，真是科學界的一大損失，為了紀念他，就把這個天體要成為黑洞的臨界半徑稱為「史瓦西半徑」。

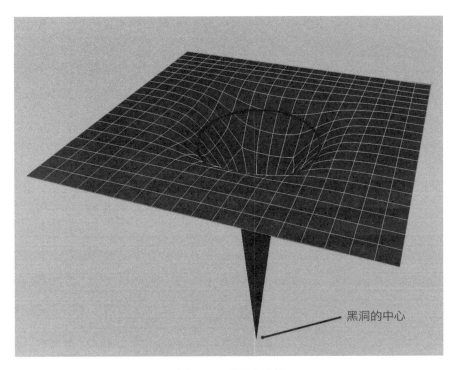

黑洞的中心

圖5-13　黑洞原理

　　黑洞在一開始僅僅是作為一個方程式的解而存在，也就是說黑洞僅僅是一個數學概念，宇宙中到底有沒有這麼恐怖的洞存在，誰也不知道，因為既然是黑洞嘛，就是完全不發光的，那麼天文學家當然也就認為黑洞是永遠無法觀測到的。不過後來隨著研究的深入，人們漸漸發現其實黑洞也是能觀測到的，而且有很多方法。比如說，黑洞雖然是全黑的，但是它的質量和重力是實實在在的，重力產生的空間彎曲效應可以透過觀測它旁邊的星光的扭曲來驗證，黑洞就好像一個透鏡一樣，在宇宙中運動的時候，邊上的星光都會被扭曲變形。再比如說，黑洞如果與一個恒星相遇，則這顆倒楣的恒星會被黑洞一點點地吞噬掉，那個景象

就好像一隻貓在玩一個毛線球，把毛線一點點地抽出來一樣。再到後來，科學家又研究發現，由於吸積盤（accretion disk）效應，黑洞其實並不是全黑的，黑洞的兩極（視界之外）會噴發出巨大的 X 射線，並不是從黑洞裡面噴出來的。雖然這些輻射流不是可見光，但是用射電望遠鏡可以檢測到它們。所有上面說的這些方法都已經在最近的幾十年來被天文望遠鏡所證實。為了便於大家直觀理解，我們來看一些經過藝術加工和誇張後的黑洞圖片：

圖 5-14　電影《星際效應》中的黑洞，電腦逼真類比

圖 5-15 黑洞的重力透鏡效應

圖 5-16 噴出巨大輻射流的黑洞

　　黑洞是廣義相對論最重要的推論之一，一開始也引起了巨大的爭議，而且由於剛開始大家普遍認為的不可觀測性，所以質疑其存在的人就更多了（還記得我們在第一章說過的奧卡姆剃刀原理嗎，如果一樣東西永遠無法被檢測到，那就跟沒有一樣）。但是時至今日，已經沒有人懷疑黑洞的真實存在性了。黑洞已經成為廣義相對論和天文學研究的標準物件。

　　黑洞還有個特別有趣的性質，它的質量大到把時間和空間都扭曲成了一個洞。空間被弄成一個洞還好理解，不就是進去的東西出不來嘛；那時間被扭曲成一個洞你能想像是怎麼回事嗎？在黑洞裡面，時間停止了，準確的說，時間不存在了，時空在這個地方被打了一個死結（別再追問了，我也想像不出是什麼樣子），人類對宇宙的認識止步於黑洞的「視界」。假設有一個倒楣的太空人不幸掉入一個黑洞，他在掉入黑洞的一剎那，從外面的觀察來看，這個人的時間停止了，他的動作也停止了，他就像照片定格一樣被永遠定格在黑洞的邊緣，他的親人們永遠也看不到他掉進去，他的子孫後代世世代代都可以看到這幅定格的恐怖畫面。但是，如果你是那個倒楣的太空人，時間對你自己來說仍然是一樣流逝的，你仍然會感到自己掉了進去。至於到底掉進去以後會發生什麼，誰也不知道。如果你去問霍金，他會這麼回答你：「所謂黑洞，就是一切永遠無法了解的事件真相的集合。」你明白了嗎？他看似回答了你的問題，其實跟我的回答是等價的。這個事情是不是很難以想像：外人直到宇宙末日那天都認為倒楣的太空人永遠處於將掉入未掉入的狀態，而太空人自己則認為自己掉進去了。

　　我們的思維不要停，繼續往下深入，越往下越神奇。讓我帶著你繼續沿著上面的線索往下想，千萬別走開，更神奇的事情馬上就要發生了。

從黑洞到蟲洞

　　黑洞就是宇宙這張大網中時間和空間形成的一個洞（圖5-13），越看越像一個漏斗。你有沒有想過，如果宇宙中有兩個這樣的漏斗，剛好漏斗嘴對漏斗嘴接上了，會發生什麼情況？

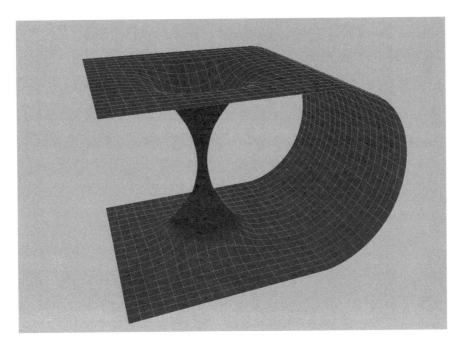

圖5-17　蟲洞原理

　　愛因斯坦和另外一個叫羅森的美國物理學家一起研究發現，廣義相對論的方程式中有一個解可以從理論上允許這種情況的發生，物理圈子裡面的人把它稱為「愛因斯坦—羅森橋」（Einstein—Rosen bridge），說這個連接部位就像一座橋一樣連通了宇宙空間中兩個本來相隔得非常

非常遙遠的區域。但很快人們就覺得，這情景還是更像一個洞，只不過這個洞就好像一隻蟲子咬穿了一顆蘋果一樣。這個比喻更具體，更深入人心，因此，這個愛因斯坦—羅森橋大多數情況下都被叫做「蟲洞」（wormhole）。

蟲洞這個洞太神奇了，不但可以連通相隔遙遠的宇宙空間，讓你能突然從一個地方跨越幾百光年出現在另一個地方，而且，它還能連通時間，讓你從一個時間突然出現在另一個時間，不光是從現在到未來，也有可能是從現在到過去。蟲洞成了現在關於宇宙旅行和時間旅行的科幻小說的標準化理論，也成了地球上發生的無數古怪離奇的失蹤案件和穿越事件的元兇。反正一切不可思議的事情都能用蟲洞來解釋，簡直「無所不能」。

利用蟲洞來做時間旅行的理論是由諾貝爾獎得主基普・索恩（Kip Stephen Thorne, 1940- ）在1988年提出的，第七章我們再來詳細講解他的這個有趣理論。

廣義相對論還有另外一個叫「白洞」的推論。所謂白洞就是剛好跟黑洞性質相反的洞，這個洞不停地把物質以輻射的方式「吐」出來（迄今為止尚未有任何直接或間接的觀測證據出現）。如果蟲洞的一頭是個黑洞，另一頭是個白洞，那麼你就有可能從黑洞這頭掉進去，從白洞那頭被吐出來。

為了讓蟲洞這個純數學的產物能夠更富於浪漫色彩，更便於科幻小說作家創作，最近十多年來有了無數種關於蟲洞存在，並允許我們活著通過的可能性的理論問世，那真的是五花八門，每個理論都被冠以很厲害的名稱，還會出現很多超級玄的名詞，不過這些名詞我大多數都不認識。說實話，我是沒有辨別真偽的能力的，因為在這些理論被實驗證實

或做出預測之前，都只能被認為是「假說」。但不管怎樣，人類最可貴的精神就在於無限的想像力，沒有這些想像力，我們是不可能從茹毛飲血的古猿進化成為能登上月球的萬物之靈的，從這個角度來說，我們都應該感謝科學家、幻想家甚至妄想家。

壓軸大戲

　　講到這裡，本章已經接近尾聲，讓我們來梳理一下前面看過的那些風景。首先，愛因斯坦從對狹義相對性原理的不滿意出發，把狹義相對性原理推廣到了等效原理加廣義相對性原理；然後從這兩個原理出發，推導出了重力使得時空彎曲，繼而又推導出黑洞；再從黑洞想到了蟲洞，於是時空旅行有了理論可能性。這麼一路走來，風景越來越奇特，但都十分具有說服力。如果我們不是這麼一路走來，而是直接從光速不變跳轉到蟲洞這個神奇的概念，你一定會嘲笑我是不是精神出了問題。科學的神奇就在於一步步往前走的時候，覺得每一步都是合理的，一段時間以後再回頭一看，發現連自己都快不相信腳下的這片神奇土地了。難怪愛因斯坦會講出下面這句名言：

「宇宙最不可理解之處在於它竟然是可解的。」

　　本章就到這裡……
　　等等，等等，你突然大叫起來，作者，你忘記了一件重要的事情。
　　什麼事？
　　壓軸大戲啊，壓軸大戲還沒上演呢，前面兩章都有壓軸大戲的，這

章怎麼可以沒有？

　　哈哈，就等你們這句話呢，壓軸大戲自然是早就準備好了，而且這部壓軸大戲是絕對可以堪稱壓軸的，我們要讓整個宇宙成為我們的演員，我們要對宇宙本身的生死做出終極思考。好戲這就上演！

　　愛因斯坦在打通六脈神劍之後，很快就把目光投向了整個宇宙，他把整個宇宙當作一個整體來研究。在深入地研究廣義相對論的重力場方程式後，他得出了一個讓自己無法相信的結論：宇宙不可能是穩定的。也就是說，如果手上的方程式是正確的話，那麼我們生存的這個宇宙要麼是在不斷膨脹，要麼就是在不斷收縮，總之方程式的所有解都不可能得到一個穩態（steady state）的宇宙模型。愛因斯坦被自己親手得出的這個計算結果震驚了，晚上連覺都睡不著。在愛因斯坦那個年代，人類對天文學的認識還僅僅停留在銀河系內，當時的天文學家認為銀河系就是整個宇宙，宇宙的尺度大約是十萬光年的量級。愛因斯坦畢竟不是天文學家，他對宇宙的認識也局限於當時天文學的普遍認識。

　　愛因斯坦一邊看著手中的方程式，一邊抬頭仰望蒼穹。看著滿天的繁星，他知道頭頂上的這些星星在那裡已經存在了億萬年，在有歷史記錄以來，星空都是同樣的景象，北斗七星的勺子在大熊星座上指引了人類上百年的航海史，就像一個忠於職守的燈塔老人，從來沒有出過一次差錯。這個深邃而美麗的宇宙始終給人一種沉著、穩定、永恆的精神力量。現在，在我手中的這個方程式裡面，宇宙不再是那個忠於職守的燈塔老人了，宇宙居然是不穩定的，它要麼收縮要麼膨脹，這怎麼可能呢？

　　愛因斯坦怎麼也無法接受這種結論，宇宙的博大和深邃的寧靜深深地震撼他的內心。於是，愛因斯坦拿起筆，在方程式中增加了一個「宇

宙常數」（cosmological constant）。有了這個人為添加進去的常數，宇宙就是一個穩態的宇宙了，既不會膨脹也不會收縮。愛因斯坦長舒了一口氣，合上本子，終於可以美美地睡一覺，做一個好夢了。

可惜，愛因斯坦的美夢沒過幾年就被一個叫做哈伯（Edwin Hubble, 1889-1953）的美國年輕天文學家打破了。哈伯首先發現在仙女座附近一片淡得像雲一樣的薄霧根本不是之前普遍認為的銀河系中的塵埃雲，在最新的大型天文望遠鏡裡，這層淡淡的薄霧居然被發現是由數以億計的恒星所組成的，這就是第一個被人類發現的銀河系外的星系——仙女座星系（Andromeda Galaxy），距離我們有幾十萬光年之遙（今測值為250萬光年）。很快，一個又一個星系被發現，而且一個比一個遙遠，我們的宇宙比我們之前認為的顯然要大得多。然而哈伯接下來的進一步發現才是重點。他接著發現，幾乎所有的星系都在遠離我們而去，宇宙中幾乎所有的星系和我們之間的距離都在不斷增大（仙女座星系是個例外），而且距離越遠的星系跑得越快。這一切只能有一個解釋，那就是宇宙就像一個正在膨脹的氣球，每個星系都是氣球表面的一個點，當氣球膨脹的時候，每個點之間的距離都會增大。哈伯用他確定無疑的觀測資料向愛因斯坦展示了這個事實：宇宙正在膨脹。

「噹啷」一聲，當愛因斯坦讀到哈伯的論文時，手中的酒杯落地摔得粉碎。天哪，宇宙竟然真的不是穩態的，而我，居然天真地在我的方程式中畫蛇添足地加上了一個常數，這真是不可饒恕的錯誤。但恰恰是這個錯誤，反過來證明了廣義相對論的偉大，它對整個宇宙模型的預言居然如此之精準，而且這麼快就被天文觀測資料所證實。

既然宇宙是在膨脹中的，那麼這就代表，明天的宇宙會比今天的大，今天的宇宙比昨天的大，昨天的宇宙比前天的大。如此一路想下

去，就跟沒有什麼東西能阻止宇宙的膨脹一樣，也沒有什麼東西能阻止前一天的宇宙小於後一天的宇宙。既然是這樣，那麼是不是宇宙有一個誕生的時刻，是從很小的一個點開始，然後突然就爆炸出來的呢？這個瘋狂的宇宙大霹靂（Big Bang）的想法首先被一個叫做勒梅特（Georges Lemaitre, 1894-1966）的比利時學者公布出來，但名不見經傳的勒梅特的聲音並沒有引起世人太多的注意，直到幾十年後有兩個美國人彭齊亞斯（Arno Penzias）和威爾遜（Robert Wilson）在紐澤西州嘶嘶作響的天線上無意中發現了宇宙微波背景（Cosmic Microwave Background）輻射，宇宙大霹靂理論才從一個瘋狂的想法變成了有實驗資料支撐的硬理論。這裡面又有一個很長、很精彩、很有趣的故事，但這畢竟跟本書的主題關係不大，如果你有興趣，可以閱讀筆者另一本拙作《星空的琴弦——天文學史話》。

雖然按照伽莫夫（George Gamow）的說法，愛因斯坦認為宇宙常數是他一生中的最大錯誤，然而十分戲劇性的是，在愛因斯坦去世多年後的最近幾年，最新的理論卻又讓這個宇宙常數死而復生了，愛因斯坦原本人為加上的這個常數居然像是冥冥之中的讖言，在今日的宇宙學研究中發揮著舉足輕重的作用。但這個宇宙常數的復活有著複雜的背景和許多精彩的故事。

宇宙竟然有一個起點，這個起點用科學家的話來說叫做「奇點」（Singular Point）。宇宙誕生於一場瘋狂的大爆炸，這個大爆炸的強度之大超出了人類的任何想像，大爆炸完了之後就是無休止的膨脹。請注意，我這麼描述宇宙你們是否聽出來了，我有一個潛台詞，那就是早期的宇宙是有明確大小的。

一旦說到宇宙是有大小的，1000個人裡面999個人會問一句話：

「那麼，你說宇宙的外面又是什麼，你說宇宙誕生於一個奇點，那麼奇點的外面又是什麼呢？」我知道各位親愛的讀者此時心中正在發出同樣的疑問。今天，我一定要幫你把這個問題弄清楚，以後再遇到女生們向你問這個問題，你就能跟她們解釋得清清楚楚了，要知道，能把這個問題解釋清楚可是一種高深的體現，有助於你提升在她們心目中的魅力指數。經常有人打這樣的比方，說我們就像一隻在籃球上爬啊爬的螞蟻，永遠爬不到盡頭，但是籃球卻是有限的，這麼回答會讓女生們稍稍感覺好一點點，但也就是那麼一點點而已，因為她們還是會追問：「那麼籃球外面又是什麼呢？」

現在，讓我們做一個瘋狂的假想，如果我們回到137億年前，那時候的宇宙只有一個牢房那麼大，20平方公尺左右，那麼，當你身處這個宇宙中時，你會看到什麼？你會看到，如果朝前面看，自己的背影就在幾公尺外的前方；朝後看，另一個自己就在幾公尺外的後方，與你做著同樣的動作；再朝上朝下看，都能看到一樣的自己。當你朝前面跑時，前方的自己也開始跑，只用了幾步你又跑到了自己出發的位置，不管你朝任何一個方向飛去，都會回到原點。這是一個無限迴圈的三維空間，你根本不可能「出去」，因為根本沒有「外面」，整個宇宙就在你眼中，這就是「有限無界」的宇宙觀。聽上去有點恐怖，這樣的牢房是真正無法越獄的完美牢房。現在，請把這樣一個有限無界的宇宙不斷地在你的腦海中縮小再縮小，一直縮到只有一個原子大小，注意，沒有「外面」，也沒有黑暗。空間和時間都禁錮在這個「宇宙」中，然後，上帝說「要有光」，於是，這個宇宙開始急速地膨脹，這就是「宇宙大霹靂」理論。

起初，幾乎所有的科學家都認為，在宇宙的大爆炸之後，受到引力

的作用，宇宙的膨脹速度會減慢，就像炮彈朝天上發射一樣，出炮膛的一瞬間速度是最快的，然後就會開始減速，當達到最高點，速度為0，下落的過程就開始了。速度不夠快是飛不出地球的引力範圍的。炮彈上升的高度有極限值。

當然，炮彈的速度夠快，就可以不掉下來，變成衛星，再快一些就可以飛出地球引力範圍，一去不回頭。所以在過去，物理學家們也一直都認為宇宙大爆炸和炮彈發射很類似，宇宙中的所有物質都會產生引力。假如物質足夠多，引力足夠大，最終我們的宇宙膨脹到了頂點，還是會開始收縮的，最後重新變成一個點，這個過程叫做「大擠壓」。這樣的宇宙雖然無比遼闊，但是體積終究有限，因此也叫封閉宇宙。

假如物質不多不少剛剛好，我們的宇宙再也不會收縮了，雖然膨脹速度在下降，但是永遠也減不到0。就像人造衛星不會掉到地球上是同樣道理。這是一種溫和的結局，一切都慢慢消逝。

這一切的關鍵都取決於我們的宇宙物質密度有多大。根據科學家們的計算，宇宙物質密度有一個臨界點，平均下來就是每立方公尺3個氫原子，如果超過這個臨界點，那麼宇宙恐怕將會走向大擠壓結局。但是我們目前發現宇宙的物質密度遠比這個要小，大約只有0.2個氫原子／立方公尺。看來我們的宇宙並不是一個封閉的宇宙。

為了探求宇宙的未來，天文學家們試圖測量宇宙膨脹的精確速度，從而確定它的減速情況。幾乎所有的科學家都認為，宇宙膨脹照理說應該是在煞車，區別只在於是溫和的煞車，還是急煞車，也有少部分科學家認為是空檔滑行。

1990年代時，有兩個各自獨立的團隊幾乎同時向這個宇宙終極命運問題發起了衝擊，其中一個團隊由美國勞倫斯伯克利國家實驗室

（Lawrence Berkeley National Laboratory）的波爾馬特（Saul Perlmutter）領銜，成員來自7個國家，總共31人，陣容強大；另一個團隊則由哈佛大學的施密特（Brian Schmidt）領銜，也是一個由20多位來自世界各地的天文學家組成的豪華團隊。

　　波爾馬特團隊的計畫叫做「超新星宇宙學計畫」，而施密特團隊的計畫叫做「高紅移超新星搜索隊」。最終，兩個團隊先後發現了讓人大跌眼鏡的現象，宇宙在前70億年確實是在減速膨脹，可是在70億年前的某個時間點上，減速膨脹反轉成了加速膨脹，這就好像開車，先是踩煞車，然後再踩油門，這個事情就大大出乎科學家們的意料了。愛因斯坦或伽莫夫要是聽到這件事，估計一口老血都能噴出來。

　　宇宙加速膨脹的這個觀點足以驚動全世界，這樣驚人的觀點要站得住腳，那必須經得起比其他科學觀點更嚴苛的挑戰。因此，儘管兩個團隊公布了所有的觀測資料和他們的研究方法，但要讓全世界的科學家們接受依然證據不夠。在這之後，世界各地的天文學家們又進行了大量的獨立觀測、驗證，包括COBE、WMAP和普朗克衛星都對這個結論做了不同程度的觀測驗證，到今天為止，宇宙加速膨脹已經成了一個經得起嚴苛檢驗的事實而被科學共同體所接受。

　　那麼到底是誰在給宇宙膨脹踩油門呢？這是個大問題。

　　為了解決這個問題，1998年，麥可・特納（Michael S. Turner）引入了一個新名詞，那就是「暗能量」（dark energy）。

　　根據已經觀察到的現象，我們大致可以這樣描述宇宙膨脹：剛發生大爆炸的時候，宇宙膨脹極快，但是只要有引力在，必定是減速的，那時候暗能量的力量相對弱小。等到宇宙足夠大了，物質足夠稀薄了，物質相互之間變遠了，引力開始變弱了，弱到一定程度，就被暗能量翻盤

壓倒。最終，引力輸給了暗能量的斥力，於是宇宙開始加速膨脹。

　　從宇宙膨脹先減速、後加速的情況來分析，暗能量似乎不會隨著宇宙尺度的擴大而被分攤，它似乎和宇宙的尺度沒關係。似乎暗能量是處處均勻，處處一致的。難道，神祕的暗能量就是當年愛因斯坦重力場方程式裡那個號稱最大錯誤的宇宙常數嗎？

　　的確，宇宙常數可以體現為一種排斥效應，這是個非常合理的解釋。常數就意味著不變，當然不會隨著宇宙的尺度發生變化，也不會有均勻不均勻的問題。所以說，愛因斯坦的確夠厲害，連犯錯都能歪打正著。

　　目前估計，暗能量的數值是非常小的。因此我們的實驗室裡面也沒辦法測量出來。哪怕達到星系級別也看不出暗能量有多大的本事。但是，最可怕的一點就是它處處都一致，哪怕到宇宙邊緣，還是不會衰減。在宇宙尺度上，引力只有甘拜下風。

　　到現在為止，也沒人知道暗能量到底是什麼東西。但是科學家們已經公認，宇宙大爆炸開始的一瞬曾經有過暴漲的階段，膨脹速度極快，似乎那時候宇宙常數特別大。暗能量在空間上處處均勻，似乎是個常數。但是在時間維度上呢？過去的宇宙常數和今天的宇宙常數是一樣的嗎？總之，關於暗能量的許許多多問題，都依然是世界未解之謎。

　　有意思的是，自從「暗能量」這個詞誕生以來，在我們的生活中，這個詞經常會被一些搞偽科學的，或者神祕主義愛好者所利用，把暗能量當作是許多超自然現象的解釋。甚至還有用暗能量來解釋神佛鬼怪和靈魂的。你一定要記住一點，暗能量只有在整個宇宙這樣的大尺度上才能體現出來，甚至在銀河系這樣的尺度中，暗能量的效應都幾乎觀測不到。記住了這一點，你就能有理有據地識別出偽科學了。

　　還有一點，如果你看完了這一章，覺得很有意思，也想自己研究暗能量，那麼，我必須提醒你，要研究暗能量有一個前提，那就是必須要先學習廣義相對論，如果沒有這個基礎，你就永遠也不可能取得與同行對話的資格。

　　好了，從光速不變這個起點出發，一路走來，最後，我們竟然看到了恢宏的宇宙大爆炸，又看到了一個神奇的有限無界的空間，最後，竟然發現宇宙正在加速膨脹。還有比這更神奇的事情嗎？但請相信我，還有更神奇的事情等在後面。從第七章開始，我將帶你去領略更加難以想像的神奇。在本章的結尾，請允許我用愛因斯坦式的口吻寫下這麼一句話，作為本章的結束語：

　　宇宙最神奇之處就在於，它比我們所能想像的還要神奇！

6
紅色革命

　　鮮為人知的是，愛因斯坦和中國曾經有過親密的接觸，而相對論在中國則有著一段不平凡的歷史，這段歷史從和風細雨開始，逐漸演變成狂風暴雨。相對論從一個科學理論變成了政治鬥爭的工具。愛因斯坦先是被中國人奉為革命者，他的相對論革了牛頓的命，但是很快，無產階級又幾乎要革了相對論的命。

　　讓我們來回顧一下相對論在中國的歷史。這是一段中國人尋求科學的坎坷道路，這條道路曾經沾滿鮮血，我們不應該忘記。

　　（本章的故事採用了小說常用的適當藝術誇張手法，以及集多個歷史真實人物於一人的普遍寫法，但本章的所有故事以及歷史背景均取材於真實史料，主要參考自（美）胡大年所著《愛因斯坦在中國》，上海科教出版社出版。）

　　1922年12月，東京，帝國飯店。

　　在一個窗明几淨的房間裡，一位舉止優雅的貴婦人正在沖泡咖啡，她有一張雅利安人和猶太人混血的臉。她小心翼翼地把牛奶倒進濃濃的咖啡中，看得出來，她很在意倒入的份量。倒完牛奶，她用一把精緻的小勺緩緩攪拌起來，攪拌完畢，她輕輕放下勺子。

　　貴婦人端著咖啡走到窗邊，說道：「親愛的，咖啡好了。還是沒有消息嗎？」

　　一位中年男子坐在沙發椅上，嘴裡叼著煙斗，正聚精會神地看著手中的一些文件。聽見妻子的問候，他抬起頭來，放下文件，接過咖啡露出微笑說：「艾爾莎，謝謝你，親愛的。」

　　這位中年男子正是大名鼎鼎的阿爾伯特·愛因斯坦，艾爾莎（Elsa）是他的第二任妻子。他受日本最著名的幾所大學的聯合邀請前

來講學，已經在此住了一個月了，他的到來在日本掀起了一陣又一陣關於相對論的熱潮。此刻，他正焦急地等待來自北京的消息。一年多前，北京大學校長蔡元培先生曾經到柏林造訪了愛因斯坦，並且和愛因斯坦約定在今年日本講學完畢後就去北京大學講學。愛因斯坦知道此時的中國時局動盪，軍閥混戰，他不知道北京方面是否已經安排好了他的講學行程，也不知道蔡元培先生是否安好。雖然心中總有一些不祥的預感，但愛因斯坦仍然非常渴望能到北京大學講學，他對古老而神祕的中國充滿了好奇。一個月前，愛因斯坦曾經路過上海，在上海做了短暫停留，但這畢竟只是在中國最大的沿海城市走馬看花一下，遠遠不能滿足他對中國內地的好奇心。

艾爾莎：「聽說北京那邊正在打仗，有一支叫做什麼直系的軍閥和一支奉系的軍閥為了爭奪北京城的控制權正在北京附近打仗。」（作者按：1922 年 4 月，第一次直奉戰爭）

愛因斯坦：「我也聽說了。但蔡校長的為人我是很清楚的，他對我們之間的約定必會有一個交代，雖然中國的時局不穩定，此行可能也有一定的風險，但是我真的很想去親身體會一下東亞文明的發源地，親眼看一下古老中國的心臟。」

艾爾莎：「親愛的，我非常理解你的心情，我也非常願意跟你去北京。不過，耶路撒冷那邊已經來過很多次電報了，希望你盡快敲定去希伯來大學的時間。」

愛因斯坦：「我知道，他們是想讓我出任希伯來大學的校長，可是我想我還是更適合從事學術研究的工作。不過畢竟是猶太同胞的邀請，我怎麼都應該去一趟。那就讓他們再等一兩天吧，如果實在得不到北京的消息，我就正式回覆他們。」

突然，響起了一陣敲門聲。

艾爾莎打開門，是他們熟識的石原純教授。

石原純：「愛因斯坦先生，我剛剛得知一些來自中國的最新消息，特地來告訴您。」

愛因斯坦：「請講，石原純教授。」

石原純：「中國的中央政府由於財政危機，連年拖欠教育經費。最近包括北京大學在內的八所北京高校聯名向政府抗議，並且由蔡元培校長領頭與黎元洪總統進行了談判，但談判結果似乎並不能令蔡校長滿意。我今天剛剛收到可靠的消息，包括蔡校長在內的八所北京高校的校長聯名向政府遞交了辭呈。愛因斯坦先生，很遺憾，我認為去年蔡校長跟您的這次約定，恐怕北京大學很難履約了。」

愛因斯坦：「這個消息可靠嗎？」

石原純：「絕對可靠，我是從中國那邊郵寄過來的報紙上看到的，這條新聞是中國各大報紙的頭條。」

愛因斯坦：「這就難怪了，這可真是讓人沮喪的消息。不過還是謝謝您，石原純教授。」

送走了石原純後，愛因斯坦叫來了助手，親自寫了一封電報讓助手發往耶路撒冷，告知他們本月底將從日本取道上海前往耶路撒冷。

三週前，北京。

北京大學校長蔡元培今天心情特別好，這半年來一直為了教育經費的事情跟中央政府周旋，今天終於拿到了拖欠半年之久的教育經費。他算算日子，愛因斯坦已經在日本講學了，應該給愛因斯坦發一封歡迎信，以確定來京的行程。為了表示隆重，蔡元培在起草完了歡迎信後，又邀請了北京的各界名流親筆簽名。歡迎信的全文如下：

尊敬的愛因斯坦教授先生：

您在日本的旅行及工作正在此間受到極大的關注，整個中國正準備張開雙臂歡迎您。

您無疑仍然記得我們透過駐柏林的中國公使與您達成的協議。我們正愉快地期待您履行此約。

如能惠告您抵華之日期，我們將非常高興。我們將做好一切必須的安排，以盡可能減輕您此次訪華之旅的辛勞。

北京大學校長　蔡元培

（作者按：此為真實信件全文）

由於不知道愛因斯坦在日本確切的地址，蔡元培把這封信寄給中國駐日本的公使，希望由公使代為轉交給愛因斯坦。

但是沒想到這封信到了日本後，一直被壓在大使館的文書保管處，沒有受到足夠的重視。當時中日關係非常微妙，大使館每天要處理大量的政治、軍事情報，因此對一封來自北京大學的信件，而且目的是為了學術交流，就沒有怎麼放在心上。直到報紙上刊登出愛因斯坦圓滿完成在日本的講學準備離去的消息時，才有人想起這裡還有一封要轉交給愛因斯坦的信。

當愛因斯坦在12月22日最終看到這封信的時候，他已經和希伯來大學敲定了抵達耶路撒冷的日期。愛因斯坦讀完蔡元培的信，感到非常的懊惱沮喪。猶豫再三，考慮再三，還是懷著沉重的心情給蔡元培寫了回信，信中表達了他無比的歉意，並表示希望將來能有彌補的機會。

12月31日，上海。

上海的冬天潮濕陰冷，尤其是今天剛剛下過一場雨，天陰沉沉的，

北風直往人的脖子裡鑽。

　　一艘從東京駛來的郵輪抵達了十六鋪碼頭。今天碼頭上來了很多猶太青年，這些猶太人都是這幾年陸陸續續從德國遠渡重洋，為了逃避迫害而來，他們非常感謝中國政府慷慨地允許他們在上海定居。今天，將有一位重要人物抵達上海，他是所有猶太人的驕傲，全世界最出名的科學家。

　　愛因斯坦在船舷上剛一露面，就聽見碼頭上傳來的一陣歡呼聲，幾十個年輕人用德語大聲地跟他打招呼。愛因斯坦頓時感到一陣親切和溫暖，似乎這裡不是遙遠的東方，而是柏林。

　　上海的猶太人青年會和幾個由西方人組成的業餘學術研究團體為愛因斯坦召開了歡迎會，並且邀請愛因斯坦在新年來臨的元旦晚上為他們做相對論的演講。儘管第二天就要坐船前往耶路撒冷，但愛因斯坦還是接受了這個請求。

　　元旦這天晚上，在租界的工部局大講堂，幾百人的會場座無虛席，幾乎全是猶太人和西方人，只在講堂的一角，有幾個來自同濟醫工學堂（今同濟大學前身）的中國學生。由於同濟醫工學堂是德國人辦的學校，全德文授課，所以這些中國學生能聽懂不少德語。聽眾中大多數人根本不知道相對論為何物，也沒有學過最基本的物理知識，他們只知道愛因斯坦是當今世界首屈一指的科學家，今天要來跟大家講最高深的知識。那幾個中國學生也特別的興奮，其中有一個叫做魏嗣鑾（字時珍，著名的數學教育家，曾任留德學生會會長，是最早把相對論介紹到中國的人）的大學生尤其顯得興奮，他正是《少年中國》雜誌的相對論專刊的主編，他早在一年前就從英國大學者羅素在中國做的多場相對論演講中受益匪淺，正是羅素用通俗的語言把相對論首次傳播到了中國，而且

在解釋愛丁頓如何驗證愛因斯坦提出的星光實驗時，講得深入淺出，跌宕起伏，讓魏嗣鑾留下了很深的印象。魏嗣鑾從那以後就愛上了物理學，尤其是對相對論充滿了求知欲。他還曾經給愛因斯坦寫過信，向愛因斯坦索取照片，沒想到愛因斯坦居然回了信，並且真的給了他一張照片，魏嗣鑾收到回信高興地跳起來了。今天魏嗣鑾有幸能見到愛因斯坦本人，那真是興奮極了，他伸長了脖子等著他的偶像出現。

在聽眾們熱烈的掌聲中，愛因斯坦走上了講台，開始用德語演講。愛因斯坦首先介紹了牛頓的絕對時空觀，然後由此講到了以太在邁克生—莫雷實驗中遇到的困難，接著愛因斯坦拋出了自己的觀點：以太是不存在的。愛因斯坦說：「我有三個最基本的原理，一是光速在任何參考系中都恆定不變，二是物理規律在任何參考系都不變，三是重力和加速度是完全等效的。從這三個原理出發，我們就可以得出一系列驚人的推論。」

剛開始，愛因斯坦用生動的比喻來說明同時性在不同的參考系中不成立時，聽眾們還勉強能聽懂。但是隨著演講的深入，愛因斯坦不得不用到大量的數學知識，來講解時間為什麼會變慢，空間為什麼會收縮。以至於後來講到重力使得時空彎曲的時候，用到的都是微積分的方程式，越來越多的聽眾開始進入了夢鄉。好在最後愛因斯坦講起大家早就耳熟能詳的星光實驗，講起了愛丁頓的遠征隊，總算把一部分觀眾從睡夢中叫醒。愛因斯坦兩個小時的講解，讓魏嗣鑾聽得如癡如醉，雖然這些知識對他而言不算陌生，但是今天能聽到愛因斯坦親口說出來，那種感覺仍然非常美妙。

最後是提問時間，一開始還能有幾個懂科學的西方人提出一些粗淺的數學問題，但是隨著提問的繼續，很快就演變成一場奇怪的問答，問

題千奇百怪，幾乎跟相對論毫無關係，所有人都把愛因斯坦當作能通曉天下一切奇事的神人，以至於愛因斯坦在回去後對艾爾莎說「今晚的演講就是一場愚蠢的滑稽戲」。

有人問：「請問博士，人能飛嗎？」

愛因斯坦回答：「地球的重力是始終存在的，要擺脫它就需要消耗能量。」

有人問：「人有靈魂嗎？」

愛因斯坦回答：「這個問題科學無法回答。」

有人問：「以太能轉化成食物嗎？」

愛因斯坦回答：「以太是不存在的，你剛才一直在睡覺吧？」

問題越來越不像話，愛因斯坦有點窘迫，不知道該怎麼結束這場演講。就在此時，他看到一個年輕的中國人擠到台前，拼命地舉手，愛因斯坦示意他提問，心裡已經做好了回答更可笑問題的準備。這個中國小伙子用德語流利地問道：「請問教授，如果按照您的重力場方程式，在宇宙整體『張量』沒有反作用力的情況下，整個宇宙是否意味著要麼收縮要麼膨脹呢？」

愛因斯坦大吃一驚，心想，中國居然還有這樣的人物，太不簡單了！這個問題正是愛因斯坦一直在苦苦思索的問題，沒想到今天在上海從一個年輕的中國小伙子嘴裡問出來。愛因斯坦說：「關於這個問題，我很難回答。從方程式的角度來說，是的，宇宙很難維持穩態，但是我想這裡面恐怕沒有我們想的那麼簡單，一定還會有些別的因素存在。年輕人，請問，你叫什麼名字？」

小伙子答道：「我叫魏嗣鑾，先生，我們通過信。」

愛因斯坦想起來了，是曾經收到這個中國人的一封信，他還寄了一

張照片給他。愛因斯坦對魏嗣鑾說：「你很了不起，魏嗣鑾先生，你將來一定能做出巨大的成就。有機會來歐洲留學吧，歐洲很多大學都會歡迎你的。」

演講結束後，魏嗣鑾帶著激動的心情回到了學校，一晚上都興奮得睡不著覺。「我不但問了愛因斯坦問題，還被愛因斯坦稱讚了。是的，我要像先生一樣，成為一位物理學家。我要去歐洲留學，我要到世界科學的中心去學習物理學，學習相對論。」魏嗣鑾暗下決心。

半年後，魏嗣鑾以優異的成績從同濟醫工學堂畢業，並且考取了公派赴德國的留學生資格，他將到法蘭克福大學攻讀物理學。

臨行前，魏嗣鑾最後一次參加了進步團體少年中國會的集會，得知他要到德國留學的消息，眾人紛紛過來道賀。一位穿著長衫濃眉大眼三十歲左右的青年人走過來對魏嗣鑾說：「小魏，祝賀你，我加入少年中國會不久，你主編的相對論專刊我都看過，受益匪淺。雖然我是學文科的，看得不是很懂，但我還是能感受到你的才華。希望你早日學成回來，我們能再相見。我們民族的希望在於開啟民智。」

魏嗣鑾說：「謝謝，謝謝，我一定會回來的。請問您是？」

那人回答：「我叫毛澤東。」

魏嗣鑾正要再多說兩句，聽見有人在喊他：「嗣鑾，到這裡來。」這是他的大學同學李柯在叫他，魏嗣鑾快步走過去。李柯跟魏嗣鑾說：「嗣鑾，給你介紹一下，這是來自清華大學的周培源，他是宜興人，中學是在上海的聖約翰大學讀的，他學的也是物理。這幾天剛好在上海，聽說我們今年去聽過愛因斯坦的演講，很想跟我們打聽情況呢。」

魏嗣鑾說：「很高興認識你。」

周培源說：「魏大哥，你很優秀，是我學習的榜樣。等我畢業後，

我也要出國留學，我們將來一起為中國的物理學做一點事情。」

魏嗣鑾說：「這也是我的理想！」

兩個月後，魏嗣鑾順利來到德國，進入法蘭克福大學攻讀物理。但是很快他就在學術上感到不滿足，接著又以優異的表現考入有著數理王國之稱的哥廷根大學（了解物理發展史的讀者都知道這所大學的份量），成為了該校歷史上第一位中國留學生，他的導師中有玻恩（Max Born）、希爾伯特（David Hilbert）這樣的世界級大師。在學習之餘，魏嗣鑾對社會活動也特別熱衷，他和好友一起發起成立了「中德文化研究會」，旨在促進中德文化交流，同時他還被推舉為留德學生會的會長，在留學生圈子裡面，提起魏嗣鑾真是無人不知無人不曉。

這一天，魏嗣鑾的宿舍附近搬來了幾位新來的中國留學生，魏嗣鑾得知後立即去探望。他敲開門後，一個中國人站在面前，只見此人四十歲上下，國字臉，濃眉大眼，氣宇軒昂，頭髮根根豎起，一臉的正氣，魏嗣鑾不禁倒吸一口涼氣，立即產生一種敬佩之情。

圖6-1　留德時期的朱德

魏嗣鑾恭敬地說：「我叫魏嗣鑾，請問大哥怎麼稱呼？」

來人說：「魏嗣鑾，早就聽說你的大名了，我虛長你幾歲，豈敢當大哥啊，你就叫我朱德就行了。」

此人正是未來名震天下的朱德元帥。

這張照片就是當時朱德在哥廷根大學留學時的照片。魏嗣鑾很快就和朱德結下了深厚的友誼，並且一直幫助朱德補習德語，他深深敬佩這位性格剛毅的大哥。朱

德後來成為新的留學生會會長，並領導留學生學習馬克思主義，參加革命運動，兩次遭當局逮捕，全靠魏嗣鑾多方奔走解救。

魏嗣鑾經過四年的攻讀，以一篇高品質的博士論文〈在平均負荷下四邊固定的矩形平板所呈現的現象〉獲得哥廷根大學的數學和物理雙料博士學位，這篇論文對彈性力學和建築領域貢獻很大。

畢業後魏嗣鑾回到了自己的母校同濟大學教授數學和物理，成為中國數理界的後起之秀，名重一時。他編著了中國第一部講授偏微分方程的教科書，他也是當時中國少數能把相對論講得深入淺出的教授之一，深受學生的愛戴。

然而，當時的中國雖大，卻已經越來越容不下一張平靜的書桌。1937年，抗日戰爭爆發，魏嗣鑾和很多人一樣不得不走上跟大學一起流亡的道路。即便是在流亡的路上，他仍然勤奮地著書立說、教書育人。這一年，魏嗣鑾跋山涉水來到昆明，清華、北大、南開三所中國最知名的大學在這裡成立了西南聯大，這裡幾乎集合了當時全中國的學界精英。進入西南聯大，映入魏嗣鑾眼簾的是家徒四壁的校舍、只有幾百本書的圖書館、空蕩蕩的實驗室。儘管如此，師生們的學習熱情依然不減，在這樣艱苦的條件下，高品質的論文仍然不斷從這裡產出，魏嗣鑾不時地被眼前的景象感動著。

突然，一陣淒厲的警報聲響徹四周，日軍的飛機來轟炸了！魏嗣鑾立即隨眾人一同往防空洞跑。還沒來得及跑進防空洞，已經聽得炸彈爆炸的巨響從不遠處傳來，頭上明顯地感到沙土如雨點般落下，打得人生疼。魏嗣鑾剛跑進防空洞，身後就落下一顆炸彈，一聲巨響，魏嗣鑾感到一股氣浪直從身後襲來，像有一張無形的大手把他推進了防空洞，他不禁冷汗直冒。正當魏嗣鑾驚魂未定之時，突然聽見有一個聲音在喊他：

「嗣鑾兄，前面的可是魏嗣鑾？」

魏嗣鑾回過頭去，只見一個教授模樣的人朝他招手，依稀覺得非常面熟。魏嗣鑾當即答道：「我是魏嗣鑾，您是哪位？」

「不記得我了嗎？我是周培源啊，我們在上海少年中國會上見過面。」

魏嗣鑾驚喜道：「啊，原來是培源。你也在這裡，實在是太巧了。」

周培源快步走過來，緊握魏嗣鑾的手說：「嗣鑾兄，真沒想到在這裡見到你。你的文章和著作我早有拜讀，你堪稱我輩的楷模啊。」

魏嗣鑾：「培源過獎了，你是怎麼來到這裡的？」

周培源：「說來話長，我過去幾年一直在美國留學，先後在芝加哥大學、加州理工學院、普林斯頓大學讀書，前兩年剛剛回國，可一回國就遇到了七七事變，我只好率全家老小遠避此間啊。我現在西南聯大教書。」

魏嗣鑾：「普林斯頓？據我所知，愛因斯坦博士為了免受納粹的迫害，去了美國，就住在普林斯頓啊。你見過他嗎？」

周培源：「我正是仰慕愛因斯坦博士的學識，才特地去了普林斯頓。在那裡的一年，我參加了愛因斯坦博士親自主持的廣義相對論高級研討班，經常有機會聽博士的親身教誨，實在是令我受益匪淺。」

魏嗣鑾：「真是令人羨慕的經歷啊。博士是否安好？」

周培源：「愛因斯坦博士身體非常健康，他對中國的局勢非常關注，對中國抱有很大的同情。嗣鑾兄，你對現在的時局如何看待？」

魏嗣鑾：「西安事變後，國共合作，國民黨在正面的阻擊戰場雖然節節敗退，但是至少打破了日本人一年消滅我們的癡心妄想。而在敵後，共產黨的毛澤東主席和朱德司令員指揮的游擊戰打得有聲有色，毛

澤東與你我在上海都曾有過一面之緣，此人深謀遠慮，處處高人一等，他必能讓日本鬼子嘗到中國人的厲害。而朱德總司令與我熟識，我在德國留學期間曾經與他共處很長一段時間，朱總司令是位百年難遇的將帥之才，我對他深為敬佩，有他率領我中華將士在前線浴血奮戰，我倍感放心。」

周培源：「嗣鑾兄高見。我也跟你一樣，覺得共產黨很了不起。」

正如魏嗣鑾預料的那樣，長達八年的抗日戰爭在國共兩黨的合作下，取得了最後的勝利，而朱、毛領導的共產黨一天比一天壯大，軍事力量日漸強盛，他們在北方領導的紅色革命深得民心，越來越多的高級知識分子偏向共產黨，對國民黨的腐敗切齒痛恨，延安成了很多知識分子心中的聖地。

不久，國共內戰爆發，僅僅三年後，新中國宣告成立，國民黨退守台灣。

1951 年，在周恩來的親自安排下，魏嗣鑾回到了老家四川，出任四川大學的數學系主任。

新中國的一切都是在廢墟上建立起來的，百廢待舉，魏嗣鑾雖然年過半百，仍然把一腔熱情投入於新中國的數理教育事業上，著書立說，誨人不倦。

時間來到了 1966 年。5 月 16 日，四川大學。

年逾七旬的魏嗣鑾教授正在家中閱讀最新的科技期刊，此時收音機裡傳來了中央人民廣播電台播音員鏗鏘有力的聲音：

我國正面臨著一個偉大的無產階級文化革命的高潮。

……

毛主席經常說，不破不立。破，就是批判，就是革命。破，就要講道理，講道理就是立，破字當頭，立也就在其中了。

……

全黨必須遵照毛澤東同志的指示，高舉無產階級文化革命的大旗，徹底揭露那批反黨反社會主義的所謂「學術權威」的資產階級反動立場，徹底批判學術界、教育界、新聞界、文藝界、出版界的資產階級反動思想，奪取在這些文化領域中的領導權。

……

混進黨裡、政府裡、軍隊裡和各種文化界的資產階級代表人物，是一批反革命的修正主義分子，一旦時機成熟，他們就會要奪取政權，由無產階級專政變為資產階級專政。這些人物，有些已被我們識破了，有些則還沒有被識破，有些正在受到我們信用，被培養為我們的接班人，例如赫魯雪夫那樣的人物，他們現正睡在我們的身旁，各級黨委必須充分注意這一點。

……

（作者按：《五一六通知》部分內容摘取）

魏嗣鑾放下了手中的期刊，陷入了沉思，他內心隱隱地感到有些不安，這些不安來自於哪裡，他也一時想不明白，總感覺中央似乎有些小題大做了。魏嗣鑾的不安很快就得到了進一步的驗證，一個個讓他瞠目結舌的消息接踵而至。首先，一個名叫「『批判自然科學中資產階級反動觀點』毛澤東思想學習班」的小組在北京中科院成立，接著，這個小組開始把批判的矛頭轉向代表著自然科學最高成就的相對論。更令魏嗣鑾詫異的是這個小組的領頭人是毛主席的女婿孔令華。很快，這個小組

就被孔令華簡稱為「批判相對論學習班」。

　　四川大學也不再平靜，大字報的數量一天比一天多，學校已經無法再進行正常的教學活動，一群群激進的學生喊著口號四處遊行。

　　面對眼前的亂象，年邁的魏嗣鑾教授除了歎息，深感無能為力。這天，他走在校園裡，看到四處張貼著一張相同內容的大字報，鮮紅色的紙上寫著黑色的大字：

　　把自然科學中理論中的資產階級反動觀點批深批透，才能在政治上、思想上、理論上徹底摧毀資產階級知識分子的統治，從而鞏固無產階級在自然科學領域對資產階級的專政。人類歷史上任何一次自然科學革命都無法與之比擬的無產階級科學革命，即將出現在世界東方遼闊的地平線上。這將是歷史上第一次在無產階級專政條件下，在徹底進行社會主義革命的形勢下開展起來的科學大革命。

　　這張大字報讓魏嗣鑾感到很不可理解。他不反對革命，他親眼看到過去幾十年，在中國這片遼闊土地上，紅色革命帶來的嶄新面貌。但是，難道科學也分無產階級的科學和資產階級的科學嗎？自然科學是沒有階級、種族、國家之分的，科學就是科學。一個微分方程，一個物理實驗不論是在中國還是在美國，其含義、結論都是一樣的，這是宇宙的自然規律。

　　然而，除了搖頭，他這個年逾古稀的老人又能做什麼呢？

　　學校已經停課了，回到家中，魏嗣鑾開始在書房整理自己的著作打發時間。他撣了撣自己在1936年完成的中國第一本大學微積分教材《偏微分方程式理論》上的灰塵，把它重新放回書架，又拿起了自己在

1958年主編的《相對論》，隨手翻看了起來。

突然，一陣急促的敲門聲驚醒了他，妻子慌忙出去開門。

只見一群學生站在門外，個個穿著草綠色的軍裝，手上別著紅袖章，為首的一人大聲問道：「這是魏嗣鑾的家嗎？」

魏嗣鑾迎出去，客氣地說道：「我是魏嗣鑾，請問你們有何貴幹？」

學生們盯著魏嗣鑾手上的《相對論》，為首那人說：「你就是教授相對論的魏嗣鑾吧？我們今天來這裡正是要跟你談一談相對論。」

魏嗣鑾不明所以，誤以為學生們有問題來詢問，便把他們請進家裡，熱情地說：「可以，可以，你們想問什麼？」

一學生說：「相對論聲稱光速不變對嗎？」

魏嗣鑾說：「是的，這是相對論的原理之一。雖然是一個假設前提，但是已經得到了很多實驗資料的支持，首先是1887年邁克生和莫雷……」

一學生高聲打斷魏嗣鑾的話：「光速絕對不變這是道道地地的主觀主義詭辯論，是唯心的，違反了馬克思唯物辯證法的運動論。」

魏嗣鑾說：「光是一種電磁波，它的傳播速度取決於介質，在真空中，光速不變已經得到了很多實驗資料的支持。」

這個學生厲聲說：「魏嗣鑾，你在宣揚永恆論，光速不變就意味著資本主義社會是人類的終極社會，壟斷資本主義生產力不可超越，西方科學是人類科學的極限。」

另一學生說：「相對論的大前提是哲學的相對主義，相對論的時空論是資產階級的唯我論，毛主席在1937年就批判了相對論。」

魏嗣鑾說：「毛主席曾經讀過我編寫的相對論文章，他親口跟我說過他覺得相對論讓他受益匪淺，而且1937年毛主席的講話我看過，他

批判的是相對主義，不是相對論。」

　　為首的學生厲聲喝道：「魏嗣鑾，你這是公然與革命為敵！愛因斯坦就是西方資產階級學術的代言人，是反動權威，你維護他的理論是沒有前途的。無產階級一定能牢牢占領自然科學的全部陣地，你們這些資產階級學術的走狗連做夢都想不到的一個個嶄新的科學理論，必將迅速地發展起來，自然科學發展的真正新紀元一定會首先在我國到來！」

　　魏嗣鑾不願意再多說了。看著這些充滿理想、滿懷熱忱的學生，他不知該說什麼好，只能在心裡為他們歎息。

　　學生們走後，魏嗣鑾長久地佇立在書架前，看著自己編著的一本本自然科學的著作，他仍然想不通黨和政府為什麼要批判自然科學呢？他對黨的政策一向是擁護的，他對很多西方資產階級的腐朽思想也一貫反對，然而自然科學是他心中的聖地，這和封建殘餘、思想糟粕完全不可等同而言。

　　但讓魏嗣鑾更想不到的是，一場更大的針對他的運動正在醞釀。很快，就有人來通知魏嗣鑾去參加一次全校師生的集會，這個集會是關於深入學習中央文革小組精神的萬人大會。魏嗣鑾的妻子已經嗅出了危險的氣息，她對魏嗣鑾說：「老魏，這個集會你還是稱病別去參加了吧，我很擔心這次集會不利於你。」

　　魏嗣鑾說：「我勤勤懇懇教書育人幾十年，我對國家的貢獻有目共睹，我相信黨和政府會對我有一個公正的評價。況且，這次集會是學習文件精神，不是專門針對我的。」

　　魏嗣鑾妻子只能囑咐道：「那你一定要學會忍耐，不要隨便說話。」

　　魏嗣鑾說：「知道了。」

　　魏嗣鑾和妻子道了一聲別，邁著緩慢但仍然穩健的步伐出了門。他

來到會場的時候，那裡已是萬頭鑽動，學生們都穿著綠軍裝，戴著紅袖章，每個人手裡都拿著一本紅色的毛主席語錄，眼前是一片紅色的海洋。在會場的大黑板上寫著兩行大大的標語：**無產階級文化大革命萬歲！奪取無產階級自然科學革命的偉大勝利！**

魏嗣鑾一到會場，便被幾個學生拉到了前台，也沒有凳子，只能站在那裡，後面有幾個學生守著會場的大門。魏嗣鑾沉著地站著，面對著同樣在前台站著的幾個青年學生，從他們的臉上可以看到一種革命的亢奮表情。

校「革委會」王主任揮手示意大家安靜，對著話筒開始大聲發言：「毛主席教導我們：敵人反對的我們就要擁護，敵人擁護的我們就要反對。中央『文革』小組下發了重要指示，一切西方資產階級的反動學術都要徹底批倒批臭，只有無產階級的科學才是真正正確的科學。以相對論為代表的西方資產階級自然科學是無產階級必須反對的，尤其是相對論，它就是西方資產階級自然科學的典型代表，批倒了相對論，就是批倒了西方資產階級理論的根基。我們今天就要革了相對論的命。你們面前的魏嗣鑾就是相對論的反動學術權威，我們無產階級革命小將絕不能被權威嚇到，任你再大的權威，你代表的始終是腐朽的、落後的資產階級思想，我們都不怕。今天，我們就是要和相對論的權威辯一辯相對論，且看我們革命小將的厲害！」

王主任把話筒遞給一個青年學生，示意他可以發言。

青年學生拿起話筒，大聲問魏嗣鑾：「毛主席教導我們：沒有調查就沒有發言權。相對論的兩個前提，一是光速不變，二是物理不變，是不是這樣？」

魏嗣鑾原本想好了保持沉默，但聽這個學生一問，忍不住就說道：

「不是物理不變，狹義相對性原理說的是在任何慣性系中，所有的物理規律不變。」

學生說：「毛主席教導我們：不是東風壓倒西風就是西風壓倒東風。我管你什麼不變，你宣揚不變就是違反最基本的馬克思唯物主義思想，愛因斯坦憑什麼說這個不變那個不變，他能了解宇宙中所有物體的運動嗎？他能掌握宇宙中所有的規律嗎？千規律萬規律，只有一條規律：一切反動派都是紙老虎！」

王主任眉頭皺了一下，似乎對這個學生的發言不是太滿意，揮手示意換下一個人發言。

那個學生正說到興頭上，還正想說「毛主席教導我們」，看王主任瞪著自己，只好把話筒遞給了另一個學生。

另一個學生發言說：「相對論宣揚時間空間都是相對的，這是嚴重違反辯證唯物法的真理觀的，這是相對主義的真理觀，形而上學的宇宙論，神祕主義的方法論。不把相對論打倒，什麼新科學、新技術都是建立不起來的，無產階級的革命就無法取得最終勝利！」

王主任示意把話筒還回來，他顯然對學生的發言感到不滿，因為沒有實質性的反對理論，全都是高射炮，空有高度，打不著靶子。王主任顯得有點著急了，他頻頻回頭朝身後的一道門裡面看去，似乎在等一個什麼人出來。可是等了一會兒，卻不見有人出來，會場上開始出現一些騷動。王主任隨即招來一個學生，對他耳語了幾句。這個學生隨即快步走入那道門裡，過了一小會兒，這個學生又回到了前台，從王主任手中接過話筒，開始對魏嗣鑾發問：「魏嗣鑾，愛因斯坦在廣義相對論中是不是有一個重要推論說的是重力使得時空發生彎曲？」

魏嗣鑾保持沉默。

王主任說：「在人民面前，你要老實回答革命小將的問題，你們最愛說的不就是真理越辯越明嗎？」

魏嗣鑾聽見王主任這句話，心中一激動，無法再保持沉默，他大聲回應：「是的，根據廣義相對論，重力會使得時空發生彎曲，1919年愛丁頓率領的遠征隊拍攝的日全蝕照片已經證明了這一點！」

會場上傳來一些小聲的驚詫聲，顯然有一些學生感到驚訝。

那學生繼續問：「那麼，整個宇宙的時空彎來彎去的結果必然要彎成有限而閉合的圈圈，這麼說，宇宙就是有限的了？」

魏嗣鑾稍稍有點吃驚，這個學生怎麼看也不像能說出這句話的人，他隱隱地感到那道門裡面似乎有一個行家在指點他。越是這樣，反而越是激發了魏嗣鑾的鬥志，他說：「根據哈伯的天文觀測，宇宙中所有的星系都在遠離我們而去，由此推測，宇宙正在膨脹，也就是說宇宙是有大小的，而且很可能是誕生於一次大爆炸。」

他的話在會場上引起了一陣騷動，顯然，有部分學生被這個驚人的言論所震撼。

那個學生冷笑一聲說道：「太可笑了，你們這些愛因斯坦的馬屁精，將研究有限、有邊的局部宇宙的運動定律所得到的結果，轉用於無限的宇宙整體，因而開始談論有限的宇宙、時空的邊界，這太自不量力了。你是不是要進一步推斷說，有限的物質之外，總要有非物質的、超自然的東西存在，這只能是上帝了！你這是徹徹底底的宇宙唯心論，相對論其實質是絕對論！」

魏嗣鑾被這個學生的強詞奪理弄得一下子不知道該如何反駁，便反問說：「那麼，你可以說說宇宙無限的證據嗎？著名的奧伯斯（Heinrich Olbers）悖論就提到，如果宇宙是無限的，那麼我們晚上朝任何一個方

向看過去，都應當看到無限的星星，無限的星光疊加照射在地球上，那麼晚上也應當像白天一樣明亮才對，這顯然與事實不符。」

那個學生一下子就被問住了，他還是頭一次聽說什麼奧伯斯悖論，他立即跑回那道門裡面，過了一會兒又跑了出來，一掃剛才的窘迫，又大聲開口說：「奧伯斯悖論必須建立在宇宙中物質的分布是絕對均勻這個前提上，這個前提並不成立。我問你，愛因斯坦一直在建立所謂的統一場理論，他建成了嗎？統一場理論真的存在嗎？」

這下魏嗣鑾感到了門後那個人的「可怕」，這一個問題問中了要害，愛因斯坦晚年用了十多年的時間苦苦尋覓統一重力場和電磁場的理論，但是沒能成功，這是愛因斯坦一生最大的遺憾。

那個學生接著說：「愛因斯坦根本不可能找到什麼所謂的大統一理論，因為這根本就是違反唯物辯證法的。毛主席教導我們一切都是運動的，任何事物都永遠處在矛盾中，階級鬥爭永遠存在，根本不可能存在一個什麼所謂絕對的普世的大統一理論！」

儘管魏嗣鑾覺得這完全是斷章取義，用哲學代替科學，用空洞的理論取代嚴謹的科學研究，但一時也想不出強有力的反駁。

那個學生說完，又得意地跑進了那道門，過了一會兒，又出來繼續說：「魏嗣鑾，相對論宣稱沒有什麼真正的同時性，事件發生的先後都是相對的，是不是這樣？」

魏嗣鑾答道：「是這樣的，同時性只有在同一個參考系裡面才具備物理意義。」

那個學生扯著嗓子喊道：「魏嗣鑾，你好大的膽子！你膽敢說同時性也是相對的！你這是在宣稱珍寶島事件中，『蘇修』分子先開了第一槍這個事實是無法客觀判斷的嗎？你這是在公開為『蘇修』辯護，你不

但是反動學術權威，還是個賣國賊，打倒賣國賊！」

　　魏嗣鑾心裡面暗叫一聲「上當」，對方這是明顯地偷換了概念，但是此時再反駁已經晚了，整個會場已經開始吵鬧起來，他說的任何話已經不可能被別人聽見。

　　會場上的大部分學生根本沒有搞清楚台上最後兩句對答是什麼意思，就聽見最後的結論是魏嗣鑾竟然膽敢為珍寶島事件中的「蘇修」先開第一槍辯護。那還了得，簡直是罪大惡極。此時全國上下同仇敵愾，對珍寶島事件中蘇聯的入侵行為痛恨至極。此時會場中早就安排好的幾個學生大聲喊道：「打倒賣國賊魏嗣鑾！」

　　那個瘋狂的年代就是這樣，口號和高舉的拳頭就是力量的象徵。很快，全場數萬名師生一邊揮拳，一邊高喊：「打倒反動學術權威魏嗣鑾！打倒賣國賊魏嗣鑾！」聲震屋瓦。幾個學生衝上去，一把按住魏嗣鑾的頭，拼命往下壓，強迫他低頭認罪。早已準備好的一個沉重的大木牌，用鐵絲拴著，一個學生抱起來往魏嗣鑾的脖子上一套。木牌相當沉重，鐵絲一下子就嵌入到脖子的肉裡面，魏嗣鑾感到一陣劇痛，頭再也抬不起來了。

　　木牌上寫著：反動學術權威，愛因斯坦的走狗，相對論衛道士魏嗣鑾！

　　魏嗣鑾強忍著劇痛，感到眼冒金星，幾欲暈倒，已經不知身在何處。可是他連暈倒的權利也喪失了，一邊一個學生架著他的胳膊，不讓他昏倒在地。

　　全場對著魏嗣鑾高喊口號，學生們群情激奮，發出像野獸一般的怒吼。此時誰表現得最憤怒、喊得最響、對敵人魏嗣鑾最不心軟，誰就是最革命的。因為毛主席教導我們說對待敵人要像秋風掃落葉一樣殘酷。

　　喊了一陣子口號，學生們就拖著魏嗣鑾出去遊街。此時的魏嗣鑾已經處於半昏迷狀態，身不由己地被拖著踉蹌行走。在遊街的過程中，時不時會有憤怒的革命小將衝上來朝魏嗣鑾吐口水，很快就有革命小將為了顯示自己比別人更憤怒、對待敵人更不手軟，開始對魏嗣鑾猛扇耳光。一旦有人扇了耳光，就會有人上來拳打腳踢。老教授斑白的頭髮上已經血跡點點，鮮紅的血跡，蒼白的頭髮，看起來就像是一幅潑墨山水，只是用的不是墨，而是朱漆。

　　魏嗣鑾被拖到了學校的中央廣場上，被兩個學生架著勉強站立著，他已經感到呼吸困難。但是學生們仍然覺得魏嗣鑾的認罪姿勢不夠好，頭低得不夠，不知道誰從哪裡找來了一個散發著惡臭的糞桶，往魏嗣鑾的脖子上一套，老教授的上半身頓時被壓成了90度的鞠躬姿勢。旁邊的兩個學生捏著鼻子，表情怪異，顯然已經受不了糞桶的惡臭，堅持了一小會兒，兩個人撒了手，跑開了。而魏嗣鑾本來已經昏厥，被臭氣一熏，竟然清醒過來了，他搖搖晃晃地站著，視線模糊地看著眼前的一切，恍如在夢中。學生們也喊累了，再加上糞桶的臭氣熏天，漸漸地也就散去了。

　　魏嗣鑾看到遠遠地有一個熟悉的人影越跑越近，終於認出來是自己的妻子。她衝到魏嗣鑾的身邊，幫魏嗣鑾摘下糞桶和木牌，抱著魏嗣鑾失聲痛哭起來。此時的老教授似乎已經沒有了情感，完全麻木了，他覺得他來到了一個完全陌生的世界，除了那一片綠軍裝映襯的紅色海洋，他什麼也想不起來了。難道，這就是革命嗎？

　　此時，在批鬥會現場那道神祕的門中，王主任正對著一個坐著喝茶的背影說：「李組長，薑還是老的辣，對付這種死硬的知識分子，還得需要您這樣的高手出馬。」

　　那個背影慢慢轉過身來，慢悠悠地說道：「魏嗣鑾是上頭欽點的批倒對象，我此次專程來蓉，自然是有備而來。今天只是一個開頭，不是結束。」

　　此人正是當年魏嗣鑾在同濟醫工學堂的同學李柯，他也是理科出身，對相對論略有研究，這次的批鬥大會正是李柯一手策劃的。

　　為什麼要批倒魏嗣鑾？因為隨著張春橋、姚文元狼狽為奸逐漸在上海得勢後，他們急於在毛澤東面前建功立業，以取得更大的勢力，批倒相對論就是批倒了資產階級自然科學的基礎理論，這是奇功一件。張姚二人指使李柯在上海成立了「上海理科批判組」，主要目的就是為了批判相對論。與張姚二魔一樣，在北京也有一人急於「建功立業」，那就是中央「文革」小組組長陳伯達，當時北京最有權勢的高官之一，黨內排名第四。但是由於陳伯達急於想打倒中央政治局常委陶鑄，弄巧不成，反被毛澤東怒斥，因此有些失勢，大有被上海的後起之秀張姚二人反超之勢。陳伯達為了在跟張姚的權力競爭中取得優勢，很快就意識到雙方競爭的關鍵點在於對相對論的批判，誰先把相對論批倒，誰就取得了主動。因此陳伯達迅速控制了中科院的「相對論批判學習班」，直接領導並授意學習班對相對論展開大批判。

　　當時的學界，相對論的權威有一南一北：北有周培源，時任北京大學校長；南有魏嗣鑾，大學教材《相對論》的主編。魏嗣鑾被張姚二人的親信批倒的消息很快傳到了陳伯達的耳中，陳伯達知道，這第一回合交手，自己已經輸了一招。

　　陳伯達的狐狸眼睛已經盯上了周培源，這就是他的獵物。

　　陳伯達當時兼任中科院第一副院長，有權力直接控制中科院下屬的「批判相對論學習班」。這一天，陳伯達找到「批判相對論學習班」的

「專家」周友華，與其密談。

　　陳伯達：「小周啊，我是了解你的，你的才華和能力我是知道的。人類文化是從東方開始的，後來轉到了西方；經過一次往返，現在又在更高的水準上回到了東方。過去科學從西到東，從歐美到中國，但是，將來必定是中國領導科學，因此，我們就要徹底批倒相對論。這就要靠你們這樣的青年才俊了。」

　　周友華：「陳院長，我明白，我一定努力寫出好文章。」

　　陳伯達：「無論如何，你在一個月內要給我寫出一篇重量級的文章，題目我都幫你擬好了，就叫〈相對論批判〉。寫成後，我會指示《紅旗》和《中國科學》雜誌發表，到時候你就出名了。」

　　周友華：「是，我明白了。」

　　陳伯達心中撥弄著他的如意算盤，這篇文章一發表，一來為批倒周培源製造了理論武器，二來可以引蛇出洞，周培源一旦對這篇文章有任何反對聲音，剛好可以被自己利用。陳伯達對周培源這樣的科學家的脾氣自認是摸得很透的。

　　周友華不負陳伯達所望，很快寫出了一篇幾萬字的長文〈相對論批判〉。但是文章要發表，還需要過中科院的負責人劉西堯這關，儘管陳伯達多次施加壓力，但劉院長看過文章後，堅持要邀請一些知名的科學家來審查這篇文章。於是決定 1969 年 10 月 23 日召開一次特別會議，討論〈相對論批判〉一文。

　　特別會議由中科院的軍代表主持，參加人員除了「批判相對論學習班」的全體成員和陳伯達以外，還邀請了當時中國最著名的一批資深科學家，包括周培源、竺可楨、吳有訓、錢學森、何祚庥等。

　　軍代表發言說：「我是個粗人，只知道帶兵打仗，不懂什麼相對

論，我只知道凡事不能絕對化。這篇文章到底是好是壞，你們說，你們說。周校長，你是懂相對論的，你先說吧。」

周培源清了一下嗓子，說道：「很抱歉，前天剛剛收到通知，文章還沒來得及好好看。裡面的很多見解還是有一定啟發性的，我還需要消化消化。老錢，要不你先談談。」

周培源跟錢學森私交很好，渴望錢學森能為他解圍。

錢學森立即會意了，說道：「我認真讀了〈相對論批判〉的討論稿和修改稿，我主要談四點意見。第一，這篇文章是好多青年同志在『無產階級文化大革命』取得全面勝利後，活學活用毛主席思想，遵循偉大領袖毛主席的教導，取得的初步成果，這個意義是重大的。第二，愛因斯坦畢竟是全世界最有影響力的科學家，對愛因斯坦的評價要盡量全面客觀，這個事務必慎重。文章裡面談到愛因斯坦建議搞原子彈，使得美國現在對我們進行核訛詐，這個要從當時的歷史背景去具體分析，德國的海森堡也在搞原子彈，當時來說，情況緊急，搶在納粹的前頭也是相當重要的。第三，應當注意只談相對論的理論本身，避免和很多似是而非的哲學概念混淆，比如相對論並不是相對主義，有些烏煙瘴氣的東西圍繞在周圍，應當區別開來。第四，辯證唯物論是人類的最高智慧，全面經驗匯總到了毛澤東思想，我們都應當認真學習，但是哲學和自然科學理論還是稍有不同，應當具體問題具體分析。」

吳有訓接著錢學森的話頭說：「我是學實驗物理的，相對論用到過，但是對於它的理論基礎還真考慮得不多，我談點我的粗淺看法。1922年我留學期間曾經親耳聽過勞侖茲的演講，勞侖茲對愛因斯坦很推崇。因為勞侖茲在物理界有很強的號召力，所以搞物理的有點推崇愛因斯坦也在所難免，很大程度上是受到了勞侖茲的蠱惑。愛因斯坦是唯

心主義者，恐怕他自己都承認，他經常提到上帝，這一點是要批判的。但是文章中有些地方的表述和概念我看還值得商榷，比如文章中提到光速測量的問題，從專業的角度來看，還有很多欠缺；另外，從文章來看，作者肯定以太，認為存在絕對空間，這一點本身也是違反馬克思唯物辯證法的。」

陳伯達在邊上有點坐不住了，他發現科學家們的發言對文章越來越不利，吳有訓甚至開始用陳伯達最擅長的馬克思主義來反駁文章本身，這讓陳伯達有點惱火，他趕忙發言說：「同志們，對相對論的批評是很重要的，這關係到自然科學領域中向資產階級奪權、對資產階級實行專政的問題，大方向是對的。我們一定要讓毛澤東思想占領自然科學的一切陣地，一定要把這一工作堅持到底。周校長，還是你來談談相對論的問題吧？」

陳伯達老奸巨猾，不讓周培源脫身，把矛頭直指周培源，逼得周培源必須表態。周培源知道自己不可能一直避開正面問題，總是要說點實質性的東西。經過前面一輪發言，周培源已經在肚子裡打好了腹稿。他說道：「愛因斯坦的宇宙有限模型是有問題的，其實愛因斯坦自己也不很肯定，主要是愛丁頓那些人在吹捧這個理論，我早就放棄這個想法了。另外，愛因斯坦的統一場理論是完全錯誤的，在廣義相對論中有爭議的問題也很多，比如座標系應該如何定義的問題，向來就有爭議，我是一直和愛因斯坦有不同意見的，我建議中科院應當成立一個實驗室，做一些像穆斯堡爾效應一類的實驗，用實驗來檢驗相對論的很多錯誤觀點。」

陳伯達見周培源不肯上當，心中相當惱火，而且他還看穿周培源其實是想藉著檢驗相對論的錯誤觀點而恢復中科院的基礎科研工作。陳伯

達是何等奸猾之人，豈肯輕易放過周培源，陳伯達說：「周校長在30年代曾經在普林斯頓與愛因斯坦有過相當多的個人交往，能不能談談你對愛因斯坦個人的印象。」陳伯達暗想：正面抓不住你把柄，就迂迴進攻，你跟資產階級最大的反動學術權威有私交總是不可否認的事實，你只要一句話說錯，我就給你安個海外派遣來的長期潛伏特務之罪，諒你跳進黃河也洗不清。

　　周培源其實也想到了此節，他沉著地回答道：「我在普林斯頓期間主要是從事自然科學的學習，雖然參加了愛因斯坦的廣義相對論討論班，但那只是正常的課業，我跟愛因斯坦並沒有什麼私交。我的印象中，愛因斯坦生活比較樸素，他是猶太人，猶太人在歐洲和黑人在美國一樣是受到歧視的，因此愛因斯坦有強烈的民族主義情緒，支持猶太復國主義，對此我是敬而遠之的。他很喜歡拉小提琴，還自以為比自己的物理更高明，小提琴是資產階級的樂器，我自然是不欣賞的。」

　　這番話周培源講得滴水不漏，陳伯達抓不到任何把柄，表面上不動聲色，其實心中已經怒火中燒。

　　軍代表看時間差不多了，於是總結發言說：「我是個外行，是個耍槍桿子的，本來沒什麼可說的。但是有點樸素的感情，我感覺愛因斯坦這個人要批判一下。聽說他是一個權威，束縛很多人的頭腦，我就想造他的反，因此要批判。我同意大家的意見，批判要走群眾路線，關心的人很多，應該發動群眾。批判的角度大家不同，湊起來就全面了，大家都來搞，就可以把愛因斯坦的問題搞清楚了。爭取再過兩三個月，能拿出大家都同意的兩三篇文章出來。」

　　軍代表的最後這句話一出口，在座的所有科學家都鬆了口氣，而陳伯達和周友華則心裡一涼，知道看來這篇文章是很難通過審查得以發表

了，更是不禁惱羞成怒，對周培源他們恨得咬牙切齒。

　　陳伯達回去後大發雷霆，把周友華臭罵一頓。但陳伯達豈肯死心，一計不成又生一計。很快，他就以傳達中央「文革」精神為由，直接到北京大學召集會議。他對在座的革命師生說：「毛主席再三指示我們要砸爛一切舊思想，建立新思維。我們有必要展開全面的大批判，重新審查過去的一切科學理論，尤其是相對論，必須要有超越牛頓和愛因斯坦的勇氣。無產階級是勇不可擋的。你們要向中小學的革命小將學習，堅持讓中小學生也參與批判相對論，他們年齡雖小，可是思想活躍、眼光敏銳、興趣廣泛、很有生氣。我決定近期召開萬人大會，公開批判愛因斯坦和相對論，你們一定要做好充分的準備工作，隨時向我匯報。」陳伯達這次是狠下心一定要搞倒周培源了，張姚二人可以用這個方法打倒魏嗣鑾，他陳伯達為什麼就不能？只要略施小計，革命小將們就可以要了周培源的命。

　　萬人大會正在緊張的籌備中，一張陰謀的大網已經朝著周培源慢慢地圍攏過去，然而就在這危急時刻，情勢突然發生了戲劇性的變化。

　　陳伯達將自己的政治賭注全都壓在了副統帥林彪身上，沒想到林彪駕駛的卻是一艘賊船，遲早得翻。1970年第三次廬山會議後，陳伯達突然失勢。

　　他的倒台也讓在北京大學醞釀的陰謀流產，周培源躲過了一劫，「批判相對論學習班」也宣告解散。這個消息讓身處上海的張姚集團大喜，他們一方面收編陳伯達的殘餘勢力，一方面指示「上海理科批判組」抓緊對相對論的批判，要乘勝追擊，鞏固自己的政治地位。政治時局風雲變幻，1971年9月林彪乘飛機出逃，機毀人亡，毛澤東的身體健康狀況急轉直下，黨的日常工作交給了周恩來主持。周恩來主持工作

後，隨即展開了一場批判極左思潮的鬥爭，矛頭指向四人幫。1971 年
11 月，周恩來在與一些從義大利來訪的外賓會面時說：「猶太民族出了
一些傑出的人物，馬克思是猶太人，愛因斯坦也是猶太人。」有了周恩
來親口說出的這個基調，周培源大著膽子在一次全國教育會議上公開表
示反對批判愛因斯坦和相對論。

　　周恩來的行為激怒了以江青為首的「四人幫」集團，「四人幫」很
快就意識到周恩來對愛因斯坦和相對論的態度是他們打倒周恩來的絕佳
機會，只要想辦法批倒了相對論，周恩來就會受到衝擊。

　　李柯也在尋找他的政治機遇，此時，更適時地出來跟張姚獻計：
「我已經查到魏嗣鑾的四川大學數學系主任是周恩來親自安排的，我們
只要進一步批倒魏嗣鑾，利用他曾經在海外留學的經歷，把他搞成海外
間諜，再讓他供出他的『上級』周恩來，我們的目的就能達到。」

　　張春橋說：「魏嗣鑾是個硬骨頭，恐怕不肯輕易就範。」

　　李柯說：「不怕，陳伯達給了我們一個好主意，要發動思維更活
躍、眼光更敏銳、革命意志更堅定的中小學生，先給他多吃點苦頭，然
後我再出面軟硬兼施，不由得他不就範。」

　　此時的魏嗣鑾的生活已經逐漸趨於平靜，此前的幾年中一直不斷地
挨批鬥，批鬥越多魏嗣鑾反而越堅毅，每次批鬥會上雖然一言不發，但
是神情分明是在傳達：讓我背負的十字架更沉重一些吧。紅衛兵們也確
實沒有讓他失望，胸前掛著的牌子一次比一次沉重，最後居然把實驗室
拆下來的烤箱的鐵門掛到了他的脖子上，長時間的掛牌，已經讓魏嗣鑾
的脖子上起了厚厚的老繭，腰早已壓駝了，根本直不起來。周恩來主持
工作後，批鬥會的次數少了下去，以至於最近半年一直享受著平靜。然
而平靜的生活很快被再次打破。

　　這次把魏嗣鑾揪上台的是一群年齡更小的初中生革命小將，他們稚氣未脫的臉上湧動著的是崇高的「理想」、堅定的「信念」。

　　「低下頭，魏嗣鑾，你精通力學，應該能看清自己正在抗拒的這股偉大的合力是多麼強大，頑固下去只有死路一條！」

　　「魏嗣鑾，你仍然堅持光速不變嗎？」

　　魏嗣鑾緩緩地點了點頭。

　　頭還沒點完，猛地一皮帶就抽到頭上，魏嗣鑾立即感到眼前金星直冒。革命小將年齡越小，出手越狠，他們在為自己的「理想」和「信念」而戰，對他們來講，這不是普通的批鬥，這是對「敵人」你死我活的戰爭。

　　「魏嗣鑾，你仍然堅持宇宙大爆炸、宇宙有限論嗎？」

　　「本世紀的兩大宇宙學發現，哈伯紅移（redshift）現象和宇宙微波背景輻射，使得大爆炸理論是目前最可信的宇宙起源論。」魏嗣鑾緩緩地說。

　　「你還真嘴硬，你是在為上帝尋找生存的位置吧！」一個革命小將說著，又是一皮帶狠狠地抽向魏嗣鑾，這根皮帶上的黃銅釦很尖銳，一道鮮血頓時從魏嗣鑾的頭上流了下來。

　　「打倒反動學術權威魏嗣鑾！」

　　「打倒相對論衛道士魏嗣鑾！」

　　會場上響起了震天的口號，這個口號聲就像是興奮劑，極大地激發了革命小將們的戰鬥激情。一群十三四歲的小孩衝上去，紛紛解下自己的腰帶，有布的，有皮的，有金屬的，投入到這場偉大的「戰役」中，他們在為著自己的「理想」而戰，他們為歷史賦予自己的「光輝使命」所陶醉，為自己的「英勇」而自豪……

　　魏嗣鑾終於倒了下去，頭上已是血肉模糊。當他醒來的時候，感到自己正坐在一張有靠背的椅子上。他有點詫異，自己從來沒有享受過這樣的待遇。頭上臉上的血跡已經被擦乾淨，面前還放著一杯茶。但是房間裡面燈光很暗，魏嗣鑾又是高度近視，他根本看不清房間中的事物。

　　「老魏，你受苦了，我來晚了！」一個聲音在對他說。

　　魏嗣鑾問：「你是誰？」

　　那聲音說：「你不認識我了嗎？老魏，我是你的大學同學李柯啊。」

　　李柯把自己的臉湊到魏嗣鑾的眼前，讓他看仔細。魏嗣鑾認出來了，這確實是自己的大學同學李柯。沒想到在這裡見到了他，魏嗣鑾精神振作了一點。

　　李柯：「老魏啊，你這又是何苦呢？俗話說的好，大丈夫能屈能伸，識時務者為俊傑，適當的屈服一下有何不可呢？我在上海聽說了你遭受的不公平待遇，特地趕來幫助你。你只要聽我的，我保證能讓你平安脫身，再不會有人來批鬥你。」

　　魏嗣鑾：「科學來不得半分虛假，讓我批判相對論，我做不到。」

　　李柯湊近魏嗣鑾的耳朵，低聲說道：「老魏，我知道你這麼死不低頭是因為周恩來在背後給你撐腰對不對？我告訴你吧，我從上海過來，有可靠的消息來源，周恩來已經在毛主席那裡失勢了。你只要跟他們承認你是受到了周恩來的指使和蠱惑才抗拒『文化大革命』的，把一切責任都推給周恩來，到時候我自然會想辦法保你出來。」

　　魏嗣鑾愣了愣，隨即冷笑一聲說道：「老李，我人雖然老了，可是我還不糊塗，你們打的這點如意算盤我還能不清楚嗎？要利用我攻擊周總理，你們先從我屍體上跨過去吧。革命小將背後的高人恐怕就是你吧？憑那些學生，根本想不出那些所謂的道理來。我們之間沒什麼好談

的了。」

李柯的臉沉了下來：「魏嗣鑾，你不要敬酒不吃吃罰酒，我是念在大學同窗之誼的份上，給你放一條生路，你不要不識好歹。革命小將的厲害你也看到了，如果不是我再三安撫，你還活得了嗎？」

魏嗣鑾：「我一生為追求真理而奮鬥，能死在追求真理的路上，總好過在懺悔中死去。」

李柯見魏嗣鑾軟硬不吃，一怒之下，轉身離去。此後一段日子，魏嗣鑾一直被關在牛棚中，受盡凌辱和折磨，家人也完全得不到他的半點音訊。李柯嚴密封鎖著魏嗣鑾的消息，他心中的惡計是首先騙魏嗣鑾在偽造的認罪書上簽字，然後造成魏嗣鑾畏罪自殺的假象。

正當李柯緊鑼密鼓地實施他的惡毒計畫時，一個驚天動地的消息傳來：周恩來去世，北京爆發「四五運動」。李柯懊惱萬分，魏嗣鑾已經沒有利用價值，他立即趕回上海投奔「組織」。

八個月後，一則更驚人的消息傳來：毛澤東去世。

1976 年 10 月 18 日，在葉劍英、華國鋒、鄧小平一批黨內元老的合作下，中共中央發出《關於王洪文、張春橋、江青、姚文元反黨集團事件的通知》，標誌著「四人幫」集團的徹底粉碎，十年動亂結束。

1979 年 2 月 20 日，北京，人民大會堂。

包括魏嗣鑾在內的一千多名科學家雲集北京，在這裡隆重紀念愛因斯坦誕辰一百週年。周培源邁著穩健的步伐走上講台，他朗聲說道：「1949 年，我讀到愛因斯坦寫的文章〈為什麼要社會主義？〉，在這篇文章中愛因斯坦認為計劃經濟還不是社會主義。計劃經濟可能伴隨著對個人的完全奴役。社會主義的建成，需要解決這樣一些極端困難的社會和政治問題，鑑於政治權力和經濟權力的高度集中，怎樣才有可能防止

行政人員變成權力無限和傲慢自負呢？怎樣能使個人的權利得到保障，同時對於行政權力能夠確保有一種民主的平衡力量呢？對於我們這些親身經歷過十年動亂所帶來的痛苦和災難的人來說，愛因斯坦在三十年前的預見，準確得令人吃驚。我們痛切地感覺到這個問題的嚴重性和迫切性，這是一切要進行社會主義建設的國家所必然面臨的一個根本性問題。」

魏嗣鑾坐在台下，禁不住眼眶有些濕潤。

周培源在演講的最後，深情地說道：

我們今天隆重紀念愛因斯坦，就是要繼承和發展他終生為之奮鬥的事業；學習他不怕艱難險阻，不畏強權暴力，甘為真理而獻身，為正義而自我犧牲的崇高品德；學習他不迷信權威，不盲從舊傳統，服從真理，實事求是，敢於獨立思考，敢於創新的科學精神；學習他在科學道路上永不固步自封，永不自滿自足，始終一往無前的探索精神……學習他言行一致、表裡一致的坦蕩胸懷；學習他為追求真理和為人類謀福利的目標始終如一的人生態度。

（作者按：以上發言摘自周培源〈舉世景仰的科學巨匠──在紀念偉大的科學家愛因斯坦誕辰100週年大會上的報告〉）

魏嗣鑾於1992年逝世，享年97歲。

周培源於1993年逝世，享年91歲。

7
時空那點事

　　上一章的故事讓我們的心情難免有些沉重。我知道自己算不上小說家，因此這個故事在你的眼裡可能不夠精彩，文字也不夠精煉，但我只希望能用真實來打動你。真實的力量是強大的，記錄是為了不忘記，不忘記是為了悲劇不再發生，這樣的歷史悲劇不應當在我們這一代或者我們的後代身上重演。

　　自從相對論誕生以後，我們看到，時間和空間再也不是兩個毫無關係的概念了，時間和空間就像是焦不離孟、孟不離焦的一對結義兄弟，又像是難分難解地糾纏在一起的DNA雙螺旋結構，我們再也不能只談空間而不談時間，只談時間而不談空間。愛因斯坦指出，時間和空間不僅不能獨立於宇宙，而且不能互相獨立，重力不可能只使得空間彎曲而時間卻安然無恙。

　　從此我們多了一個新的名詞──時空（spacetime）。請注意，千萬不要把「時空」等價於「時間和空間」，時空就是時空，它是一個整體，就好像你不能把「牛奶」看成是「牛」和「奶」的簡單相加一樣。被我這麼一解釋，我知道你開始對「時空」這個詞感到疑惑了，你能想像出時間，也能想像出空間，但是你卻無法想像出時空的模樣。

　　請跟隨我，讓我來幫你在頭腦中建立時空這個誕生於20世紀的偉大名詞，它是人類對宇宙認識的一次大飛躍，我將再次帶你踏上一次驚奇之旅。

時空中的運動

　　我們的故事要從一次跑步開始講起，這個故事無所謂年份，無所謂地點，無所謂具體人物。

　　為了敘述的方便，就讓我們一起去學校的操場跑步吧。現在，讓我來計時，你來跑步。我們的規則是跑兩次，白天一次，晚上一次。你先克制一下你的疑惑，讓我們跑完再說。白天這次你跑了 16.8 秒，離達標還差一點。為了晚上取得更好的成績，你努力鍛練了一下，試圖恢復一些當年的勇猛。晚上又跑了一次，這次你自我感覺很不錯，應該會比白天那次跑得更好一點，可是我把成績一告訴你，你卻吃了一驚，怎麼反而只有 17.2 秒了？

　　下面這幅示意圖可以解釋為什麼你晚上狀態更好，成績卻更差了。原因很簡單，晚上視線太差，黑漆漆的你跑了一條斜線都不知道。

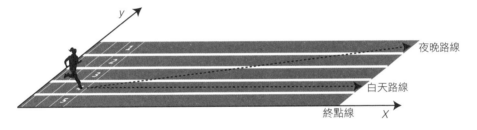

圖 7-1　跑步的方向不一樣導致成績不同

　　看了這張圖，你恍然大悟了，原來你小子讓我在晚上跑步是別有用心的，故意就是要讓我把方向跑偏。你不用生氣，為了科學，犧牲這麼一點自尊不要緊。現在我來問你：「假設你兩次跑步的速度是一樣的，為什麼晚上的用時比白天更長了呢？」

　　你白了我一眼說：「你這不是明知故問嗎，晚上我方向跑偏，跑的路程更長了，所以用時就更多了。」

　　我說：「正確答案，用距離來解釋這個現象是我們最直觀、最樸素的想法。但是你知道嗎，還有另外一種更抽象的解釋，在這個解釋中，

我們不需要距離這個概念。」

　　你說：「哦？什麼解釋，你說說看。」

　　我說：「你剛才自己也提到，運動是有方向的，你的運動速度我們可以分解為 x 軸方向的速度和 y 軸方向的速度的合成速度。假設你跑步的速度是 v，白天跑步的時候，你在 y 軸方向的速度是 $v_y = 0$，而在 x 軸方向的速度 $v_x = v$。但是到了晚上，你在 y 軸方向的速度大於零，在合成速度不變的情況下，於是你在 x 軸方向上的速度就必然小於 v 了。這就好像在 y 軸方向的速度分走了一部分你的跑步速度，你在 x 軸方向上運動的速度變慢了，所以你晚上的成績不如白天。」

　　你若有所思地點點頭說：「明白了，速度的方向看來很關鍵。」

　　千萬別小看這個看起來更抽象一點的解釋，這是我們對運動本質認識上的一次大飛躍。我們認識到，任何一個物體在空間中的運動速度，都可以分解為在互相垂直的三個方向上運動的合成，像如下的示意圖所示：

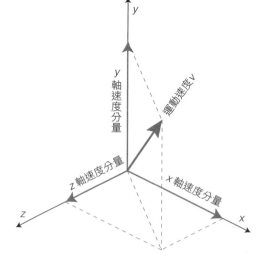

圖 7-2　物體的運動速度是三個方向的合成速度

一個物體的運動速度 v 是由它在 x、y、z 三個軸方向上的速度的合成，如果總速度固定的話，其中一個方向上的速度增大，另外兩個方向上的合成速度就必然減小，就好像速度是被切成三塊的蛋糕，你可以隨便怎麼切這三塊，但是蛋糕的總大小不會改變。這 x、y、z 三個方向，物理學家用了一個聽起來很厲害的詞來描述，那就是「維度」。我前面所說的概念如果讓物理學家來說的話，他們就會說：「物體在三維空間中的運動可以分解為在三個維度上的運動合成」。這種物理學描述方式聽起來很厲害，但其實意思跟我們前面用方向來表述是一樣的。

下面又該愛因斯坦登場了。愛因斯坦向我們大聲宣布了一個驚人的發現，他說：「這個宇宙中任何物體的運動速度都是光速 c。對，沒錯，你我的速度是 c，太陽、月亮、星星，還有光本身，我們的運動速度都是光速 c。只不過這個速度不是在三維空間中的速度，而是在『時空』中的速度。除了空間的三個維度以外，我們必須再增加一個維度，這個維度就是時間，多了個時間維度後，空間就不再是空間，時間也不再是時間，而是糾纏在一起成為了時空。時間空間是一個整體，我們每個人都是生活在這樣一個四維時空中，我們每個人在時空中的運動速度都恆定為 c，永遠不會快一點兒，也不會慢一點兒。」

這個發現實在是太讓人震驚了，我們把愛因斯坦的這個發現畫成一個簡單的示意圖的話，就會是下面這個樣子：

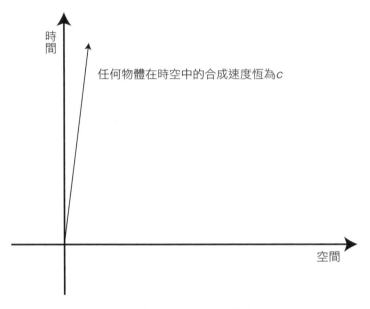

圖7-3　物體在時空中的運動速度恆定

　　你是不是已經在頭腦中模模糊糊地建立了時空的概念了呢？一旦我們明白了時空的含義，就會發現，任何物體的運動速度不再是把蛋糕切成三塊了，而必須切成四塊，蛋糕的總大小永遠恆定為c。

　　這是一個如此簡潔、優美而深刻的發現，這是人類對宇宙認識的一次飛躍。每當我想起這個，總是被一次又一次地深深震撼。用這個簡潔而深刻的思想來解釋狹義相對論中關於時間和速度的關係，那就變成了天經地義的事情：物體在空間中的運動速度會分走在時間中的運動速度，空間中運動得越快，在時間中就越慢。時間空間是一個密不可分的整體，任何物體都是在時空中做著相對運動，時間和空間是互相垂直的兩個維度。運用這個思想，就可以用普通的速度合成公式極其簡單地推導出相對論因子。這個思想還蘊含著一個顯而易見的事實：物體在空間

中的運動速度有一個極限，那就是光速 c。我們不再需要用眼花繚亂的質能公式和牛頓第二運動定律去聯合解釋為什麼光速是極限，這個時空運動的思想簡潔有力地告訴我們：假設物體的運動速度完全從時間這個維度中轉移到空間中，那麼物體在空間中的運動速度就達到了最大速度 c。以光速在空間中運動的事物，在時間中就停止運動了，所以，光是不會變老的，從大霹靂中誕生出來的光子仍然是過去的樣子，在光速運動中，沒有任何一點點時間的流逝，時間真的停止了。現代的相對論學家認為，光速 c 很可能是我們這個宇宙時空的一個幾何性質，就像圓周率是 π，它是一種數學性質，跟物理性質無關。

從此，我們不再分開談論時間的流逝和空間中運動的速度，只要是運動，就是在時空中的運動。當你進行百米衝刺的時候，你我在時空中進行著相對運動，空間發生變化的同時，時間也一定會發生變化。看來，我們經常在科幻小說中看到的「時空穿梭」其實一點兒都不稀奇，你大可以理直氣壯地宣布：我以百米衝刺的速度在時空中穿梭，我們每個人每時每刻都在時空中穿梭。你也可以理直氣壯地宣布：我離一秒鐘前的自己距離 30 萬公里。這真是一個遙遠的距離啊，如果你和你的愛人錯開了一秒鐘，那麼你要不停地步行八年半才能追上你的愛人。我們都是生活在低速世界中的生物，我們在空間的三個維度中能達到的速度和光速相比實在是小得可憐，這才會讓我們產生時間和空間這兩個完全不同的概念。如果我們想像宇宙中有一種日常生活的速度都是接近光速運動的智慧生命，那麼在那些智慧生命的概念中，將不再區分時間和空間，在他們的感覺裡面，時間和空間只不過是不同的方向而已，他們看狹義相對論的各種效應都會像我們看太陽的東升西落和大自然的花開花落一樣平常。在相對論學家的眼裡，時空才是我們這個宇宙的本質。請

你務必在頭腦中牢牢地建立時空這個概念，牢牢地記住沒有單純的空間運動，這對於我們後面要講的東西至關重要。

四維時空

其實，我們在日常生活中早就已經有四維時空的概念了。不是嗎？回憶一下你和朋友約會是怎麼約的。「我們在老地方（台大正門口）見」，只是這麼一個空間座標夠嗎？如果就這麼一句話的話，你們倆多半還是見不了面，你還得再加一句「老時間（晚上七點）」，這樣你們才能確保雙方達成了一個準確的協議，也就是說一個約會的事件在時空中的座標必須包含四個維度的資訊，空間的三個維度加上時間的一個維度。在我們低速的地球世界中，似乎「老時間老地點」這句話已經能確保你和朋友見面了，但是，如果我們到了銀河聯邦的萊因哈特時代（什麼，你不知道銀河聯邦和萊因哈特是誰？那楊威利也不知道嗎？拜託，《銀河英雄傳說》〔田中芳樹著〕怎麼能沒看過？我不管了，凡是不看銀英傳的人，我不照顧了，就當大家都看過了，本人是「銀英」迷），在銀河帝國時代，如果只是這麼一句約會的口頭禪很可能就要犯大錯了，你和朋友多半永遠也見不著面了。因為沒有設定統一的時空座標參考系，那可真是差一秒就差十萬八千里還多了。關於這個話題我們在本章的後面講到星際旅行的時候還會詳細說，這裡先跳過，你可以趁此機會去讀一下《銀河英雄傳說》這部傳世之作，會讓你更容易理解本章中後面要舉的一些例子。

不過，在時空的四個維度中，時間這個維度有一點特殊性，那就是你只能在時間這個維度中朝一個方向運動，而空間的三個維度可以朝正

反兩個方向運動。

　　本章主要講的是時間旅行、星際殖民和星際貿易這三件有趣的事情。但是請各位讀者千萬注意，我絕不是在創作科幻小說，我要從科學的角度去幫你分析和看待以上三個科幻小說中最常出現的元素，幫你提高以後欣賞科幻小說的能力，幫你找出科幻小說和幻想小說的區別。

時間旅行

　　讓我們先從最讓你感到激動的時間旅行開始說起吧。

　　現在這年頭，穿越類的小說真多，儼然都成了各大文學網站和影視劇的一個大類，各種各樣的穿越手法真是五花八門，令人眼花繚亂，不過那種月光寶盒式的無厘頭穿越不在我們的討論範圍之列。偶爾你也會看到一些對穿越行為的「科學原理」的描述，其中最多的是說「根據相對論，只要速度能超過光速，我們就可以回到過去」。各位，以後凡是看到這種利用超光速穿越的小說，可以立即定義為「科盲幻想小說」，簡稱「盲想小說」。這種「根據相對論，超光速就能穿越」的科學原理簡直自相矛盾得一塌糊塗。相對論的一個最基本的原理就是光速是任何運動的速度極限，是不可能被超過的，而一旦允許超光速運動，那麼相對論本身就被推翻了，又何談「根據相對論」呢？這是一個顯而易見的自相矛盾，那麼多的「盲想小說家」把這個奉為至寶──但凡穿越，必超光速，實在是讓我異常驚訝。我一個樸素的願望是芸芸穿越小說家們能隨手翻翻我這本書，就是編也要編得像樣一點。

　　那我們來了解一下真正的物理學家研究的時間旅行到底有些什麼樣的科學原理和依據吧。

　　時間旅行是廣義相對論研究的課題，目前全世界確實有很多嚴謹的科學家在探討這方面的可能性。根據廣義相對論，重力會使時空彎曲，重力越強，則時空的彎曲程度越大。也就是說，根據廣義相對論的這個原理，我們會發現時空不是平坦的，時空是有形狀的。我知道我這麼說還是讓你感到不太明白，那麼我就舉一些簡單的比喻來幫助你理解。我們首先把時空想像成一張紙，我們在時空裡面運動，就好似沿著紙面運動，但是請注意，如果這張「時空紙」延伸的方向表示時間這個維度的話，那麼我們只能朝著一個方向運動，因為時間維是只能朝一個方向運動的，這是時間維的物理性狀。

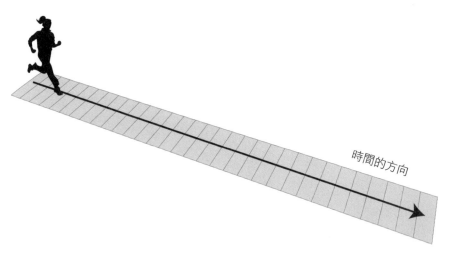

時間的方向

圖7-4　在平坦的時空中朝著時間的方向運動

　　但是請千萬注意一點，在愛因斯坦的時空觀裡，這張紙是不平坦的，有起伏，有褶皺，我們在「時空紙」上的運動就像在崎嶇不平的山路上走路一樣，是高高低低的。

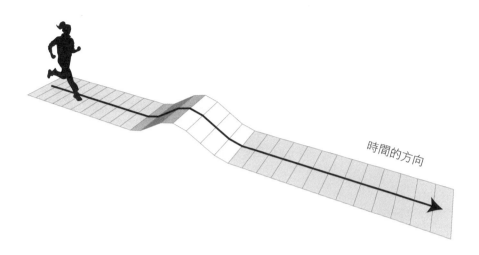

時間的方向

圖 7-5　真實的時空不是平坦的

　　現在假設我們在一個平坦的時空中，上午 8:00 出發，從時空的一頭運動到另外一頭，到達終點的時候，剛好是上午 9:00。（注意，前面我們已經說過，任何物體在時空中運動的速度都是光速，所以，在這個比喻裡面，你就不要再問我們的運動速度是多少這樣的傻問題了）。現在再假設我們經過的這段時空被某種力量彎曲了，那麼我們到達終點的時候，會變成上午 8:30；如果彎曲得更厲害一些，我們就會在 8:10 到達終點。

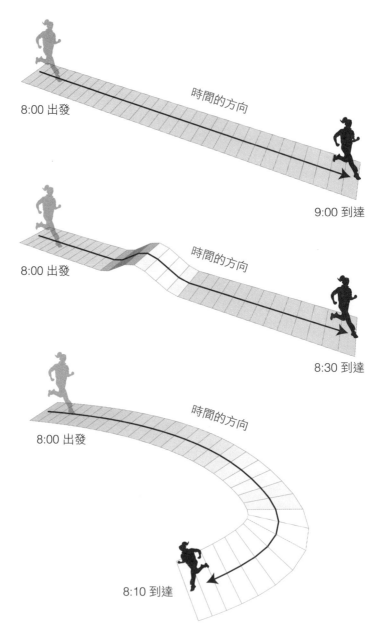

8:00 出發

時間的方向

9:00 到達

8:00 出發

時間的方向

8:30 到達

8:00 出發

時間的方向

8:10 到達

圖7-6　隨著時空彎曲程度加大，到達時間越來越早

現在重點來了，如果時空這張紙被彎曲成了一個莫比烏斯環的形狀，頭尾相連了起來，你就有可能在7:50到達終點。也就是說你沿著彎曲的時空走了一圈回來以後，發現到達的時間比你出發的時間竟然還早。這意味著你回到了過去。

圖7-7　在一個時間圈環中，到達時間早於出發時間

因此，在廣義相對論中，時間旅行的科學原理是通過一個時空的圈環來回到過去，這個時空圈環在《時間簡史》這本書中被霍金稱為「類時閉合曲線」（closed timelike curve，有點拗口，你可以通俗地理解為「時空圈環」，當然，在物理學中，「類時」是一個術語，這裡就不多說）。愛因斯坦的狹義相對論是不允許時間旅行的，直到廣義相對論剛剛誕生的時候，愛因斯坦也不認為時空能彎曲成一個圈環。直到1949年，他的好朋友──大數學家哥德爾（Kurt Godel, 1906-1978）在廣義相對論方程式中發現了一個解，這個解居然允許宇宙中這種時空圈環存

在。愛因斯坦當時就震驚了，但隨後他就意識到這個時空圈環正是自己和助手羅森一起發現的「蟲洞」的某種特性（還記得我們在第五章最後講到的愛因斯坦—羅森橋嗎）。但請注意，愛因斯坦和羅森並不認為回到過去是可能的，他們只是發現了一些數學性質，但數學性質不代表一定會和真實世界對應。

正因為蟲洞的發現，才使得後來的科學家開始真正重視時間旅行的可能性。因此，可靠一點的時空穿梭一般都要借助蟲洞來完成，以後看穿越小說記得先翻翻有沒有提到愛因斯坦羅森橋或者蟲洞什麼的。

「時間旅行」的完整物理學理論闡述是由基普·索恩（Kip Stephen Thorne）在 1988 年秋天完成的，發表在著名的理論物理期刊《物理學評論通訊》上，論文的題目是〈蟲洞、時間機器和弱能量條件〉（Wormholes, Time Machines, and the Weak Energy Condition），可以說，這是理論物理學界第一次完整地描述了一種時間旅行（特指回到過去）的科學理論。論文發表後，用索恩自己的話說，大眾沒有注意到它，但在學術圈引起了極大的迴響。還好，凡是認真讀過論文的物理學家朋友都沒有認為索恩瘋了。

那麼索恩的理論到底是怎樣的呢？原始論文當然寫得非常難懂，好在索恩自己寫了本科普書《黑洞與時間彎曲》（Black Holes and Time Warps），把他的理論給我這樣的科學愛好者算是解釋清楚了。下面，請允許我用一種更淺顯生動的方式把索恩的理論再講一遍。

讓我們從一個思想實驗開始。

現在，我們假定人類擁有了足夠的技術能力，製造出了一個穩定的蟲洞。這個蟲洞的特性非常神奇，它有兩個開口，不管這兩個開口相距有多遠，蟲洞內部的距離都是固定的，從一端進去就可以很快從另外一

端出來。

　　現在假設有一對雙胞胎兄弟，弟弟留在地球上，哥哥坐進了太空船。然後，關鍵的一步來了，我們把蟲洞的兩個洞口一個放在弟弟家裡，一個放在哥哥的太空船上。這時候，弟弟和哥哥都可以把手伸進蟲洞口，他們倆可以握手，你可以腦補一下這個場景。我之所以要你想像一下他們倆在蟲洞中握手，是為了讓你建立一個概念，就是蟲洞口兩端的時空是連結在一起的，也就是說，從蟲洞的視角來看，哥哥和弟弟兩個人處在同一個參考系中。假如，哥哥通過蟲洞口爬過去，因為始終處在同一個參考系中，所以哥哥和弟弟依然會處在同一個時刻，反之亦然。

　　好了，現在我們讓哥哥的太空船起飛。為了加強你對蟲洞性質的印象，我們讓弟弟和哥哥的手一直握著不放。從哥哥的視角來看，自己以接近光速繞地球飛行了12個小時停下來。但是從弟弟的視角來看，哥哥以接近光速飛行了10年才停下來。在這個思想實驗中，弟弟顯然比較倒楣，他需要一直在手上套著蟲洞日復一日、年復一年地生活10年，終於等到太空船回來的一天了，艙門打開，老了10歲的弟弟會與年輕的哥哥再次見面。

　　這時候，神奇的一件事情發生了。從蟲洞的視角來看，哥哥和弟弟始終處在同一個參考系中，他們所處的時刻應該是始終相同的。這時候，弟弟如果從哥哥太空船上的那個蟲洞口張望，就能看見10年前的自己。

　　這時候，如果弟弟爬進哥哥的蟲洞口，從另一頭鑽出來，那麼，他將回到10年前，遇見年輕的自己。我們還可以設想一下，假如10年前，弟弟在等了12小時之後，從自己洞口爬進去，從另一頭出來，他

將瞬間前往10年後，遇到10年後的自己。

　　在這個思想實驗中，握手只是為了讓你加深對於蟲洞口兩端同處一個參考系的印象，實際上，他們倆也完全可以用一根繩子牽著，或者什麼相連的東西也沒有，這都不影響這個思想實驗的成立。

　　以上就是用一個思想實驗來通俗地表述基普‧索恩設計的時間機器原理，在上述思想實驗中的那台時間機器，有下面兩個重要的特點：

　　1.它只能允許從未來穿越回蟲洞製造出來的那一天，不可能穿越回更早的時間。

　　2.它只能以10年為單位來回穿越，無法穿越回中間的時間點。但這個10年只不過是我們上述思想實驗的初始假設，並不是非得要10年，而不能1年或者100年。

　　不知道你是否聽懂了，我相信，如果你仔細琢磨這個思想實驗的話，多半會跟我一樣，越琢磨腦子越混亂，忽而想通忽而想不通，好多事情都覺得非常的怪異，如果是這樣，不用奇怪，因為大多數人，哪怕是物理學家，也都會有這種感覺。實際上，基普‧索恩自己也是琢磨了三年才完全想明白，因為早在論文發表的三年前，也就是1985年他就已經有了這個想法，起因是他的老朋友卡爾‧薩根（Carl Sagan, 1934-1996）寫了一篇科幻小說《接觸》（*Contact*），裡面有一段時間旅行的情節。索恩在讀了小說之後，覺得薩根用黑洞讓主角做時間旅行，在科學原理上站不住腳，他覺得用蟲洞或許可以。在這之後的三年中，索恩從來就沒有停止過計算，直到他覺得自己的時間機器理論從一個瘋狂的想像成為一個可以自圓其說、有嚴格數學形式的科學理論，他才小心翼翼地投給了《物理學評論通訊》雜誌，經過了同行的匿名審查，雜誌接受了論文，最終在1988年秋天發表。

　　論文發表後，在學術圈子裡引起了很多的迴響，索恩說那段時間來自同行的信件一封一封的飛來，有提問題的，有挑戰他的。首當其衝的一個問題就是著名的祖母悖論問題怎麼解決。假如一個人回到過去殺死了自己的祖母，怎麼還能有未來的自己回到過去呢？那不是產生邏輯矛盾了嗎？

　　索恩認為，祖母悖論問題實際上是另外一個問題，即一個人是否具備自由意志的問題。作為一個人，我們是否有決定自己命運的能力？回到過去後，我們是否還能支配自己的意志，做出和過去的自己不同的選擇呢？在這個問題上，索恩和他的學生糾結了很久，他們認為這個問題即便沒有時間機器，也是一個可以令物理學家們手足無措的問題，因為它又牽扯出了宇宙決定論問題，顯然是暫時無解的。因此，索恩的決定是，在論文中完全迴避祖母悖論，堅持不在論文中討論人類穿越蟲洞的事情，他們只談一種簡單的非生命的時間旅行，例如電磁波的時間旅行。

　　講到這裡插句題外話，在我的科幻小說《哪》中，我也是為了迴避祖母悖論問題，刻意避開了任何實體的穿越，我也只設想了資訊在時空中的穿越，這就會讓小說在科學層面顯得比較扎實。

　　但是，好景不長，有一位物理學教授設計了一個思想實驗，在這個實驗中不需要生命的參與，但依然產生了祖母悖論。當索恩收到這封來信時，我相信他的內心是有些崩潰的，就如同當年波耳第一次聽愛因斯坦說 EPR 實驗的感受差不多（關於這個 EPR 實驗，本書的後面還會細講，這裡先挖個坑，嘿嘿）。

　　這個思想實驗說起來很簡單，但真的很巧妙。這位教授說，假如有一顆撞球，從蟲洞口 A 進入，然後從蟲洞口 B 飛出，穿越回了一定時

間，恰好擊中了正在飛向蟲洞口 A 的球。簡單來說，就是一顆球把過去的自己給擊飛了，那又如何能有自己穿越蟲洞回到過去呢？

在這個思想實驗中，完全不需要自由意志的參與，就是純粹的物理學推演。這個問題把索恩他們給難倒了。

這裡要說明一點，這位教授不僅僅是描述了這個思想實驗的過程，還在假設索恩的時間機器理論成立的前提下，給出了嚴格的數學推導，這就叫以彼之道還施彼身。

索恩帶著自己的學生滿頭大汗地迎戰這個難題，結果，劇情出現了反轉：經過幾個月斷斷續續的數學論證，索恩的兩個學生證明，從那位教授給定的條件出發，還存在另外兩條不同於那位教授計算結果的撞球軌跡，而這兩條新的撞球軌跡居然可以神奇地自洽，也就是說，撞球確實回到過去擊中了自己，但問題是，被擊中後的球依然換了一個角度飛進蟲洞口 A，從蟲洞口 B 出來後與之前的自己形成了一個自洽的閉環。連索恩自己都大吃一驚，這個撞球悖論居然被他們神奇地解決了。甚至，他們還參照量子力學中有關機率的思路，計算出了撞球走不同路徑的機率。

這些計算，似乎說明物理學定律可能會很好地使自己適應時間機器，並沒有出現真正的悖論。

但是，爭議到這裡並沒有結束。索恩還有一位朋友，就是大名鼎鼎的霍金。霍金嚴厲批評了時間機器理論，他提出了一個能維護時間次序的猜想，被稱為「良序猜想」。霍金說，不論我們打算用什麼方法製造時間機器，最終總會被我們目前還不清楚的某條物理法則給破壞，哪怕時間機器在理論上自洽，想製造時間機器也是癡心妄想。索恩說他看出來了，霍金又想跟自己下大注打賭了。不過，索恩這次卻說：我這次才

不跟霍金打賭，雖然我很喜歡跟他打賭，但我只打獲勝機會較大的賭，我本能地感到，如果我打賭，多半會輸。

　　我們可以看到，索恩是一個非常有趣的人。他的時間機器理論，到目前為止，除了他避而不談的祖母悖論問題，似乎還沒有遭到致命的打擊。

　　講到這裡，我還得再強調一下，在索恩的原始論文中可不是用一個這麼簡單的思想實驗來提出理論的。僅僅靠思想實驗是不可能發表論文的，像這樣特別驚人的物理學理論，是不可能沒有數學推導的，而且往往用的還都是普通人看不懂的各種數學符號來推導的。因此，大家要了解，科普實際上都是二手資料，哪怕是基普‧索恩自己寫的科普書，只要是面向大眾的，而不是同行的，那麼都是二手資料。假如你也是一個時間旅行理論的愛好者，那麼千萬不要認為僅僅聽我講完這個思想實驗，就以為自己真的懂了索恩的理論，就具備了繼續發揚光大、繼續演繹的能力，那樣是很危險的。

　　更有意思的是，索恩不僅僅是提出了時間旅行的原理，還提出了如何製造時間機器的思路，完全可以作為嚴肅科幻小說的創意來源。

　　製造時間機器的關鍵是製造蟲洞。

　　蟲洞本質上是兩個「奇點」相遇，從而形成了一個時空隧道。但形成蟲洞的奇點不是黑洞中心的奇點，而且，一旦兩個奇點相遇形成蟲洞後，奇點就會消失，因而物質可以通過蟲洞。

　　在愛因斯坦場方程式的解中，並不是只有黑洞才能形成奇點。早在 1916 年，廣義相對論剛剛發表沒幾個月，奧地利的物理學家路德維希‧弗拉姆（Ludwig Flamm, 1885- 1964）就發現，假如適當選取拓撲，愛因斯坦場方程式的解可以描述一個空的球形蟲洞。後來，到了

1950年代，著名物理學家惠勒（John Wheeler）和他的研究小組又用不同的數學方法對蟲洞進行過廣泛的研究。

蟲洞和黑洞最大的區別在於，黑洞是一種「單向」曲面，也就是說，光只能進不能出，因此，假如我們能靠近黑洞，看到的將是一個漂浮在空間中的一個純黑的球。但是，蟲洞不一樣，蟲洞是一種「雙向」曲面，也就是說，一個蟲洞有兩個洞口，光能夠從兩個方向穿越蟲洞。假如我們能靠近蟲洞的一個洞口，我們會看到一個發光的球體，就好像一個水晶球。在電影《星際效應》中，就栩栩如生地表現了這樣一個蟲洞。

因此，蟲洞就是宇宙中相距遙遠的兩點間的一條假想的捷徑，它是宇宙中的兩個奇點連結形成的。蟲洞形成後，就一定會有兩個洞口，兩個洞口透過超空間的隧道相連，這個隧道可長可短。比如說，一個洞口在地球附近，另一個洞口在26光年外的織女星附近，但蟲洞的時空隧道很可能只有1公里長，假如我們從地球附近的洞口走進隧道，只經過1公里，就能到達另一個洞口，也就是26光年之外的織女星。

不過，問題在於索恩之前的研究結論都指出，蟲洞即便能夠形成，存在的時間也極其短暫，短暫到一瞬間，也就是幾分之一秒甚至更短的時間，連結就斷了。任何企圖在蟲洞打開的短暫時間裡穿過去的事物，都將在蟲洞關閉時被捕獲，隨它自身一起消失在最後的奇點。

此外，還有一個懷疑蟲洞是否真實存在的理由，那就是，任何已知的天體或者宇宙事件，都沒有可以自然演化出蟲洞的可能。在這一點上，黑洞就很不一樣。黑洞雖然在一開始也是只存在於理論中，但是廣義相對論也能推演出一顆大質量的恆星最終會演化成一個黑洞。但是，不管是恆星的演化，還是黑洞的碰撞，白矮星、中子星的碰撞等等，都

沒有辦法自然演化出形成蟲洞的那種「奇點」。

　　所以，連蟲洞是否能夠真實存在都是非常值得懷疑的，更不要說利用蟲洞來製造時間機器了。

　　不過，當基普·索恩的好朋友卡爾·薩根提出了請求，希望能找到一個至少科學原理上說得通的時間機器時，索恩動起了腦筋，做起了計算，在完成了兩頁紙的計算後，他發現，想要蟲洞能夠穩定存在的關鍵是一種「負能量物質」，假如宇宙中存在這種物質，那麼就有可能製造出一個穩定的蟲洞。

　　你可能會疑惑，能量難道可以是負的嗎？這倒是真的可以的，而且還有實驗證明負能量是有可能存在的。

　　為了讓你了解負能量，我們要先回到能量為零的定義。物理學中，把真空包含的能量大小定義為零。這有點像海拔的定義，海平面為零海拔，但是不意味著不能比海平面更低。海平面以下就是負海拔。同理，如果能量比真空包含的能量還低，就是負能量。

　　那麼什麼情況下，還能比真空包含的能量更低呢？有的，而且先是量子力學預言了負能量的存在，而後又被實驗所證實。這事是這樣的：

　　量子力學預言，真空中充滿了量子漲落，什麼意思呢？就是說在真空中會憑空出現正負電子對，然後正負電子對又會互相碰撞湮滅。大家知道，正負電子撞擊是會產生能量的，但系統的總能量需要守恆，因此，在正負電子對產生的那個瞬間，系統的總能量就是負的，然後正負電子對撞產生的正能量和負能量大小相等，系統的總能量依然守恆。這相當於正負電子對先向真空借了能量，然後馬上又歸還。這個預言能用實驗驗證嗎？答案是可以的。

　　這就是大名鼎鼎的卡西米爾效應（Casimir effect）。如果我們讓兩

塊平行的金屬板互相靠得很近很近，讓它們之間保持真空，這兩塊金屬板就能檢測到有極其微弱的互相吸引的效應，這就說明兩塊金屬板之間的真空產生了負能量，而這種能量讓兩塊金屬板互相吸引。

另外，我們還知道，根據愛因斯坦的質能方程式，能量和質量實際上是同一樣事物的不同表現形式，那麼，由負能量的概念也就能引申出負質量的概念。

因此，基普‧索恩所說的那種包含負能量的物質也是包含負質量的物質。索恩給這種物質取了一個很適合科幻小說的名稱——奇異物。

索恩的計算表明，如果我們能製造出奇異物，然後把這種奇異物填充到蟲洞中，蟲洞的洞壁就能被撐開，且保持穩定。

好了，現在維持蟲洞的科學理論算是有了，雖然物理學界還無法證明奇異物存在，但也沒有發現哪條物理法則禁止奇異物的存在。

接下去還有更關鍵的問題：怎麼製造一個蟲洞呢？在維持蟲洞之前，我們總要先能製造出一個蟲洞吧。

索恩提出了兩種方法，一種是量子方法，一種是古典方法。

我們先來說量子方法。

假如我們有一台超級超級顯微鏡，你隨便找個空間放大，當放大到1億倍左右，你差不多就能看清分子、原子了，繼續再放大1,000倍，差不多就能看到原子核了。但是，我們的目標還遠遠沒有結束，我們還需要再放大100億億倍，也就是在接近10^{-32}公分這個尺度上時，我們會開始看到空間開始捲曲纏繞，先是很緩和，但如果繼續放大，就會看到越來越多的捲曲纏繞。這就好像你湊近看一壺燒開的水，湊得越近，能看到的翻滾的氣泡就越多。當我們在普朗克尺度，也就是大約10^{-33}公分這個尺度來看空間，空間也會變成一團機率的量子泡沫。而在這些量

子泡沫中就有大約0.4%的機率會瞬間產生蟲洞又消失。你別問我為什麼是0.4%，怎麼計算出來的，反正索恩在《黑洞與時間彎曲》這本書中就是這麼寫的，我只是把一位諾貝爾獎物理學家的觀點講給你聽。

然後，請假想我們擁有無限發達的技術，我們可以抓住一個蟲洞，然後把它放大到古典尺度，這樣我們就製造出了一個宏觀大小的蟲洞。至於用什麼技術可以抓住它並放大，索恩當然也不知道，但這並不違背已知的物理法則。

說完了量子方法，我們再來說古典方法。

第一步：在空間曲率上鑿出一個洞。

第二步：洞外的空間會在超空間中緩慢褶皺、折疊。

第三步：在那個洞的尖端再鑿一個洞，在洞下面的空間也鑿一個洞，然後將兩個洞的邊緣「縫合」起來。

大功告成。聽不懂對吧？是的，我也聽不懂。

我只知道，這個方法誰也不知道用什麼技術實現，在量子引力理論完善之前，甚至不知道這個設想是否會被物理法則禁止，但在當前的人類理論中，並沒有違反廣義相對論。

蟲洞製造出來之後，把奇異物填充進去，就能維持蟲洞的穩定。

以上，就是基普・索恩提出的時間機器製造原理。但我必須說明的是，按照索恩自己的標準，這是一種科學猜想，通俗地說就是科幻，並不是嚴肅的物理理論，它與錢學森寫的《火箭技術概論》可是完全不同的東西，大家千萬不要搞混了。

但無論如何，這還是令我們感到太神奇了，物理學家居然真的弄出了一套回到過去的理論。但問題是，所有回到過去的假說都繞不過去的一個悖論依然是祖母悖論。

　　祖母悖論是一類邏輯矛盾的總稱，有一個最變態的悖論方案是，你在未來給自己做了變性手術，然後回去找到自己，和原來的自己生下了自己。我真服了想出這個邏輯悖論的「淫」人。但是，這些悖論又如何解決呢？物理學家們研究廣義相對論，確實用嚴謹的數學方法論證出了時空圈環的可能性，但是祖母悖論又顯然在挑戰我們的常識，沒有人能接受祖母悖論會真的發生。

　　現代的物理學家們為此爭論不休，想出了各式各樣的解決方案來避免邏輯悖論的發生，具代表性的解決方案有這麼幾種：

　　第一種，叫做自由意志喪失說。物理學家說所有該發生的歷史都已經發生了，你不可能改變這個歷史，所以一旦你回到過去，你就會喪失自由意志，你完全被歷史所控制，你無法改變任何歷史的一絲一毫。

　　第二種，叫做時空交錯說。物理學家說你是可以回到過去，但是你回到的那個時空和真實的歷史時空是平行糾纏在一起的，但永遠不可能相交，你可以看見歷史，但不能影響歷史。這個我聽懂了，不就是說「只能看，不能摸」嘛。

　　第三種，叫做多歷史說。這個理論首先是由一個叫休·埃弗里特（Hugh Everett III, 1930-1982）的美國物理學家提出的，他說歷史不止有一個，你可以回去殺死你的祖母，你也可以回去幹任何事情，甚至殺死羅斯福讓希特勒取得勝利，什麼都可以幹。但是請記住，你影響的那個歷史和我們這個世界的歷史不是同一個。換句話說，當你幹下了任何改變歷史的事情時，世界就分裂成了兩個世界，在我這個世界中希特勒倒台了，在你那個世界中希特勒最後成了全世界的偶像。說老實話，這個理論真夠瘋狂的，為了讓時間旅行合理，動不動就複製出無數個世界出來。但恰恰是最後這個看起來最瘋狂的理論，卻得到了最多物理學家的

支持，包括像霍金這樣的大科學家也支持該理論（霍金《大設計》）。這就是現在大熱的「平行宇宙」說。

難道物理學家都瘋了嗎？這世界有這麼瘋狂嗎，怎麼會去相信聽起來如此不可靠的一個理論呢？這是有原因的。因為在過去幾十年中，隨著物理學家們對量子物理的深入研究——所謂的量子物理，就是研究比針尖還小幾萬萬萬（至少還得打好幾個萬）億倍的基本粒子的行為的物理學。物理學家們越來越發現這個世界真是不可思議，很多微觀世界的現象只能用一些聽起來很唯心的、很過分的、很瘋狂的理論去解釋，否則如果按常理的話怎麼也說不通，包括這個多歷史的現象似乎在微觀世界中每時每刻都在發生著。關於量子物理的話題我們在第九章還得再簡單地講一講，但也只能簡單地講講，如果真要說開來的話，還得有一本比本書更厚的書才行。

你可能也看出來了，真要想時間旅行，以我們人類現在的技術是不可能達到的。要扭曲時空就必須要有巨大的引力，產生引力就要有巨大的質量，而質量和能量又是可以互相轉換的，所以歸根到底要有巨大的能量。日裔美籍著名的物理學家和科普作家加來道雄（Michio Kaku）在他的《不可能的物理學》（*Physics of the Impossible*）書中曾經做了一個簡單的計算，說：「如果我們能把太陽一天放出的能量全部採集下來的話，可以打開一個只有幾奈米大小的蟲洞，這個蟲洞最多只能允許把你分解成無數的原子通過後再在另外一頭組裝起來。」這個能量大約是多大呢？太陽 24 小時放出的能量大約是 10^{28} 千瓦小時，2015 年全球消耗的能量大約是 10^{14} 千瓦小時，兩者相差了 10^{14} 倍，也就是 100 萬億倍，換句話說，太陽一天放出的能量就夠地球使用 100 萬億年，嗚呼，看來真是難啊。但你可能也會跟我一樣想到一個問題：我們現在是沒有

能力製造時間機器，但是未來人呢？如果在遙遠遙遠的未來有人造出了時間機器，那麼那個人就有可能乘坐時間機器回到我們或者我們以前的時代。但是為什麼我們從來沒有見到這樣的未來人呢？歷史上也從未記載有未來人光臨。假設未來無限遠的話，假設時間機器確實可以造出來的話，那麼機率再小也應該有未來人回來了啊。有這個想法的人還真不少呢，2005 年，為了慶祝國際物理年，同時也是為了慶祝相對論誕生100 週年，美國麻省理工學院舉辦了一場「時間旅行者大會」，舉辦方鄭重地在報紙上刊登廣告，邀請未來的時間旅行者光臨會場，並且攜帶未來的物品作為證據。大會開了一天，確實來了很多「旅行者」，可惜沒有一個能讓人相信是「時間旅行者」。這些旅行者都辯稱時間旅行只能光著屁股旅行，就像阿諾・史瓦辛格扮演的終結者那樣，所以沒有信物。各位親愛的讀者，這件事，你們相信還是不相信呢？

知識膠囊：莫比烏斯環和克萊因瓶

　　非常抱歉，前面出現了一個讓你莫名其妙的名詞——莫比烏斯環。不是我故意不解釋，而是這個東西實在是太迷人了，我非得另起一段單獨講講才覺得過癮呢。莫比烏斯環，也經常被叫做莫比烏斯帶，或魔比斯環、梅比烏斯帶、麥比烏斯帶等等，都是翻譯帶來的麻煩，英文名稱是Mobius Strip 或 Mobius Band。這是諸多科幻小說、科幻電影經常出現的一個神奇事物，它往往象徵著時空穿梭。以它的發現者莫比烏斯（August F. Mobius, 1790-1868）命名，到現在也快有兩百年了。

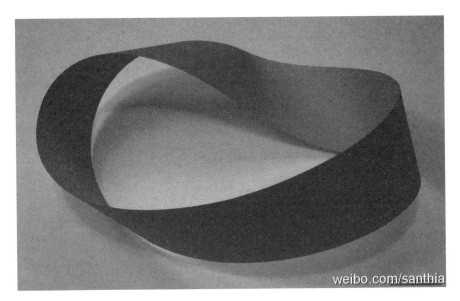

weibo.com/santhia

圖7-8　莫比烏斯環

　　看到沒，上面這個就是莫比烏斯環，其實就是把一張紙條的一頭轉半圈然後和另一頭黏起來，形成一個圈圈。但是你千萬千萬不要小看這個圈圈，這個圈圈有著許多迷人的特性。如果你在這個圈圈上跑步，你就可以一直往前跑，不用翻越任何邊界而跑過所有的面。如果你拿一支毛筆，沿著紙面只用一筆就可以把顏色塗滿整個紙帶。這個圈圈和我們平常認識的任何像手鐲這樣的圈圈不同，這個莫比烏斯環只有一個面，如果你沿著手鐲表面的中線一刀剪下去，那麼手鐲就會一分為二成為兩個各自獨立的手鐲。但是神奇的是，如果你同樣沿著莫比烏斯環的中線剪一圈，你會發現，這個莫比烏斯環不會一分為二，而是會變成更大的一個圈圈。然後你再沿著這個圈圈的中線剪開，你會神奇地發現這次剪出了互相嵌套在一起的兩個圈圈。然後把兩個圈圈再各自沿著中線剪

開，又會變成互相嵌套的四個圈圈。這麼剪下去永無止境，最後圈圈套圈圈複雜得可以把你搞瘋掉。你是不是很有衝動去試試看了？別忙，還有更有意思的特性。首先來跟著我認識一下所謂自然界中的「左右手系」對稱。想一下左右兩隻手套，這兩隻手套你怎麼看都像是對稱的，但問題是，如果你不把手套在空間中翻一個面的話，你永遠也無法把兩隻左右手套完全重合地上下疊在一起，就好像你怎麼也不能把左手套在不翻過一面的情況下戴進自己的右手。不過，如果你讓一隻左手套沿著莫比烏斯環轉剛好一圈（不是兩圈），這隻手套就會翻過一面成了一隻右手套，但是請千萬記住它的神奇之處在於：如果手套有感覺的話，它根本不會發現自己其實被翻過了一個面，在它的感覺中，它只是沿著一個面不停地運動，不知怎麼的就從左手系變成了右手系，再運動一圈又變回了左手系。真是要命的感覺。

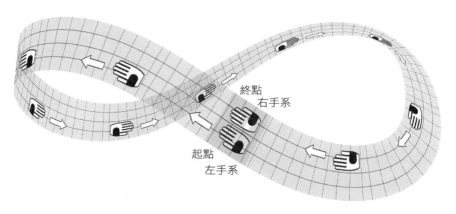

圖7-9　左手套轉一圈變成了右手套

　　伽莫夫寫的著名的科普經典《從一到無限大》中就說，如果類似莫比烏斯環這樣的事情也能發生在三維空間中，我們的鞋子製造商就會大

為欣喜，他們只要生產左腳的鞋子，然後通過莫比烏斯空間傳送帶轉一圈回來，就成了右腳的鞋子，真是爽死了。而一個人如果上了這個莫比烏斯空間傳送帶，轉一圈回來則發現自己的心臟跑到右邊去了，這就不爽了。但問題是，二維的紙片做成的莫比烏斯環我們很好想像，那到底有沒有三維的物體形成像莫比烏斯環這樣神奇的左右手系互轉的形狀呢？答案是有的，1882 年德國數學家克萊因（Felix Klein, 1849-1925）找到了一種以他名字命名的模型，叫做「克萊因瓶」。

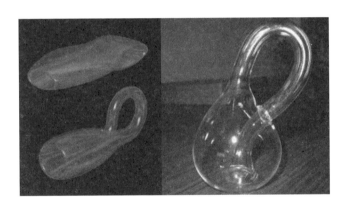

圖 7-10　克萊因瓶

瞧瞧，就是這種極其怪異的瓶子（但這僅僅是克萊因瓶的近似樣子，真正的克萊因瓶是沒法直接做出來的，因為真正的克萊因瓶是不會互相穿過的，這需要一點空間扭曲的想像力）。你盯著它看三分鐘，想像你在這個瓶子的表面跑步的情景，我保證你會越看越神奇，越看越覺得不可思議，直到邏輯徹底混亂為止。好了，我們別看瓶子了，繼續看書。

星際殖民

　　關於時間旅行的話題我們就聊到這裡。這個話題其實蠻有趣的，我建議你把我前面說的事情好好地看上三五遍，然後記下來，和朋友喝茶吃飯聊天的時候用自己的語言複述一遍，保證能讓你大放異彩。本人就是經常這樣放放異彩的，結局往往是話講完了，菜也被別人吃完了。

　　講完了時間旅行，我們該來說說和星際殖民有關的話題了。在《銀河英雄傳說》中，自由行星同盟的國父海尼森遠征兩萬光年，去尋找適合人類居住的外星球。那麼真正的星際旅行可能嗎？會遇到什麼樣的事情？如果我們真的能在幾十甚至幾百光年（幾萬光年我是不敢想的）的範圍內建立第二個、第三個地球，我們這些星際殖民者的日常生活和時空觀念在相對論的理論下又會是一個怎樣的情景呢？這類題材的科幻小說也不少，包括著名的《銀河英雄傳說》，但是小說中的很多事情都是不可能真實發生的，真實的世界可能會非常令人沮喪。讓我們先從一堂令人沮喪的算術課開始吧。

　　同學們，如果我們要到太陽系以外的地方去殖民，首先我們至少要飛往一個恒星系，只有在恒星的附近才有可能出現適合人類居住的星球，恒星就是那顆星球的太陽，給它溫暖和能量，如果沒有恒星，那麼在黑漆漆的宇宙中我們肯定是會被凍死的。讓我們仰觀蒼穹，看看滿天的星星離地球有多遠吧。天文學家早就發現，離地球最近的一顆恒星叫做比鄰星（半人馬座 α 星 C），距離我們的時空距離是 4.3 光年。所謂光年就是光跑一年走過的距離。光年這個單位，在你小的時候，看到後可能會認為是一個時間單位，長大後懂得多一點了，才知道是個距離單位。現在我們有了時空的概念以後，我們發現光年這個單位其實是時空

單位。在宇宙空間中，因為時空的不平坦性，其實你是沒法用公里去定義距離的，在宇宙中只能用光年來定義時空距離，你可以把它看成是距離單位，你把它看成是時間單位也問題不大，時間空間已經成為了一個整體，不分你我。總之，即使是離我們最近的恒星聽上去也是離我們非常遙遠的，光都要走4.3年嘛，同學們，現在我們來做一些簡單的數學計算，看看這顆比鄰星離我們到底有多遠。以人類目前掌握的技術而言，最快最快的太空船能飛得多快呢？即使是按照最樂觀的估計，大概也只能達到光速的萬分之一。來，算算看，它飛到比鄰星得多少年？沒錯，是4.3萬年。有沒有搞錯？！你驚呼一聲，我以為人類的太空船已經夠快了，沒想到那麼慢啊。抱歉，我這還是給足了人類面子了，阿波羅登月太空船飛到月球差不多用了四天時間，我已經讓人類最快的太空船飛到月球的時間減少到三小時了。而且，我這還是忽略了加速和減速的時間（這大概還要耗掉兩百年呢）。看來，以人類目前的技術實力，飛往比鄰星是沒戲了，4.3萬年，不用說人類的壽命問題，就算你能在太空船上生兒育女一代代地延續，也沒有任何機器設備能工作那麼久的時間，金屬也會疲勞。

看來必須要提升太空船的速度。那麼你們覺得至少要達到什麼速度才有可能進行星際殖民呢？掐指一算，可能得出的結果是最低速度再怎麼樣也得達到光速的十分之一，也就是$0.1c$吧，這樣我們飛到最近的比鄰星就只需要43年了。我們且不談把速度從光速的萬分之一提到光速的十分之一技術難度有多高，我們今天只是一堂算術課。聽起來似乎可行，從地球出發，算上加速減速的時間，飛50年到達目的地，到了以後發個電報回來告知情況，地球用四年多收到電報。這樣的話，如果我有幸30歲的時候能到NASA（美國航空太空總署）參與這個偉大的比鄰

星探索計畫，那麼當我84歲的時候就有望聽到從比鄰星那邊傳回來的消息。總算馬馬虎虎還能接受，在我有生之年還是有希望知道實驗結果的。

但是，同學們啊，千萬別忘了，我們說的只是離地球最近的比鄰星，我們的目的可是要尋找適合人類居住的星球，並不只為了到別的恒星系中看看風景。遺憾的是，比鄰星系很可能找不到任何行星，去了也是白去。按照現在天文學家的估計，我們距離最近的宜居行星，大概至少有50光年的距離。[1]這也就意味著，我們即便達到了0.1c的速度，飛過去至少也要花500年的時間。並且隨著最大速度的增加，加速減速需要消耗的時間也會迅速上升，要達到0.1c的速度，加速減速所需的時間可能要占到總飛行時間的一半。顯然，人類不可能到來回飛一趟要1000年的地方去拓展殖民地的，就好像你不能指望原始人靠游泳從歐洲去美洲新大陸拓展殖民地一樣。這個速度還是不夠，還得提升。那你覺得，以50光年考量的話，我們的速度至少要達到多少，才有可能進行星際殖民呢？

你心裡想著可能需要反算一下，也就是我們先設定多少年能飛到的心理預期，然後再反推要達到的速度。經過一番掙扎，你可能會想，好吧，不管怎樣，讓我在到達目的地後，能讓我的親人在有生之年知道我活著到達就可以了。但是我將非常遺憾地告訴你，不管我們怎麼努力，哪怕我們的星際飛行速度能無限接近光速，你的這個樸素的願望還是無

---

1 本書第一版2010年寫作時，人類僅發現了很少的幾顆候選系外宜居行星。最近這10多年，被發現的系外宜居行星越來越多，甚至在離地球最近的「比鄰星b」也發現了一顆候選行星。

法實現，你的親人也不可能在有生之年得到你的消息。理由很簡單，假設 50 光年外的那顆星球叫做「奧丁」（《銀河英雄傳說》中銀河帝國的首都星），你首先至少要用 50 年的時間飛到奧丁，到達以後你往回發一個電報，這個電報也需要 50 年的時間到達地球，你在地球上的親人從你出發那天起最少最少也要等 100 年才能等到你的這個報平安的電報。

　　這確實是一場令人沮喪的算術課。看來，要想星際移民，你出發的那天就是和你所有親人永別的一天；對你的親人來說，你不但是一去不復返，而且這一去就是杳無音訊，他們用一生也得不到你平安抵達的消息。

　　但是，如果我們的太空船速度能在很短的時間內加速到無限接近光速（雖然這在今天在技術上還是無法想像的，甚至連理論上的可能性都沒有），對於星際旅行者的你來說，情況卻要樂觀得多，50 光年的距離對你來說就像是在地球上做了一次長途旅行而已。根據時空中運動速度恒定的原理，你在空間中的運動速度會分走你在時間中運動的速度，換句話說，你飛得越快，你的時間流逝得越慢。假設你以 $0.9999c$ 的速度飛向 50 光年外的奧丁星的話，你自己感覺僅僅用 81 天就抵達了，而你在地球上的親人則已經老了 50 歲，我們用下面的時空運動圖來表現這個概念：

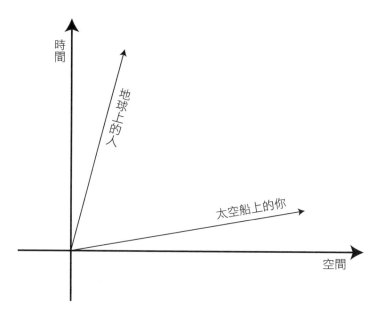

圖7-11　地球上的人和星際太空船上的你在時空中運動

　　在這張圖中，大家都以奧丁星為參照物，地球上的人在時間中運動得很快（接近光速），但是在空間中運動得很慢；而星際太空船上的你則恰恰相反，你在時間中運動得很慢，但是在空間中運動得飛快（接近光速）。所以，以你自己的感覺，你沒有用多少時間就從地球飛過來了，但與此同時，地球上的時間卻在飛速地流逝。

　　沿著上面這個思路，我們可以得出一個推論：如果地球和奧丁的時空距離是50光年的話，那麼就意味著他們的時間距離至少為50年，也就是說，這兩顆星球的人想要發生任何相互接觸，不管是通訊還是旅行，總之，這個50年是不可逾越的。我們現在假設你任職於地球上的一家公司，公司派你去奧丁的分公司出差，你坐上星際太空船到達奧丁，辦了幾天公事再回到地球的時候，儘管你自己覺得只用了幾個月的

時間甚至更短，但是地球已經過去了一百多年，你的老闆早就過世了，你任職的這家公司是否還存在也很難說了。因此，在星際殖民時代，恐怕不會發生派人去別的星球出差辦點事再回來這種事情，雖然這樣的情節在星際殖民題材的科幻小說中比比皆是（比如電影《阿凡達》）。

那麼我們再來看看，在星際殖民時代的約會，又有哪些特點呢？你和你的朋友都在地球上，有一天你們心血來潮相約要到奧丁去見面，比如說你們約定在一年後的今天見面，然後分手各自準備行程去了。我提醒你們注意，你們千萬不要以自己的手錶為基準，哪怕你們分手的時候對錶對得再精確也沒用。你們必須非常精確地算準你們的時空座標，特別要注意時空運動速度恒定這條鐵律，各自小心翼翼地算好自己的空間運動速度會如何影響時間運動速度，否則將要發生的可就不是一個人早到了一會兒等著另一個人飛過來而已，而是很可能發生這種情形：先到的一個人苦苦等待一生之後，老得牙齒都快掉光了才終於見到了活蹦亂跳的另一個人。

在星際旅行時代，兩個人的年齡再也無法處於一種穩定的狀態了。拿《銀河英雄傳說》裡面的故事來說，情節會變成這樣：米達麥亞和羅嚴塔爾奉命去星際空間打擊海盜，這兩人指揮著各自的戰艦出發了。由於戰事激烈，他們在廣袤的太空中作戰，經常要變換自己太空船的速度，而且偶爾能剛好在太空中會合一下，互相見個面。於是在這些日子裡，他們會對每次見面相隔的時間產生完全截然不同的意見，米達麥亞覺得隔了好幾個月才遇上羅嚴塔爾，而羅嚴塔爾卻說我們昨天才剛剛見過面呀。下一次見面的時候，米達麥亞覺得才過了不到一個禮拜，但是羅嚴塔爾卻堅持至少已經過了三個月了。這哥倆每見一次面就吵一次。他們都得特別小心地控制自己太空船速度，萬一速度太快了，等他們回

到奧丁的時候,他們的司令官萊因哈特都過世很多年了。

因此,在星際殖民時代,必須建立宇宙曆、宇宙標準時和統一的時空座標參考系。好在我們的銀河系有一個好處,那就是所有的恒星基本上都處在相對靜止的狀態。我們地球和奧丁星之間的相對運動速度應該是很小的,而且我們不妨假設人在奧丁星和在地球上所受到的重力大小基本相當。這個應該很好理解,人類不會習慣在一個能使自己體重突然增加好幾倍或者輕好幾倍的地方長期生活,總還是要在一個基本上能適應的範圍內,而這個重力大小對於時空彎曲程度來說是可以忽略不計的。

所以,如果真到了那個在奧丁星殖民的時代,地奧聯邦政府可能會同意我的建議,把地球和奧丁星看成是一個大的參考系,這個參考系跨越了50光年的時空,在這個50光年的範圍內建立時空座標。以新的宇宙曆法規則通過的那天零時為銀河紀年元年,仍以一個地球日和一個地球年作為標準宇宙曆法的標準日和標準年,在銀河紀元元年的零時零分啟動一只精心調快過的原子鐘,然後把這只原子鐘放上星際太空船,以接近光速的速度帶到奧丁星,到達以後再把原子鐘的頻率調節成跟在地球上時一樣。於是我們會看到,在奧丁星上的宇宙曆生效的那個時刻,原子鐘顯示的可能已經是:銀河紀年50年2月21日9時13分10秒。因此,奧丁星上的宇宙標準曆和標準時的時間是直接從50年後開始的,而不是像地球一樣從元年開始,當然,奧丁星上的人必然還是要根據自己星球的自轉和公轉日期(奧丁星不一定有衛星,所以可能沒有月份的概念)制定自己的地方時,以便生活。

所以,奧丁星上的手錶一般都必須顯示兩個時間,一個是標準宇宙曆的時間,一個是奧丁曆的時間。這些手錶還得有一個特殊功能,那就

是登上星際太空船後，可以根據太空船的飛行速度調節手錶的頻率，飛得越快，錶的頻率就得跟著調得越高。

假想一下你在星際太空船上看著時間飛快地跳動，一年一年就在你的眼前像走馬燈一樣地流逝，你會產生什麼樣的感覺呢？最要命的是，這些走馬燈般流逝的時間並不是幻覺，而是實實在在地發生在地球和奧丁星上真實的時間流逝。地奧聯邦政府還有一條不得不頒布的法令，那就是所有的星際太空船上的時間頻率調快的行為都必須全部詳細記錄在案，調快頻率後流逝的時間不能算作年齡的增長。如果不頒布這條法令，那麼這個世界的倫理就要徹底混亂了，人們再也搞不清楚誰比誰年齡大了。

以上這些就是最粗略的星際殖民時代的時間觀念。對於那些要登上星際太空船的人來說，他們必須要做好十足的心理準備，因為登上太空船的那個時刻就是他們真正告別過去、奔向未來的時刻。星際太空船是一艘真正的時間機器，只不過這部時間機器只能把人帶向未來而無法返回過去。一旦登上了星際太空船，那麼過去的一切就將過去，對於過去的一切親朋好友來說，你死了，而對你自己來說，親朋好友們死了，因為你們此生再也不可能相見了。當親朋好友們向你揮手道別，看著你登上星際太空船的景象，那就跟看著你走入棺材是一模一樣的心情。各位親愛的讀者，我很想知道，此時此刻的你對於星際殖民時代是感到興奮呢還是沮喪？過去曾經看過的很多這類題材的科幻小說和電影是不是都有一點點變味了呢？

星際貿易

　　如果你剛好是感到沮喪的那大多數人，那麼接下來我將告訴你一個讓人振奮的好消息，那就是雖然你告別了過去，奔向了未來，看起來你拋棄了一切，可是你完全可能瞬間擁有巨大的財富。此話怎講？想像一下，如果你在出發去奧丁前，把自己所有的積蓄拿出來，雖然只有很可憐的 1 萬塊錢，你咬咬牙買了一個年化收益率為 8% 的理財產品，並且約定到期後每年都把本金加利息一起繼續投資，然後，你飛向奧丁星，並且在奧丁星逗留了幾天又坐太空船返回了地球。此時對於你來說，地球上已經過去了 100 年，你知道你那 1 萬塊錢變成多少錢了嗎？做一個簡單的複利計算，1.08 的 100 次方就是你最後的本息合計數，當然單位是萬元，然後再按照 5% 的平均年通貨膨脹率扣除蒸發掉的錢，我告訴你是多少，千萬別嚇著，是 2068 萬元，你從一貧如洗的無產階級一下子就變成了千萬富翁。還有更爽的，如果你努力一點，找到了一個年化收益率為 10% 的理財產品（這並非不可能），年化收益率多了 2%，看起來只多了一點，但是 100 年後，你的 1 萬塊錢變成多少了呢？是 1 億 3781 萬元，你都不敢相信自己的眼睛了吧，一下子又從千萬富翁變成了億萬富翁。「太好了，太好了！」你咬牙切齒地叫道：「這星際太空船我是坐定了，哪怕是棺材，為了我的億萬富翁的夢想，我也非上不可了。」

　　你忽然明白了，原來利息是這麼強大的一個東西啊，我們平時往銀行裡面存錢一年兩年看不出什麼，但是沒想到時間一長，這複利的力量還真是強大啊。那麼既然你都意識到了利息的重要，對於往來於星際間做貿易的那些精明的商人，他們算的可是更精了。

　　在你樸素的觀念中，所謂的貿易嘛，不就是低買高賣，我在深圳花10萬元買了一批手機，到了北京15萬元賣光，從中獲利5萬元，當然可能要扣掉幾千元的運輸和所得稅之類的成本。但整體來說，能不能賺錢的關鍵在於買賣的差價，差價越高，賺得越多，差價越小，則賺得越少。如果很不幸地跑到北京的時候手機的價格還跌破買入價了，你就等著賠錢吧。

　　在這個觀念中，你不太會考慮鈔票的「時間價值」，至少不會很在意。你一般不會去計算這筆錢如果不去做貿易，而放在銀行中是不是會賺得更多。但是到了星際貿易時代，如果觀念不改變，那可就要大大的吃虧了。想像有一對兄弟，同時登上了星際太空船從地球去奧丁，哥哥聽說黃金的價格在奧丁比地球上貴100倍，哥哥一激動就把所有的1萬塊錢積蓄全部買了金條，準備帶到奧丁去賣掉，大賺一筆。但是這個弟弟比較傻，禁不住銀行那些理財專員的勸說，買了一個年化收益率8%的理財產品。兩人上了太空船後，哥哥就嘲笑弟弟太笨了，放著100倍的差價不賺，居然去收那可憐兮兮的8%的利息。兩人飛到了奧丁，哥哥如願以償，1萬元變成了100萬，他心滿意足地和弟弟一起坐太空船回到地球。到了地球才發現，弟弟變成了千萬富翁，他的1萬元變成了2000多萬。

　　可見，在星際貿易中，金錢的時間價值，換句話說也就是利率，成了最關鍵的因素。2008年諾貝爾經濟學獎得主保羅‧克魯曼（Paul Krugman, 1953- ）曾經寫過一篇論文，題目就叫做〈星際貿易學〉（The theory of interstellar trade），發表在2010年3月的《經濟探究》（*Economic Inquiry*）上，在這篇論文中，克魯曼提出了星際貿易學的兩大基本定理：

　　星際貿易第一定理：做貿易別忘了利率，而且計算利息記得一定要用宇宙曆，千萬別用自己太空船上的時間。

　　星際貿易第二定理：隨著貿易的往來，不同星球間的利率最後一定會趨於一致。

　　第一條定理我想你一定看懂了，說得太有道理了，要是做星際貿易忘記了計算利息，那簡直虧大了。因為真正做貿易的往往都是先貸款，然後進了貨去賣掉，再還銀行錢，賺取價格差和利息之間的差價。所以，在星際貿易中，只有價格差足夠大，而且足夠償還利息的時候，商人才有利可圖。

　　那第二條定理呢，其實也很好理解，商人都是精明的，他們很快就會發現星際貿易的成本主要是金錢的時間成本，利率差一點點都是天大得不得了的事情，因為動不動就是50年100年的，所以，賺錢的關鍵在於兩星球之間的利率差異。但是隨著商人們自由市場競爭的加劇，價格戰的升級，利潤會逐漸減少，最後的結果一定是導致兩星球的利率逐漸趨同，只要一邊敢稍微提升哪怕一點點利率，那麼大量的熱錢馬上就會湧進來。這個情況居然跟我們現在這個時代國家間的利率調整產生的效應是一樣的。

　　克魯曼在論文的最後得出的結論是：星際貿易中的經濟規律在本質上和地球上的國際貿易沒什麼太大的區別，雖然相對論效應會在時間和空間上帶來許多不可思議的改變，但是在經濟學上，相對論卻改變不了什麼，經濟學規律貌似凌駕於物理規律之上。不過呢，大多數經濟學家也不太懂相對論，他們對克魯曼的這篇奇異論文也就是一笑置之。至於我們該不該相信克魯曼，我想這不重要，重要的是我們在茶餘飯後多了很多有趣的題材，我們對這個宇宙又多了一分認識。

　　在本章中，我們從建立時空這個概念開始，由此出發，我們看到了神奇的時間旅行，再來到廣袤的太空做起了星際旅行和星際貿易。希望這趟旅程能稱得上我一開始就跟你承諾的「驚奇之旅」。

　　你可能還意猶未盡，沉浸在時間旅行和星際貿易的遐想中，甚至有點戀戀不捨——難道關於時空的驚奇之旅就這樣結束了嗎？真的就這樣結束了？

　　哦，我很高興地告訴你，沒有，還沒有結束，時空之旅還有最後一段旅程。可能這最後一段旅程稱不上驚奇，但我敢保證，它絕對是一場思維的盛宴，它將挑戰你想像力的極限，這是相對論的最高潮部分，就像偉大的貝多芬第九交響曲的最後一個樂章〈歡樂頌〉一樣，旋律和節奏都沒有任何的驚奇之處，但它所展現出來的恢宏氣勢，堪稱人類交響樂史上的喜馬拉雅。如果真有一個上帝的話，那麼我們時空之旅的最後一段將閃耀出來的人類理性的光輝，必定會讓上帝都感到炫目。

　　我們將在下一章體會相對論的高潮，同時揭祕2005年國際物理年標誌的含義，為什麼全世界的科學家會選擇用這個標誌來紀念相對論誕生100週年呢？

圖7-12　2005年國際物理年標誌

8
再談四維時空

宇宙時空的終極圖景

我們人人都是生活在一個四維時空中，其中，空間有三個維度，時間是一個維度，我們在四維時空中的運動速度恒定為光速。這是我們在上一章中了解到的內容。把三維的空間拓展到四維，這並不是愛因斯坦首先想出來的，而是他的大學老師，德國數學家閔考斯基（Hermann Minkowski, 1864-1909）首先提出——應該把時間也作為空間的一個維度與另外三個維度整合起來。在看到學生愛因斯坦的相對論之前，他就有了時間維的初步想法，等看到相對論後，閔考斯基恍然大悟。數學大師不愧為數學大師，他很快（1908 年）就在相對論的基礎上建立起閔考斯基時空的數學模型，愛因斯坦對此也是敬佩不已。下面首先讓我們來看看閔考斯基的四維時空圖是怎麼回事，這可是一個相當有趣的模型。

圖只能畫在二維的平面上，在二維平面上想表達三維的物體本就已經很困難了，還要學會透視法什麼的，現在閔考斯基居然想在二維的平面上表達四維空間的運動，那真是需要具備超凡的勇氣和智慧。閔考斯基是這麼想的：運用二維上的透視法，最多只能畫出三個維度的物體形象，這個是我沒法改變的，現在我必須要體現出時間這個維度，那麼既然如此，我只好犧牲一個空間維度，讓我們先把三維的空間壓縮成二維的空間，這樣我們就能在紙上把空間和時間盡可能地畫在一起了。

於是，閔考斯基畫出了這樣一張時空圖：

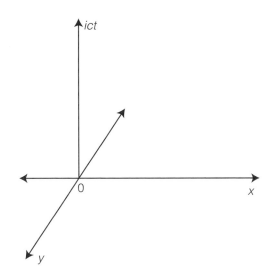

圖 8-1　閔考斯基四維時空基本圖

　　我已經看到了你失望的眼神，你可能滿心期待能看到一張驚世駭俗的做夢也沒想到過的神圖，可是，眼前就是一張隨便打開一本中學數學課本就能看到的圖。各位，耐心點，真正精彩的大片往往都是從平淡的開頭開始的。請先耐著性子聽我解釋一下，上面這張圖的 x 軸和 y 軸表示空間座標（把一個空間維度，也就是 z 軸給忽略了），並且空間座標是兩端延伸的，表示在空間中可以朝正反兩個方向運動。豎著的這條線就是時間座標（ict），為了讓座標系的單位統一，所以這個座標軸的單位是光速 c 乘以時間 t，這樣得到的就是跟空間座標單位一樣的距離概念了。那為什麼前面還要加一個 i 呢？在高等數學裡面，i 表示虛數，也就是說，閔考斯基為了表達時間這個維度和空間維度的區別在於時間維只能朝一個方向運動，所以加了一個表示虛數的 i 以示區別。

　　閔考斯基四維時空座標的要點是：（1）所有的座標軸互相垂直；

（2）座標軸單位統一；（3）表示時間維度的軸只能朝一個方向運動。

　　接下去，我們的思維盛宴要開始慢慢上菜了。第一道菜：如果以地面為時空座標原點，站在地面上不動的愛因斯坦，他的時空運動軌跡是怎樣的？

　　先思考5秒鐘，然後我們上菜：

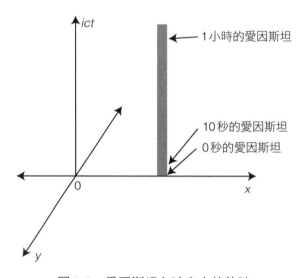

圖8-2　愛因斯坦在時空中的軌跡

　　愛因斯坦在時空中的運動軌跡是一條和時間軸平行的直線，他在空間中沒有相對運動，但是在時間中運動，因此時空圖如上所示。應該很好理解對吧？閔考斯基把物體在時空中運動的軌跡稱為「**世界線**」（World Line），這條世界線上的每一個點稱為「**世界點**」（World Point），請記住這兩個名詞，我們後面就直接用這兩個名詞來說明，可以節省很多筆墨。我想特別提請各位讀者注意，世界線是真實存在於我

們生活中的宇宙中的，你不能僅僅把它當作是閔考斯基的思維練習，或者是一種假想圖。它是一個客觀存在，就如同民航管理局絕不能忽視一架飛機在空間中的飛行軌跡一樣（如果軌跡計算不精確，可是要撞機的），未來如果有一天成立了時空管理局，那麼世界線就會如同現在的飛機飛行軌跡一樣重要。

第二道菜：仍然是以地面為時空座標原點，一列在地面上行駛的火車，它在時空圖中的世界線是怎樣的？

你可能已經有答案了，我們上菜，看看是不是想的一樣：

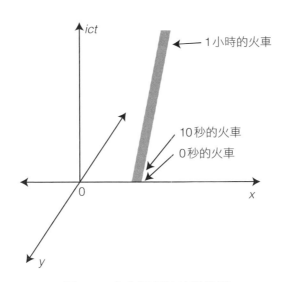

圖8-3　火車運行時的世界線

火車的世界線是一條斜線，因為它在時間維運動的同時，也在空間維中運動，所以時空軌跡就是一條斜線。

第三道菜：這次如果以太陽作為參考系，請分別畫出地球和太陽的

世界線。

　　這次的題目貌似難了一點，地球是繞著太陽做圓周運動的，它的世界線應該是怎樣的呢？讓我畫出來給你看：

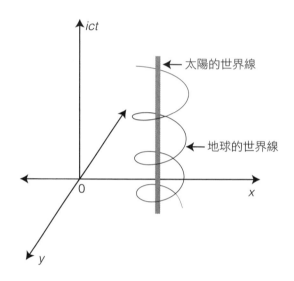

圖8-4　地球的世界線是一條螺旋線

　　地球的世界線就像是一條盤繞在太陽世界線上的蛟龍，蜿蜒而上，是一條規則的螺旋線。這次你可能要稍稍想一下才能理解過來，不過我相信這一定難不倒你，這道菜你還是能很輕鬆就吃下去。

　　第四道菜：以湖面作為參考系，請畫出一顆石子扔進湖水中產生的漣漪的世界線。

　　這道菜看來有點複雜，不知道該從哪裡下筷子，別心急，讓我來幫你一起畫出漣漪的世界線：

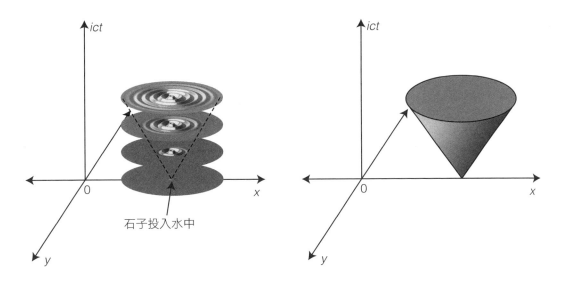

圖8-5 石子投入湖水，產生的一個漣漪的世界線是一個倒圓錐

　　湖水中的一個漣漪的世界線不再是一條「線」，因為漣漪無法再看成是一個「點」了，它的世界線實際上是一個倒放的圓錐體，隨著時間的增加，體積不斷增大。

　　第五道菜：以太陽為參考系，請畫出太陽光的世界線。

　　這次真正的挑戰來了，太陽發出的光不同於一個平面上的漣漪，太陽是一個球體，它向空間的四面八方發出光芒。把太陽想像成一個燈泡，在點亮的那個瞬間，就會形成一個光球。這個光球在百萬分之一秒直徑就達到了600公尺，一秒後，直徑就達到了60萬公里，相當於地球直徑的47倍，可以裝下10萬個地球。

　　這個光球不同於火車和漣漪，它在空間的三個維度中都在運動，因此我們不可能準確地在只有三個維度的時空圖中畫出來。但是如果我們忽略其中的一個空間維度的話，我們會發現光球的擴散在二維平面上的

投影和湖水的漣漪是一樣的，隨著時間的增加而不斷地向四面八方擴散。於是，如果在忽略了一個空間維度的時空圖中畫出來的話，太陽光的世界線和漣漪的世界線是一樣的。如下圖所示：

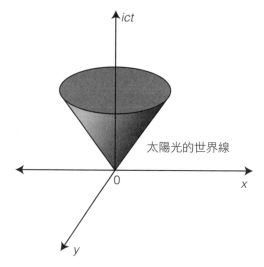

圖8-6　太陽光的世界線形成了一個圓錐體──光錐

這個由光形成的圓錐體，閔考斯基把它稱之為「光錐」（light cone）。當然，真實的四維時空中的光錐是一個四維光錐（或者可以叫超光錐），我們現在看到的只是它的三維近似形狀，但是這個四維光錐的基本特點在上面這張圖上基本上是準確的，隨著時間的增加，光錐的體積迅速地增大。

我們現在是用了一個會發光的太陽作為時空座標原點，我們很容易就畫出了該時空座標的光錐圖。下面重點來了，請一定聽仔細：任何一個事件都可以當作是時空座標原點，不管這個事件會不會發光，我們都可以假想這個事件是發光的，那麼就可以畫出這個事件的光錐圖，這個

光錐被閔考斯基稱為「事件的未來光錐」。什麼叫事件？宇宙中發生的任何事情都可以稱為一個事件，小到一根針落地，大到太陽爆炸，一切一切的事情都可以稱為一個「事件」。

下面，閔考斯基為我們隆重獻上第一道大菜，這是一個偉大而深刻的發現，它是狹義相對論的一個氣勢恢宏的推論，直接把我們的視野擴展到了全宇宙。閔考斯基在1908年的一次名為「時間與空間」的演講中向世人大聲宣布了他的一個發現：

「宇宙中的任何事件都只能影響它的未來光錐內的物體，凡是在事件的未來光錐外的物體不會受該事件的任何影響。」

上面這句話有點長，有一個更文學化的版本是這麼說的：光錐之內即命運。請你仔細讀一下，這是本章的第一個驚雷，高潮正在慢慢醞釀。可能你沒有完全讀懂，讓我來畫一個圖幫你理解：

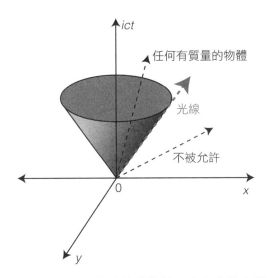

圖8-7　任何有質量物體的世界線一定在事件光錐之內

　　根據狹義相對論，任何有質量的物體的運動速度都不可能超過光速，因此事件的光錐是該事件能夠影響到的最大時空範圍，凡是處於這個光錐之外的東西均不受影響。舉個例子，如果此時此刻太陽突然熄滅了，由於我們在太陽熄滅的頭一秒鐘仍然處在太陽熄滅事件的光錐之外，所以這個事件不會對我們造成任何影響，我們也根本不可能知道這個事件，只有當八分鐘後，事件光錐覆蓋到了地球所在的位置時，該事件才對我們產生影響。

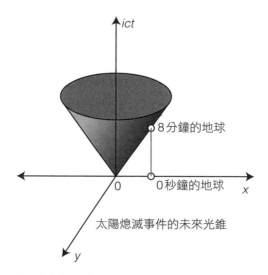

圖 8-8　太陽熄滅事件的未來光錐 8 分鐘後和地球的世界線接觸

　　千萬不要小看這個發現的意義，這是對這個宇宙規律最深刻的發現之一。它告訴我們，宇宙是一個「定域」的宇宙，也就是任何一個事件能影響的時空範圍是有大小的，不但有大小，而且大小還是固定的一個圓錐體。注意我的用詞，我說的是時空範圍，並不是空間範圍，所以我把時間增大及光錐體積增大的情景已經一併說了。

那麼請大家繼續再往下想，既然現在發生的任何事件對未來的影響是「定域」的，那麼過去曾經發生過的事情對現在的影響必然也是「定域」的。既然有了事件的未來光錐，那麼同樣也應該有事件的過去光錐，過去光錐代表的是過去發生的事件對現在的影響，我們畫出圖來：

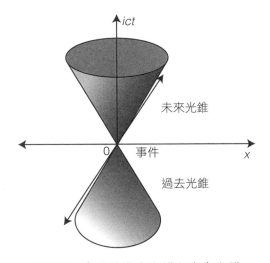

圖8-9　事件的過去光錐和未來光錐

事件的過去光錐剛好是把未來光錐倒過來放置，形成一個沙漏的形狀。這個不難理解，打個比方就是只有8分鐘前的太陽熄滅事件會影響到現在的我，2分鐘前的熄滅事件不可能影響到現在的我。

這下子你明白國際物理年，同時也是紀念相對論誕生100週年的標誌的含義了嗎？（圖7-12）

它就是一個抽象的事件光錐的全貌，喻示著物理學的過去與未來，這個事件光錐與 $E = mc^2$ 一樣都是相對論的標誌性象徵，它蘊含著深邃的宇宙奧義，足夠你我用一生去慢慢回味。

　　閔考斯基的四維時空圖和事件光錐的發現深深震撼了愛因斯坦。但同時他們兩人心裡都明白，這事肯定還沒完，宇宙的奧義只是剛剛露出了冰山一角，四維時空圖也只是一幅剛剛展開一點點的卷軸畫，當它全部展開後，到底會在人類的面前呈現怎樣的一幅全景圖呢？閔考斯基和愛因斯坦都懷著深深的好奇，他們都迫不及待想要一覽卷軸中的祕密。這一年閔考斯基44歲，愛因斯坦29歲，他們一個沿著數學的思路，一個沿著物理的思路繼續去發掘時空圖中隱藏的祕密。

　　第二年聖誕節剛過，天氣異常的寒冷，閔考斯基和兩個不滿10歲的可愛女兒親吻道晚安，看著她們甜甜地進入夢鄉，然後，他轉身回到自己的書房，點亮枱燈，迫不及待地開始了演算。最近他正為一些新的發現和計算結果感到興奮不已，他覺得自己已經快要解決狹義相對論的缺憾了，那就是狹義相對論不能包含非慣性系的問題。突然，他感到中腹有隱隱的疼痛。閔考斯基並沒有特別在意，他想可能是自己吃壞了肚子，沒事，挺一挺就過去了。但是很快中腹的疼痛開始向右下腹轉移，而且越來越劇烈，很快就疼得他掉下了大顆大顆的汗珠。他一聲慘叫，妻子聞聲跑過來，看到此情景嚇壞了，立即把閔考斯基送往醫院，但最終搶救無效，閔考斯基於三天後去世。科學界的一位重量級人物在正值創作力巔峰的時候突然隕落，實在讓人感到萬分遺憾。奪去閔考斯基生命的病症其實就是在今天看來毫不起眼的急性闌尾炎，切除闌尾只是現代外科手術中最簡單的一種，任何一個鄉鎮醫院的外科醫生都會做，然而它卻奪去了閔考斯基的生命。若不是閔考斯基的意外身亡，第一個完整打開卷軸看到宇宙時空終極圖景的人很可能就不是愛因斯坦，而是閔考斯基。

　　閔考斯基死後，他生前的摯友希爾伯特整理了閔考斯基的遺作，並

且結集出版。愛因斯坦在看到閔考斯基的遺作後深受啟發，最終一個人獨立完成了廣義相對論。廣義相對論發現了時空彎曲這個驚人的事實，然後愛因斯坦又從數學的角度推斷出宇宙要麼膨脹要麼收縮，最後由美國人哈伯證實了我們的宇宙正在快速膨脹，從而，人類開始認識到宇宙是有一個開始的，很可能開始於一次恢宏的宇宙大爆炸。這些是我們在第五章最後已經談過的內容，在這裡重提此事，因為它事關時空的終極圖景。下面，就讓我來為你打開卷軸，讓我們一覽這個宇宙時空的終極圖像。這是以愛因斯坦為首的廣義相對論學家和天文學家苦苦追尋了幾十年的圖像，這是他們日思夜想、夢寐以求的圖像：

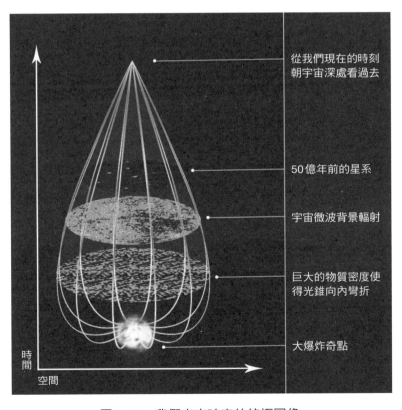

圖8-10　我們宇宙時空的終極圖像

　　這就是我們這個浩瀚宇宙從最初到現在整個時空的終極圖像。宇宙的未來還未發生，我們不敢妄言她的圖像。現在請你跟我一起閉上眼睛，讓我們一同想像一下你站在星空下，朝著宇宙的任何一個方向望去，你看到的既是浩茫的空間，也是深遠的時間，天上星星發出的光芒跨越了漫長的時空到達了地球。我們看得越遠，看到的景象就是越早的。每當我們抬頭看星空，看到的其實就是宇宙的歷史。這個終極的宇宙時空圖景看上去像什麼呢？是不是很像一個堅果呢？比如一顆瓜子，一顆松子，一顆榛子。霍金為他的第二本科普巨著取名為《胡桃裡的宇宙》（*The Universe in a Nutshell*），他自己說書名是引用自《哈姆雷特》中的一句台詞。然而每當我看到這幅宇宙時空圖，總不禁感到，宇宙過去的時空也正像是個堅果的外殼，包裹著宇宙萬物。從這個角度講我們的宇宙是一個「果殼中的宇宙」，似乎也很貼切。

神奇的四維

　　本章的內容就像是一首古典交響樂，由平靜的序曲開始，逐漸進入主題，然後達到高潮。現在本章的高潮已經來臨，讓我們一同來繼續領略四維時空的奇景。

　　我們每個人都已經習慣了周圍三維的世界，所有的物體都有長、寬、高的基本屬性，我們也很容易知道二維平面的圖景，一幅畫就是二維的，而一條線就是一維的。可是我們卻怎麼也想像不出四維的物體長什麼樣，有什麼特性。一個三維空間的正方體，我們很容易想像出它的樣子，可是一個四維的正方體，我們稱之為超正方體，或者一個超圓錐體、超圓柱體、超金字塔，你能想像出他們的樣子嗎？這似乎已經在開

始挑戰我們的想像力極限了，但是不要怕，讓我幫助你一步步把四維物體的形象建立起來，我們從研究超正方體開始這段思維之旅。

　　我們先不用急著直接把超正方體的形象想出來，讓我們先來研究一下維度之間的關係，每多一個維度意味著什麼？會帶來哪些變化呢？

　　讓我們先從一維的世界開始。如果這個世界是一維的話，那麼這個世界的生物都是一條線段，只有長度，沒有高度和寬度。它們的頭尾各有一個眼睛，它們可以在x軸方向左右移動，但是永遠也無法超越前面的人，要與隔著的一個「人」打聲招呼都是不可能的，更不要說與別的同伴見面，他們只能透過與其相鄰的「人」傳話過去。一維生物的交流就永遠只能是報數，一個挨一個地報過去。

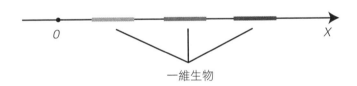

圖8-11　一維世界中萬物都是一條線段

　　這個一維世界是一個狹窄得讓人窒息的世界，在這個世界中自然不可能有任何形狀的概念，一切都是線段。那麼如果突然有一天，一條一維的線段獲得了朝另外一個維度，也就是y軸方向運動的能力，那麼它的運動軌跡會變成什麼呢？讓我們畫個圖來研究一下：

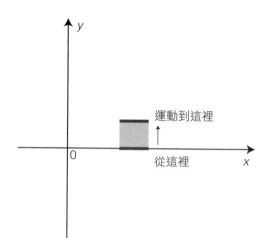

圖8-12　一條一維的線段朝 y 軸方向運動一段距離後，軌跡形成一個正方形

　　一維線段只有 2 個頂點 1 條邊，它在二維方向運動了一段距離（為方便起見，假設這段距離就等於這條線段的長度），2 個頂點就多了一倍，變成了 4 個。我們把 2 個頂點運動前後的位置用線連起來，於是我們看到軌跡形成了一個正方形，這個正方形有 4 個頂點 4 條邊。一旦從一維的世界拓展到二維的世界，整個天地豁然開朗，世界從一條只有長度沒有高度的「線」突然變成了一幅「畫」。在這個二維世界中，「人」可以任意遊走和穿行其間，可以跨過相鄰的同伴直接與別的同伴見面。如果一維生物有感知的話，它們會被眼前的奇景所震撼，做夢也想不到居然可以有如此寬廣的天地，天地開闊了豈止兩倍，並且這個二維世界裡面的物體再也不是只有長度區別的一條線段了，他們可以擁有如此複雜多變的形狀，形狀的數量之多簡直就是無窮無盡。

　　然後，突然有一天，一個二維的正方形獲得了在另外一個維度，也就是 z 軸運動的能力，那麼它的運動軌跡又會變成什麼模樣？讓我們畫

出圖來看一下：

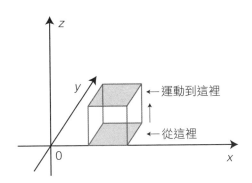

圖 8-13　二維的正方形朝第三個維度運動後形成正方體

　　我們看到，一個二維的正方形在三維方向運動一段距離後，原來的4個頂點增加了一倍，在新的位置又形成了4個頂點。於是我們還是用老方法，把頂點在運動前後的位置連起來，於是形成了8個頂點和12條邊（正方形本來有4條邊，運動後在新位置又有4條邊，然後定點連線再形成4條邊，加起來剛好是12條邊）的一個正方體。這個世界從二維的「畫」變成了三維的空間，天地開闊了豈止百倍。如果生活在「畫」上的二維生物突然來到了這個三維世界，它再回看自己曾經生活過的二維世界的話，你覺得它會怎麼想。它必定會為眼前的景象所驚呆：舊有的世界觀一去不復返，原來我們以前那個世界是如此狹窄得令人窒息啊；原來我們認為的牢不可破的監獄根本無法關住犯人，一個犯人如果跟我現在一樣能在第三維運動，他只要輕輕一跨，就在看守們做夢也想不到的地方越獄了；原來我們以前那二維世界的保險箱是如此的不保險，從我現在三維的角度看過去，一切都不再是保密的，保險箱內的東西全都一覽無遺，輕易就可以取出來。眼前的這個三維世界實在宏大得

不可思議，萬物不僅僅只有形狀，還有體積，無窮無盡的形體變化除了用「難以置信」來形容，實在找不出更恰當的詞了。

霍金在《胡桃裡的宇宙》一書中風趣地說二維生物和三維生物的區別在於，二維生物想要消化食物會非常的困難，因為如果他們的嘴到肛門是被一根腸子連通的話，那麼他們必然會被一分為二。其實別說腸子了，二維生物的血管會把他們分割成無數的小塊，彼此不相連。

下面是重點來了，各位讀者務必打起精神。

如果，突然有一天，一個三維的正方體獲得了朝第四個維度運動的能力，那麼它的運動軌跡會形成什麼樣的形狀呢？雖然我們暫時無法在頭腦中想像出來，但是根據我們之前的維度增加的經驗，我們至少可以推斷出，這個四維的超正方體必然有16個頂點（原位置8個頂點，運動後在新位置產生8個頂點），然後有幾條邊呢？在原位置有12條邊，新位置又有12條邊，然後把8個新老頂點連接起來又產生8條邊，因此，這個超正方體就會有32（12＋12＋8）條邊。這樣我們就得出結論：超正方體有16個頂點32條邊。我們至少可以畫出它在三維空間中的近似圖，或者認為這是它在三維空間中的投影：

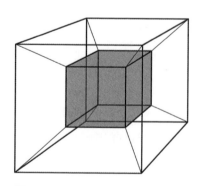

圖8-14　超正方體的三維投影

看，這就是超正方體在三維空間的投影。哦，可能有些讀者對投影的概念不是很了解，那麼我畫一個正方體在二維平面的投影圖出來，你馬上就理解了，這也會幫助你想像超正方體的真正形態：

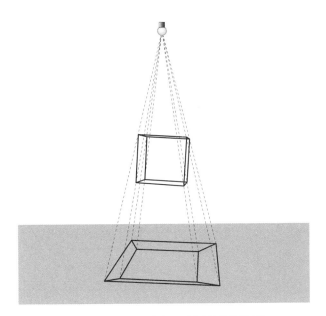

圖8-15　正方體在二維平面的投影

從上面這幅圖中，我們可以看到，物體的投影雖然並不是物體的真正形態，但是它能準確地體現出該物體的基本特徵。請把兩張圖結合起來，然後，閉上眼睛，努力在腦中冥想一下，過一會兒告訴我你想到的四維超正方體的真正形態是什麼樣子的。

過了一分鐘，你睜開眼睛，然後茫然地告訴我：「大哥，很抱歉，還是沒想出來！」

嗯，不奇怪，我料到了，這玩意兒確實不是太容易想。還好我還留

了一招後手，讓我繼續來幫助你做這個思維體操。下面我們來看看，如果你把一個三維正方體在二維平面上展開，會得到一個什麼樣的形狀呢？換句話說，其實就是把一個紙箱子展開全部平鋪在地面上，會是一個什麼樣子呢？我們畫出圖來看一下：

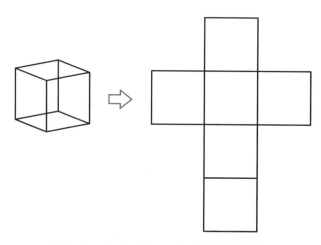

圖 8-16　正方體在二維平面展開的樣子

一個正方體總共有 6 個面，注意看正方體的二維投影也是 6 個面，這個基本特徵是相當準確的。把 6 個面展開，就得到了上圖所示的樣子，其實就是一個紙箱子剪開壓平的樣子。那麼，你能不能畫出超正方體在三維空間展開後的樣子呢？三維到二維展開的關鍵是研究總共有多少個「面」，那麼將四維在三維展開的關鍵就是研究總共有多少個「體」，我們從超正方體在三維空間的投影可以數出來，總共是 8 個「體」，這個基本特徵是準確無誤的，所以，超正方體在三維空間展開後的樣子應該是這樣：

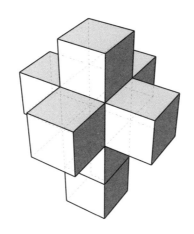

圖8-17　超正方體在三維空間展開後的形態

　　於是，我要你再次閉上眼睛，把超正方體在三維空間的投影和展開圖都在腦子裡面過一遍，然後努力想像一下超正方體的真正形態，你能想像出來嗎？

　　這次過了整整五分鐘，你睜開眼睛，還是一臉茫然地告訴我：「大哥，還是想像不出啊！」

　　別難過，其實我跟你一樣，也想像不出來。這種狀況，就跟三維世界中的我們去跟一個二維世界的人講解什麼是正方體一樣。在二維世界中，只有正方形，沒有正方體，你費勁口舌，舉了無數例子，從三維正方體在二維上的投影講到三維正方體在二維平面上的展開，然後再畫出正方體在二維平面上的投影以及展開圖，希望透過類比的方法讓二維人想像出正方體的真正形態，口水都講乾了，可是，二維人還是茫然地看著你，搖搖頭說：「大哥，還是想像不出來。」其實，在對超正方體的想像力上，我們比那個可憐的二維人好不了多少。當一個二維人有一天終於能看到三維的世界後，他的震驚該是多麼巨大，他除了不停地重複

「難以置信」這個詞以外，實在找不出其他恰當的形容詞了。

　　其實我們人人都生活在四維時空中，從理論上說，我們每時每刻都在時間這個第四維上運動。但問題是，時間這個維度是單方向的，因此我們無法回頭看見過去的自己，從而也無法感受到四維空間之大。但是，難道就不能有第四個空間維度存在嗎？時間可以看成是第五維，四維時空變成了五維時空。如果真有第四個真正可以正反兩個方向運動的空間維度，那麼我們三維人是真的有可能跨出我們這個世界的「畫」，從第四個空間維度俯瞰我們這個世界，請想像一下我們將面對的是怎樣一幅令人難以置信的奇景？

　　天地之大，你該如何用語言去形容四維空間的寬廣呢？我真的是無法形容出來，但是好在有比我高得多的高手，劉慈欣先生在他的《三體3：死神永生》中對四維空間的奇景有惟妙惟肖的描述，其逼真感和現場感令人歎為觀止，如果你有興趣想對四維空間有進一步的認識，不妨讀讀此書。

　　如果真有第四個空間維度，那麼為什麼就不能有第五個、第六個，以至於無窮多個空間維度呢？發出同樣疑問的人不僅僅是我，也有全世界許多著名的物理學家，恰恰是這個疑問引領現代物理學家打開了基礎理論物理研究的一個全新領域。按照目前最新的理論，我們這個宇宙在誕生的時候總共有十個維度，其中有九個空間維度，一個時間維度。經過百億年的演化，現在六個空間維度已經蜷縮在微觀世界中。關於這個話題，我們在本書的最後一章還要再次討論，那又將是一段充滿挑戰的思維之旅。

　　好了，關於時空的旅程到此就正式結束了，結束這段時空之旅的同時，我們關於相對論本身是什麼的話題也就全部講完了，我希望這十多

萬字閱讀下來，你終於對相對論有了一個基本的認識，不再覺得相對論很神祕，很難懂了。

但是，相對論結束了，物理學並沒有結束，我們的書也還沒有結束，因為，好戲還在後頭。最後兩幕大戲上演之前，我必須先帶你認識一下愛因斯坦的世界觀、宇宙觀。愛因斯坦對這個宇宙的認識有一個中心兩個基本點，先說兩個基本點。

第一，愛因斯坦認為這個宇宙是「定域」的。這個概念我們在本章前面剛剛講過，也就是說一個事件的未來光錐決定了這個事件對時空的影響範圍，而它的過去光錐決定了什麼樣的時空範圍可以影響到這個事件本身。過去光錐和未來光錐都是有大小和形狀的，也就是說這個宇宙是一個定域的宇宙，任何事件之間都不可能超越這個範圍而相互影響。

第二，愛因斯坦認為這個宇宙是「實在」（客觀存在）的。宇宙萬物的運動規律獨立於觀察者而存在，不論是否有人的存在，皓月星辰、茫茫星海，它們的運動是一個客觀存在。不管是在人類誕生之前，還是人類滅亡之後，宇宙仍然是在按照它自身的發展規律一絲不苟地演化，用宇宙自己的話來說就是：「我膨脹也好收縮也好，與人類何干。」

圍繞著這兩個基本點，愛因斯坦還有一個中心思想，那就是「因果律」，宇宙萬物有果必有因，有因必有果，宇宙從開始的那天起，就在朝著確定無疑的方向演化，不管我們知道也好不知道也好，宇宙的未來早已經就是一本寫好的劇本，宇宙必然會按照劇本的要求絲毫不錯地演化下去。

愛因斯坦雖然用相對論顛覆了牛頓物理學，但是在因果律這個基本宇宙觀上，愛因斯坦和牛頓是一模一樣的。牛頓認為，如果我們能夠知道某一時刻宇宙中所有物體的運動狀態，那麼只要擁有足夠強大的計算

能力，我就可以確定無疑地計算出宇宙的過去和未來，分毫不差。愛因斯坦的名言是「宇宙最不可理解之處在於它是可解的」。愛因斯坦經常動不動就提到上帝，還經常稱呼上帝為「老頭子」，但愛因斯坦實際上是一個徹底的無神論者，他口中的上帝其實指的是史賓諾莎（西方近代哲學史上最著名的理性主義者，對西方科學思想影響深遠）的「上帝」，那就是——宇宙規律本身。

愛因斯坦還有一句名言：「上帝不擲骰子！」這個宇宙萬物的演化規律不是靠每次擲骰子得出的隨機點數來決定的，「老頭子」是一個一絲不苟的人，他過去從沒有犯過錯誤，將來也不會犯錯，宇宙的劇本早已定稿。從這一點上來說，愛因斯坦和牛頓都是屬於古典的，他們心中的宇宙是古典的宇宙，是一個溫暖、有秩序、一絲不苟的宇宙，或許這也是我們大多數人心目中的宇宙。

然而，我們的宇宙真是愛因斯坦心目中溫暖的古典宇宙嗎？愛因斯坦心目中的上帝真是他希望的那個一絲不苟的上帝嗎？偉大的相對論難道就沒有一點破綻嗎？自從上個世紀以來，人類在研究微觀世界時發現了一系列令人費解的實驗結果，從此誕生了理論物理學另外一個重要的分支——量子物理學。愛因斯坦曾是量子物理學的奠基人之一，然而後期他自己又對量子物理學發出了一系列的詰難。他親手設計了一個試圖推翻量子物理學基本理論「哥本哈根詮釋」（Copenhagen interpretation）的思維實驗，因為哥本哈根詮釋讓上帝從一個溫文爾雅的君子變成了一個瘋狂的賭徒。這個著名的思維實驗被稱為 EPR 實驗，以愛因斯坦、波多斯基和羅森三個人名字的首字母命名。為什麼只能在思維中進行呢，那是因為在當時人類的技術水準還發展不到實驗要求的精度。但是在愛因斯坦死後 27 年，也就是 1982 年，人類終於突破了技術難關，具

備了把 EPR 實驗從思維中搬到實驗室的能力了，於是，我們將看到人類對愛因斯坦的上帝進行了審判。「老頭子」到底是一個和藹慈祥的紳士還是一個捉摸不定的賭徒，答案將在下一章揭曉。

9
上帝的判决

上帝玩不玩骰子？

1982年，法國，巴黎，夏秋之交。

第12屆世界盃足球賽在西班牙才剛剛結束沒多久，全法國都還沉浸在激動人心的比賽中。普拉提尼率領的法國隊被稱為「黃金一代」，史上最強，他們一路凱歌高奏，殺入準決賽，遇上了老冤家西德隊。90分鐘1:1打平，不分勝負，比賽進入到了延長賽，幸運女神一開始站在法國人這邊，特雷佐和吉雷瑟八分鐘內連進兩球，整個法國開始提前慶祝勝利。然而，具備鋼鐵意志的德國人此時卻開始了絕地反擊：第102分鐘，魯梅尼格在禁區內抽射扳回一球；第108分鐘，費舍爾用一記精彩的倒掛金勾射門將比數扳平，3比3！法國人還沒有從驚愕中回過神來，比賽已經進入了殘酷的PK大戰。這一次，幸運女神眷顧了德國人，舒馬赫撲出了對方的最後一球，而赫魯貝什的勁射破網為德國隊鎖定勝利，法國隊止步於準決賽。整個法國在比賽結束後整整沉默了五分鐘，所有人都不敢相信眼前的事實。

此時世界盃的熱潮還沒有完全褪去，球迷們還夜以繼日地在酒吧中談論普拉提尼，談論PK大戰。「只是，有多少人知道，在不遠處的奧賽光學研究所，一對對奇妙的光子正從鈣原子中被激發出來，衝向那些命運交關的偏振器，我們的世界，正在接受一場終極的考驗……」（引自曹天元著《量子物理史話》）。愛因斯坦信奉的上帝正在接受一場終極審判，他信奉的「定域」、「實在」、符合「因果律」的古典溫暖的宇宙正在接受一次嚴苛的洗禮。它會浴火重生，披上更為耀眼的金色鎧甲呢，還是會被揭下慈祥嚴謹的面具，突然變成一個陰晴不定、捉摸不透的賭徒呢？

已經過世27年的愛因斯坦的神靈和過世20年的波耳（Niels Bohr, 1885-1962，量子物理學奠基人之一）的神靈，也在天國注視著這次實驗，他們倆在世的時候，就不斷地爭論，使得愛因斯坦和波耳曠日持久的爭論成為物理學史上最重要的一段史話。此刻，兩人一見面，老毛病又犯了。

愛因斯坦：「波耳老弟，看著吧，這次的實驗結果會讓你閉嘴的，跟你說過多少次了，上帝不玩骰子。」

波耳：「老愛，你也看著吧，這次實驗會讓你明白這樣一個基本道理──別去對上帝指手劃腳。」

這到底是一次怎樣的實驗？為什麼連死人都趕來湊熱鬧？為什麼說這次實驗是一次對上帝的審判？要把這些問題回答得讓你滿意，我們就必須耐著性子回顧一下量子物理學的發展簡史。如果說相對論讓你對宇宙規律充滿驚奇和敬畏的話，那麼量子物理學則必定讓你對宇宙規律充滿茫然和困惑，甚至還會發火。波耳有一句名言：「如果你不對量子物理學感到困惑，那說明你沒有搞懂量子物理學。」

美劇《宅男行不行》

我們的故事從美劇《宅男行不行》開始。讓我們從它的第一季第一集的第一秒開始，來重溫一下這部經典美劇：

我相信大多數看過《宅男行不行》的讀者都已經忘記了這位天才劇作家為整部戲的開端設計的台詞到底是什麼了，或許你根本沒有在意當時謝耳朵一邊上樓一邊在嘮叨些什麼。下面，讓我把經過我改良後的中文翻譯和英文原文對照著列出來，我們一起重溫一下謝耳朵在最開始說

的幾句話：

> So if a photon is directed through a plane with two slits in it
>
> 如果一個光子通過有兩個狹縫的平面，
>
> and either slit **is observed**,
>
> 只要**觀察**了其中的任意一個狹縫，
>
> it will not go through **both** slits.
>
> 那麼光子就不會**同時**通過兩條狹縫。
>
> If it's unobserved, it will.
>
> 但如果不進行觀察，那它就會同時通過兩條狹縫。
>
> However, if it's observed after it's left the plane,
>
> 然而，即便光子是在離開平面（狹縫）後，
>
> but before it hits its target,
>
> 在擊中目標之前被觀察了，
>
> it won't have gone through both slits.
>
> 它居然也不會同時通過兩個狹縫。

　　我知道你已經很努力地逐字逐句又去讀了一遍上文的中英文台詞，但是你仍然無法完全理解謝耳朵到底在說些什麼。知道我是怎麼猜到的嗎？因為我看到你沒有發火，也沒有發瘋，說明你並沒有讀懂上面這段台詞的真正含義，否則你要麼會發火，要麼會發瘋，至少要感到困惑。

要命的雙縫

　　謝耳朵說的其實是物理學史上非常非常著名的「楊氏雙縫干涉實

驗」。這個實驗雖說不如MM實驗那樣在物理學史上具有分水嶺的意義，但我敢跟你保證，任何一本講量子物理學歷史的書，都一定會提到這個雙縫干涉實驗，而且是一而再再而三的提到。這個實驗最早是在1801年被一個叫做湯瑪斯・楊的英國醫生（他同時也是一位物理學家）做出來的，當時他做這個實驗的目的是為了向世人證明光是一種波而不是一種微粒，這個實驗非常有力地證明了光具有波才具備的自我干涉性質。現在的高中物理都會做到這個實驗（見圖3-2）。

　　光因為是一種波，所以在通過雙縫之後，會發生干涉現象，從而在螢幕後面形成明暗相間的條紋，這個具備高中物理知識的人都可以明白。如果剛好你對高中物理忘得差不多了，那麼我再把這個明暗條紋產生的原理圖畫出來，幫助你回想一下：

圖9-1　雙縫干涉實驗原理圖

　　邁克生和莫雷也正是利用光的這種自我干涉現象，設計了著名的MM實驗，試圖透過干涉條紋的移動來證明光在不同方向上的速度不同，MM實驗最終導致了偉大的相對論的誕生。那麼這個看似普普通通，現在每個高中生都做的雙縫干涉實驗中到底藏著什麼玄機，讓謝耳朵念念不忘呢？那是大大的有門道。這個實驗剛開始並沒有在物理學界引起多麼巨大的轟動效應，但是隨著人們對光、原子、電子的進一步認識，這個實驗開始逐漸引起越來越多物理學家的關注，直到最後引發了空前的大討論，整個物理學界開始為這個實驗抓狂（用抓狂來形容一點都不過分）。於是這個實驗在它被發明的一百多年後再次成為了整個物理學的中心，甚至成了現代量子物理學開端的標誌性實驗，大物理學家費曼寫道：「雙縫實驗包含量子物理學的所有祕密。」難怪《宅男行不行》的劇作者要在第一集的第一秒就迫不及待地提到它。

　　這事的起因還要從愛因斯坦說起。還記得那個物理學的奇蹟年嗎？1905年，愛因斯坦接連發表了五篇傳世論文，其中第一篇不是關於相對論的，而是叫做〈關於光的產生和轉化的一個試探性觀點〉，我們一般簡稱為「愛因斯坦關於光電效應的那篇論文」。在這篇論文中，愛因斯坦解決了困擾物理學界多年的一個問題，那就是為什麼光會在金屬上「打出」電子來——光電效應。愛因斯坦的觀點認為光是由一個個的「光量子」（簡稱「光子」）組成，這些光子聚集在一起，表現出波的特性，但是單獨來看，它又具備粒子性。這就是現在每個高中生都知道的光的「波粒二象性」（wave-particle duality）。換句話說，光既是粒子又是波，愛因斯坦因為這篇論文在1921年獲得諾貝爾物理學獎。

　　光既是粒子又是波，你在讀到這句話的時候不感到奇怪是因為你對「波」和「粒子」並沒有感性認識，但是如果我說「XX既是貓又是狗」

「XX 既是石頭又是金子」「XX 既是活的又是死的」，你一定會大聲說「荒謬」、「腦子壞掉了吧」。在上世紀初，許許多多的物理學家聽到「光既是粒子又是波」，與你聽到「XX 既是貓又是狗」時所感到的荒謬是一模一樣的。在物理學家的眼裡，波就是波，粒子就是粒子，兩者截然不同。比如說水波吧，水分子的上下振動引發了波紋，這個波紋只是表示能量的傳遞，並不是一個真實的客觀實在的物體；再比如說聲波，也只不過是空氣分子振動形成的而已，除了空氣分子和傳遞的能量外，再也沒有別的什麼東西。水波和聲波都不可能是一個個實實在在的小球在水中、空中飛來飛去。那時候的物理學家堅信，光如果是一種波，就必然要在一種叫做「以太」的介質中傳播，並沒有什麼真正的客觀實在的「光」，它只不過是「以太振動」在人們眼中造成的效應而已。

然而隨著各式各樣的實驗被設計出來，隨著理論物理研究的深入，物理學家們終於開始接受，原來波的產生並不是一定要有介質，以太是不存在的，在真空中光波也能轉播，而且光波中真的含有數量無比巨大的光子，單個光子的行為看起來就像是一個古典粒子的行為，但是聚集在一起，就形成了波。當這個觀點被越來越多物理學家所接受的時候，突然有人站出來問了一句：「那麼請問，在雙縫干涉實驗中，單個光子到底是通過了左縫還是右縫呢？」

本來喧鬧歡騰的場面突然安靜了下來，每個人都開始思考起這個問題。很快，物理學家們都意識到，這下好了，物理學的真正麻煩來了，這個問題就像是打開了潘朵拉的盒子，從此物理學陷入了迷惘、混亂、猜疑、神祕之中，有人憤怒，有人抓狂，有人絕望，有人欣喜，有人趁火打劫，有人面壁思過，這場混亂一直持續到今天都沒有停歇。

「那麼請問，在雙縫干涉實驗中，單個光子到底是通過了左縫還是

右縫呢？」

　　這個普普通通，簡簡單單的問題到底意味著什麼？是什麼力量使得基礎理論物理中古典世界觀陷入了萬劫不復的深淵呢？讓我給你詳細解說這個問題對物理學家們的震撼所在。

　　一束光如果只通過一條狹縫，那麼在螢幕上不會產生干涉條紋，如果通過兩條狹縫，則會產生干涉條紋。我請你想像一下，假如我們把一束光看成是由億億萬個光子聚合而成，每一個光子就像一個小球（當然光子並不是一個小球的形狀，只是打個比方，並不影響我們對問題的探討），當其中一個光子遇到了狹縫的時候，按照我們樸素的觀念，這個光子要麼通過了左縫，要麼通過了右縫，二者必選其一。但問題是，當一個光子通過左縫的時候，它是怎麼知道還有另外一條右縫的存在呢？光子只是一個無生命的小球，它可不像人，在快飛到狹縫的時候用眼角的餘光掃了一眼就知道邊上是否還有一條縫隙，如果看到還有一條縫我就這麼飛，如果沒有另外一條縫，我就那麼飛。

　　你可能還沒聽懂，沒關係，我來畫圖講解，這件事我必須要喋喋不休地說到你完全聽明白了才能罷手，這事關整個量子物理學的理論根基，絕不能含糊過去。

　　現在我們先在平面上開一條縫，我們看看如果只有一條狹縫的情況下，光子會怎麼通過這條單縫：

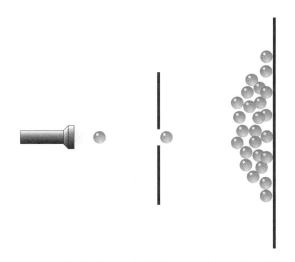

圖9-2　光子通過單縫時，隨機落在螢幕後面的一片區域內

　　如果我們做一個簡單的實驗的話，我們很容易就發現這是所謂光的「繞射」（diffraction）現象，一束光通過一條狹縫照在後面的螢幕上，會形成一片光亮區域，離狹縫越近的區域越亮，離狹縫越遠的區域越暗。上面這幅圖中我們用了一種很直觀的比喻，把光子看成一個個的小球，它們通過一條狹縫後，並不是走直線，而是根據機率分布在螢幕上，中間多兩邊少。

　　但是，一旦我們在那條狹縫的邊上再開一條狹縫，情況馬上會變得很神奇，我們會看到光子就像一支訓練有素的軍隊，排成了整整齊齊的隊形。

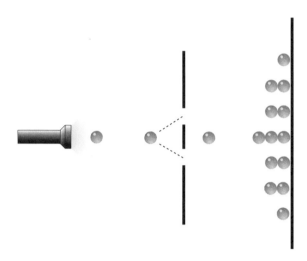

圖9-3　如果是雙縫，光子在通過雙縫後會規則地排列在螢幕上

　　這個事情確實有點神奇。光子會排列成整齊的隊形也就算了，畢竟可以用波的干涉現象去解釋；但是單個光子在通過了左縫的時候如何知道有右縫的存在，通過右縫的時候又如何知道有左縫的存在呢？你要知道，相對於光子的尺度來說，雙縫之間的距離就好像從地球遙望月球一樣遠。把這個問題問得更簡潔一點，就是：單個光子到底通過了左縫還是右縫？

　　我怕你還是沒有搞清楚這個事情有多怪異，保險起見，我再來打個比方。假如你是一個足球運動員，在球門和你之間豎著一道開了雙縫的牆，然後你開始對著兩條縫射門，你覺得會呈現怎樣一副情景？是不是下面這幅圖顯示的那樣：

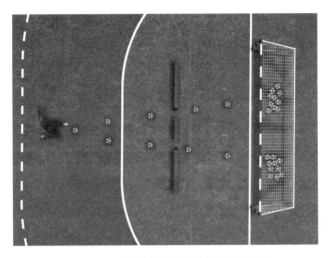

圖9-4　你對著雙縫的牆射門的場景

但是現在，如果你腳下踢的不是足球，而是一個個的光子，就會呈現出下面這樣怪異的圖像：

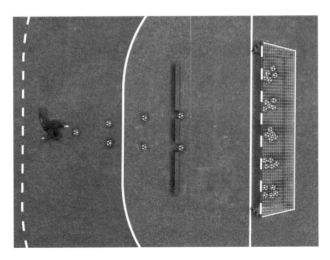

圖9-5　如果用光子當足球，會射成這樣

　　如果在現實生活中看到這樣的情景，你是不是會覺得太怪異了，就像玩魔術一樣？難道這竟然是真的？這是為什麼呢？

波耳的上帝

　　以丹麥物理學家波耳為首的哥本哈根學派站出來跟大家解釋說：「這個問題本身不成立！光子既不是通過左縫，也不是通過右縫，而是**同時**通過了左縫和右縫。」注意，這裡波耳可並不是指光子會分身術，一分為二，一半通過了左縫一半通過了右縫，他說的意思很明確，就是指同一個光子同時通過了左縫和右縫。

　　對的，你確實沒有聽錯，這確實是從嚴謹的物理學家口中說出來的話。請相信我，就在你感到莫名其妙的同時，我也跟你一樣感到無法理解，量子的所有行為幾乎都不是正常思維能夠理解的。按我們慣常的理解，愛因斯坦和波耳兩人可以同時分別位於德國和丹麥，或者他們可以今天位於德國，明天位於丹麥，但是如果你告訴我愛因斯坦同時位於德國和丹麥，波耳同時通過了凱旋門和艾菲爾鐵塔，我一定會認為你腦子壞掉了。

　　當哥本哈根學派這麼站出來解釋的時候，同樣也是冒天下之大不韙。全世界的大多數物理學家都群起而攻之，尤其是愛因斯坦，對波耳連連搖頭歎息，說波耳丟掉了最基本的理性思想。還有某位最激烈的物理學家，說如果哥本哈根學派的解釋是對的，他寧願改行去當醫生，從此不再搞物理了。

　　你可能會想，大家何必吵吵鬧鬧的呢？光子到底通過了左縫還是右縫，我們在實驗室裡面仔細觀察一下不就好了嗎？與其坐而論道不如實

際行動，去做個實驗不就知道了嗎？你的想法完全沒錯，物理學家們也都這麼想，只是這個實驗的難度遠遠超過你的想像。光子可不是一個足球，天下還沒有那麼強大的攝影機能把光子的飛行軌跡錄影錄下來，也不可能在光子身上綁一個微型跟蹤器，然後全天候跟蹤。再說得深一點，你想想我們為什麼能「觀測」到一樣東西？照相機、攝影機為什麼能把物體的影像拍下來，其本質原因正是在於物體發射出無數的光子，或者反射出無數的光子，這些光子在我們的視網膜或者底片上成像，於是被我們「看」到。但如果我們要「觀測」的物件就是光子本身，那麻煩可就大了，這個光子如果射到了我們的眼睛裡，那它就自然不會跑到左縫那裡去，也不會跑到右縫那裡去（跑到我們眼睛裡面來了）。那有沒有可能反射別的光子？很抱歉，不能，別的光子跟它長得一樣大，能量一樣強，它沒有能力把別的光子反射出來而自己的運動又不改變，就好像一粒子彈無法把另外一粒子彈給反彈出去一樣。總之要「觀測」光子通過左縫還是右縫這個事情，基本上，很難。

　　但物理學家畢竟是物理學家，他們的探索精神不是常人能比的。他們很快發現，光有雙縫干涉現象，一束電子流同樣也有雙縫干涉現象，一束電子流跟光一樣具備波粒二象性。要記錄和測量電子就要比測量光子容易得多了，因為電子不但有質量，而且帶電，大小也比光子大得多。我們大可以在雙縫上面各安裝一個用來觀測和記錄的儀器，觀察電子有沒有通過這道狹縫。大多數物理學家都是為了證明哥本哈根詮釋有多荒謬而不辭辛勞地苦苦改良實驗設備，一次次地提高精度，沒日沒夜地在實驗室揮汗如雨，他們要拿出明確的證據來說明在雙縫干涉實驗中，電子是確定無疑地通過了某條縫隙。

　　但結果怎樣呢？好在我們的物理學家們都有誠實客觀的本性，儘管

他們是如此地厭惡哥本哈根詮釋，但是全世界的物理學家都不得不承認，他們的實驗表明：

一旦在狹縫上裝了記錄儀，他們確實可以觀測到電子通過了某條狹縫；但怪異的是，一旦電子被觀測到了，雙縫干涉條紋也就消失了，如果不去觀測，雙縫干涉條紋又會神奇地出現。這就好像在那個用光子當足球踢的實驗中，一旦有人在某個牆縫上看到了足球，這個足球就不再會整齊地落在網的固定位置，而一旦沒有人去看這個足球到底飛過了哪個牆縫，這個足球又會神奇地出現在那些固定的位置上。這事實在是太怪異了，物理學家們怎麼也想不通，電子的行為怎麼還跟觀測有關？一旦觀測，它就只通過一條狹縫，不產生干涉條紋；不觀測，它就同時通過（看來只能這麼理解了）兩條狹縫，留下干涉條紋。這實在太不可思議了。再打個比方，如果你拿一把槍瞄準了標靶，然後把槍用裝置固定住，讓槍自動開槍射擊，槍槍都正中靶心，你很滿意。於是你換上由電子製成的子彈，再次開槍射擊，但是怪異的事情出現了：如果你盯著標靶看的話，槍槍都命中靶心，可是一旦你背過身去，不看靶子，打了一輪之後，你轉頭一看，發現子彈以靶心為圓心成散狀分布。你以為槍的固定裝置出了問題，於是再盯著靶子打一次，這次又是槍槍命中靶心；當你再次轉過頭去開槍，子彈又開始「亂打」了。這事已經遠遠超出了怪異的範圍，簡直是讓人抓狂。還記得愛因斯坦的世界觀說的一個中心兩個基本點嗎？一個中心是「因果律」，兩個基本點是「定域」和「實在」。現在「實在」這個愛因斯坦的理想宇宙的基本點遭到了嚴重的懷疑，這個實驗居然再三向物理學家們說明：電子的行為跟我們的觀測有關。電子似乎不再是一個超脫於我們意識而存在的「客觀實在」，它似乎是為我們而存在，為我們而表演，它的行為受我們「看」與「不看」

而左右，愛因斯坦的世界觀遭受了第一次最直接的衝擊。

波耳領銜的哥本哈根學派此時又站出來跟大家解釋說：「實驗結果大家都看到了，我們也反覆地做了電子的雙縫干涉實驗，結果都是一樣的。這說明電子必須符合『不確定原理』，也就是說電子的運動軌跡是不確定的，它的運動軌跡不能用一條線來表示，只能用一朵機率雲來表示。我們在觀測之前永遠無法說出電子的確切位置，我們只能說出它在某一個位置的機率。當我們觀測到電子以後，電子雖然處於確定位置，但它是怎麼到這個位置、經由什麼路徑來的，我們仍然不可能知道。事實上這個電子同時存在於那朵機率雲中的所有位置。而且，我們對電子的位置測量得越精確，對它的速度就必然測量得越模糊，我們的測量行為本身就會影響電子的運動。反之，我們對它的速度測量得越精確，對它的位置就必然測量得越模糊。換句話說，我們永遠不可能同時知道一個電子的位置和速度。因此不確定原理也可以叫做『測不準原理』。」

如果牛頓地下有知，聽到了波耳的這段話，必然從地底下蹦出來大罵波耳離經叛道。牛頓是堅定的決定論者，他認為只要知道了某一時刻的所有資訊，就能預言未來發生的一切。然而現在波耳很無情地告訴牛頓：對不起，你連最基本的速度和位置資訊都是永遠無法同時準確地知道的，又何談計算和預測呢？愛因斯坦也站出來反對說：「波耳先生，很抱歉，本人實在不喜歡你們的這個解釋，沒有確切的運動軌跡，只有機率，這叫什麼解釋？你以為上帝是一個喜歡擲骰子的賭徒嗎？時間和空間都被你們拿到賭桌上來碰運氣了！」

雙縫實驗做到這一步已經夠瘋狂的了，居然引出了一個「不確定性」原理：物質的最基本構成──電子，以及所有跟電子差不多大小的基本粒子的行為都是不確定的，我們要麼只能知道它們在什麼地方，要

麼只能知道它們的運動速度，想同時知道兩樣，想都別想。但接下去的實驗進一步告訴我們這樣一個道理：在量子的世界，沒有最瘋狂，只有更瘋狂。物理學家們又幾乎同時發現了一個更「恐怖」的結果：哪怕你是在電子已經通過了雙縫之後再去觀測電子實際通過了哪條狹縫（這裡的原理比較複雜，我們在這裡不需要去搞清楚具體是什麼樣的觀測方式，總之你只要知道物理學家們有巧妙的方法可以觀測），只要一觀測，干涉條紋就消失了。也就是說哪怕你在電子通過了雙縫之後再觀測，電子也不再同時通過雙縫，而只要不觀測，電子又同時通過雙縫了，讓電子同時還是不同時通過雙縫是可以在電子實際通過以後再決定的。

詭異，詭異，真是太詭異了！這個實驗結果直接違背了愛因斯坦信仰的「因果律」，本來事情的原因影響結果，結果是原因導致的，現在好了，我的事後觀測行為居然影響到了電子之前做出的選擇，這豈不是變成了結果影響原因了嗎？難道歷史是可以改變的嗎？（費曼辯護說，不是歷史可以改變，而是歷史本身就是有無數個，可能發生的歷史實際上都已經發生了。很多人聽完當場昏厥在地。）這嚴重違背因果律，嚴重離經叛道。

哥本哈根學派繼續解釋說：「在我們看來，沒有什麼真正的因果，只有『互補原理』，原因和結果是一種互補關係而不是先後關係，你我既是演員又是觀眾，觀測者和被觀測者互相影響，形成互補關係，原因會影響結果，結果也一樣會影響原因。」

愛因斯坦這次是真的坐不住了，他寫了一系列的文章，還在公開的會議上和波耳辯論。他認為波耳已經從一個物理學家變成了一個形而上的哲學家，波耳的理論哪裡像是物理學嘛，簡直就是一種哲學，還是帶

偽字的。愛因斯坦雖然對實驗結果也同樣感到震驚，但他認為一定會有一個溫暖的符合古典世界觀的理論去解釋這些現象，只是我們還沒找到這個理論罷了。另外，他對物理學家的實驗方法也提出了一些質疑，認為所有的實驗結果只能作為一種統計近似，並非是顛覆自己所信仰的「因果律」和「實在性」的直接證據。

　　但不管怎麼說，這個雙縫干涉實驗，對愛因斯坦一個中心兩個基本點中的兩項內容都造成了嚴重的衝擊。整個物理界產生了大混亂，從此狼煙四起，天下不再太平。你要知道，這世界的所有物質從本源上來說，都是由基本粒子，也就是量子構成的，如果量子是不確定的，那麼是不是由量子構成的我們也是不確定的呢？最驚人的一次實驗是1999年一組物理學家在奧地利做的，他們用60個碳原子組成了一種叫「巴克球」（buckyball）的東西，用這個巴克球來模擬雙縫實驗，結果他們同樣得到了神奇的干涉現象。現在的科學家們設想用更大的病毒來做雙縫實驗，病毒從某種意義上來說，已經是生命體了，它們或許具備「意識」。不知道他們會如何體驗這種同時通過了雙縫的感覺。此時，我再把謝耳朵的話打出來給大家回顧一下，你是否看懂了謝耳朵的嘮叨了呢？

So if a photon is directed through a plane with two slits in it

如果一個光子通過有兩個狹縫的平面，

and either slit **is observed**,

只要**觀察**了其中的任意一個狹縫，

it will not go through **both** slits.

那麼光子就不會**同時**通過兩條狹縫，

If it's unobserved, it will.

但如果不進行觀察，那它就會同時通過兩條狹縫。

However, if it's observed after it's left the plane,

然而，即便光子是在離開平面（狹縫）後，

But before it hits its target,

在擊中目標之前被觀察了，

it won't have gone through both slits.

它居然也不會同時通過兩個狹縫。

這次我相信你一定看懂了，不但看懂了，而且開始感到抓狂了。很顯然，我們每個普通人心目中的那個樸素的宇宙觀受到了衝擊。我們的這種感情和愛因斯坦是一樣的。但好在，愛因斯坦還保有自己最後一塊神聖不可侵犯的領地，那就是「定域性」：這個宇宙是定域的，不存在什麼超光速的信號，光速是一切運動速度的極限；兩個事件之間想要產生相互影響，必然不可能突破光錐所劃定的時空範圍。

然而事情真的像愛因斯坦認為的那樣嗎？這最後一個定域性的堡壘真的有那麼堅固嗎？

EPR 實驗

1935 年 5 月，愛因斯坦同兩位年輕的美國物理學家波多斯基和羅森在美國《物理評論》（*Physical Review*）第 47 期發表了題為〈能認為量子力學對物理實在的描述是完備的嗎？〉（Can Quantum-Mechanical Description of Physical Reality Be Considered Complete?）的論文，在物

理學界、哲學界引起了巨大的迴響。

這篇論文提出了一個名垂千古的思維實驗，以論文的三位聯合作者的首字母命名，稱為「EPR實驗」。正如這篇論文的標題所表達的，愛因斯坦想用這個思維實驗來告訴物理界，哥本哈根學派的量子力學解釋是有問題的。

到底什麼是EPR實驗？如果我用愛因斯坦的原始論文來講解，會非常困難，但這個實驗原理經過這麼多年的發展，已經有了一個更通俗易懂的等價版本，了解起來會比愛因斯坦的原始論文容易得多。

首先，我們要了解一個基本概念，就是電子的「角動量」。最常見的比喻就是花式滑冰中的旋轉動作。運動員把自己抱得越緊，就轉得越快，物理原因就是角動量守恆。所以，僅僅從理解概念的角度，我們可以很粗糙地認為，角動量就是轉動掃過的圓面積和轉速的乘積，是一個固定的值，面積變小了，速度就必須增大。

實驗發現，電子也有角動量。因為角動量跟旋轉有關，所以電子具有「自旋」（spin）的特性。但我必須強調，雖然叫做自旋，但真實的電子並不是像陀螺一樣繞著一個軸旋轉。那它到底是怎麼個轉法？對不起，真的沒法描述，說實話，物理學家也不知道，量子世界的很多東西都是只能意會不能言傳，就像波粒二象性。我們只是在實驗中發現電子有角動量，然後給電子的這個特性取了一個具象的名稱叫「自旋」，僅此而已。

科學家們還發現，電子的自旋態只有兩個自由度。在量子理論中，說不清道不明的概念實在是太多了。我只能試著用下面這個比喻來說明這個自由度是什麼意思。

假如把一個旋轉的滑冰者比喻成一個電子，那麼，不論我們朝哪個

方向去觀察它，都只能看到兩種結果中的一種，要麼頭對著我們轉，要麼腳對著我們轉，不可能看到其他情況。這個大概就是電子只有兩個自由度的概念。

而大家都知道，我們的空間是三維的空間，也就是說空間中有三個互相垂直的方向，我們稱之為 X、Y、Z。

為了語言上描述的方便，現在我們來做一個人為的規定。假如我們從 Y 軸方向去觀察一個電子，那麼電子就有兩種自旋態，一種稱為向上自旋，一種稱為向下自旋。假如我們從 X 軸方向去觀察一個電子，那麼我們就稱為向左自旋，或向右自旋。

接下去，物理學家又發明了一個裝置，稱之為偏振器，它可以對電子進行篩選，比如說，只允許向上自旋的電子通過，或者只允許向左自旋的電子通過，

為了講解的方便，我把偏振器表示如下：

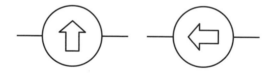

箭頭向上的偏振器，表示只允許向上自旋的電子通過，箭頭向左就表示只允許向左自旋的電子通過，這個很好理解吧？

接下去，我們開始做物理實驗：

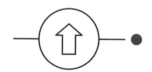

讓一個電子飛向這個偏振器，如果通過去了，說明這個電子是向上自旋的。然後，在這個偏振器後面再放一個同樣的偏振器，如圖：

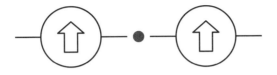

此時，不出意外，電子100%通過了下一個同樣的偏振器，這完全符合人們的預期。如果我們把第二個偏振器換成一個向右的偏振器，讓這個向上自旋的電子繼續朝2號偏振器飛，你覺得會出現什麼情況？

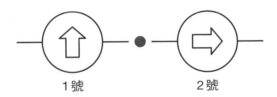

實驗結果也非常符合你的預期。因為，向上自旋的電子有一半是左自旋，有一半是右自旋，這時候，電子有50%的機率能通過2號偏振器，實驗做100次，大約飛過去50個，次數越多，就越準確。

下面，我們就要見證令人頗感意外的關鍵實驗了，我們在後面再放一個向上的3號偏振器：

　　大家覺得，這個電子能不能飛過去呢？我們已經做過一次實驗了，如果沒有2號偏振器，電子是100%通過3號偏振器的。按照地球人的正常邏輯，這個電子應該百分之一百的通過3號偏振器，對吧？

　　可能大家已經想到了，量子的世界永遠不按常理出牌，實驗的結果是，這個電子仍然只有50%的機率通過3號偏振器，儘管3號和1號都是上偏振器。

　　我們安靜10秒鐘，給大家回味一下，想想這意味著什麼？

　　結論：不可能在兩個不同的方向同時測準電子的自旋角動量！

　　物理學家們在實驗室中千百次地證實了這個現象，怎麼會這樣呢？

　　以愛因斯坦為首的一派做出了一個解釋，我相信這個解釋可能符合我們大多數人對世界的看法：這是因為我們的測量行為本身影響了電子的自旋態。也就是說，當電子通過2號偏振器時，這個偏振器已經隨機改變了電子在Y軸方向的自旋態。

　　但是，以波耳為首的哥本哈根學派卻不同意愛因斯坦的觀點，他們堅持認為：電子本身不存在確定的自旋態，在測量之前，電子處在所有自旋態的疊加狀態，去追問到底是哪個態，對不起，這個問題沒有意義！沒有意義！沒有意義！很重要所以說三次。

　　我現在想請問大家，如果回到80多年前，你們會站在哪一邊？誠實地回答我。我覺得，站在波耳這邊的人要麼是不誠實，要麼是被埋沒的物理天才。愛因斯坦和波耳為了這個問題吵得不可開交，他們在索爾維會議上公開辯論，針鋒相對，這是物理學史上的一段佳話。

　　當時間走到了1935年，愛因斯坦和他的兩個學生波多斯基和羅森一起向哥本哈根學派使出了一個必殺技，史稱為EPR悖論。讓我們來看看吧。

愛因斯坦說，首先，我們在實驗室中製備一對角動量總和為零的電子對，這個在理論上是有可能實現的，實現的方法我們在這裡先不去深究。繼續下去之前，請大家先記住一個最基本的物理定律：角動量守恆。

然後，我們讓這一對電子分開，A電子朝左邊飛，B電子朝右邊飛，讓他們分離得足夠遠，比如說一個飛到北京，一個飛到上海吧。

我們在北京和上海各放一個偏振器：

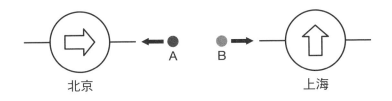

現在，假設，兩個電子都通過了偏振器，那麼，說明B電子是向上自旋，根據角動量守恆定律，可知A電子必定是向下自旋。而A電子通過了右偏振器，說明A電子是向右自旋，根據角動量守恆定律，B電子必然是向左自旋。

這樣一來，我們不就確定了A、B電子在兩個方向上的自旋態了嗎？即便兩個電子都沒有通過偏振器，或者一個通過一個不通過，也不要緊，可以用相同的邏輯推斷出每個電子在兩個方向上的自旋態。

但是量子理論說：**不可能在兩個不同的方向同時測準電子的自旋角動量。**

現在，兩個電子在兩個方向上的角動量不都確定下來了嗎？可見，不是電子有什麼神奇的自旋態，測不準原理就是因為測量行為本身干擾了電子的自旋態，只要我們不去測量，他們的自旋態還是確定的！

這一招太厲害了！我想再次誠懇地問剛才站在波耳這邊的讀者，你們是否還認為愛因斯坦是錯的呢？

1935年，整個物理學界都被EPR悖論掀起了軒然大波，有一大票中間派的物理學家們可開心了，他們就等著看熱鬧，想看看波耳、海森堡這些哥本哈根學派的大頭們怎麼應對愛因斯坦的絕招。

波耳一看到EPR悖論的論文，頭都大了，他立即放下所有的工作，全力迎戰，思考了2個月，終於寫下了一篇反擊論文，波耳的主要觀點是：

EPR悖論中有一個關鍵性的假設是錯誤的，那就是，測量B電子的行為不會影響A電子，測量A電子也不會影響B電子。這是錯的，因為A、B電子處於一種神奇的量子糾纏（quantum entanglement）態中，不論他們離得有多遠，哪怕一個在宇宙的這頭，一個在那頭，只要對其中一個進行測量，立即就會干擾另外一個。

愛因斯坦一聽這話，被氣得樂了，好嘛，波耳你的意思是不是說兩個電子有超距作用，換句話說，它們能夠進行超光速的通訊，一個被測量了，另一個瞬間知道。來來來，你先來推翻我的相對論吧，大家知道，在相對論中，任何資訊和能量的傳遞速度無法超過光速。

波耳說，對不起，愛因斯坦前輩，我沒有說你的相對論不對，我也沒有說兩個電子可以進行超光速通訊，我只是說，這兩個電子是一個整體，它們的自旋態在沒有測量前不是一個客觀實在。愛因斯坦聽完徹底被氣昏。他們一直到死，誰也沒有說服誰。

一個電子的物理性質到底具不具備客觀實在性呢？那什麼又是客觀實在呢？這些問題似乎已經到了哲學的範疇。但是，我敢保證，如果人類只有哲學思辨，那麼永遠也吵不出一個結果。好在，我們還有數學，

還有科學。只有科學能給出確定的答案。

宇宙大法官

　　為了檢驗量子是否具備客觀實在性，很多實驗物理學家都非常的苦惱，他們絞盡腦汁想要找到解決方案，但是苦苦尋覓了幾十年，都沒有找到辦法。直到1964年，出現了一個來自愛爾蘭的數學奇才，當時還是一個小伙子，名字叫約翰・貝爾（John Stewart Bell, 1928-1990）（注意不是發明電話的那個貝爾），他發現了一個數學「不等式」，這個不等式被科學界稱為「貝爾不等式」，有些書盛讚為「科學中最深刻的發現」。這個驚天地泣鬼神的貝爾不等式有一個巨大的魔力，可以對我們這個宇宙的本質作出終極裁決，它可以使得EPR實驗從思維走向實驗室。只是很遺憾的是，貝爾不等式發現的時候，愛因斯坦和波耳都過世了，他們只能在天國注視著人間發生的一切，他們過去耗費了無數個不眠之夜來研究分析但一直懸而未決的世紀大爭論，很快就要有一個終極判決了。愛因斯坦和波耳在天國想必也肅然起立，等待著這個莊嚴的時刻吧。要不是貝爾突然病逝，他很有可能因為這個公式獲得諾貝爾物理學獎。

　　貝爾不等式的原始運算式為：$|P_{xz} - P_{zy}| \leq 1 + P_{xy}$

　　它描述的是測量量子時，得到的所有結果的機率關係式。你看不懂沒關係，我用另外一種通俗的方式解釋一下，這是中國的物理學家李淼老師在《三體中的物理學》（四川科學技術出版社，2015年第一版）當中對貝爾不等式做出的一個通俗講解。

　　我們先來看看什麼叫客觀實在性。我們可以把地球上的人分成男人

和女人，同樣，地球上的人還可以分為成年人和兒童，中國人和外國人。如果男人、女人、成人、兒童、中國人、外國人這些屬性都是客觀實在的話，那麼必然符合下面這個不等式：

(1)所有小男孩 ＋ (2)所有外國成年人 ≧ (3)所有男性外國人

乍看之下，好像這個不等式並不是顯而易見的成立，其實，我們稍微做一下拆解，就很容易看出這個不等式是必然成立的。拆解如下：

（1）所有小男孩 ＝ 中國小男孩 ＋ 外國小男孩

（2）所有外國成年人 ＝ 外國成年男人 ＋ 外國成年女人

（3）所有男性外國人 ＝ 外國成年男人 ＋ 外國小男孩

好了，我們現在用拆開的形式把那個不等式再寫一下，就成了下面這樣：

中國小男孩 ＋ **外國小男孩** ＋ **外國成年男人** ＋ 外國成年女人 ≧ 外國成年男人 ＋ 外國小男孩

如果把等式兩邊相同的因子消掉，這個等式就是在說：

中國小男孩 ＋ 外國成年女人 ≧ 0

這看上去就像是顯而易見的廢話，其實，這只是因為我們把量子測量中的機率函數分解到了粒子計數的形式，所以變得顯而易見了。但如果還原成原始含義，就不是那麼顯而易見。科學中的很多定理在事後去看，也往往都是一層窗戶紙，貝爾不等式也是如此。但是在當年剛剛被貝爾找到的時候，確實是技驚四座。

如果你了解了貝爾不等式，我們就可以繼續。

前面已經說過，一個電子，在 X、Y、Z 三個方向上都有兩個相對的自旋態，且只有兩個自旋態。這就相當於，我們可以把 X 方向的兩個自旋態比作男和女，Y 方向的兩個自旋態比作成人和兒童，Z 方向的兩個自旋態比作中國人和外國人。那麼，如果電子的這些屬性也是客觀實在的，就必然也符合上面這個不等式。

有了這個神奇的不等式，就可以在實驗室中檢驗電子的自旋態到底是不是一個客觀實在的屬性了。具體實驗怎麼做呢？我們來看一下。

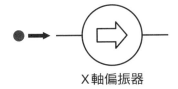

如果電子通過了，代表是「男」，通不過，代表是「女」。

如果電子通過了，代表是「成人」，通不過，就是「兒童」。

如果電子通過了，代表是「中國人」，通不過，就是「外國人」。

　　下面，我們來製造一對角動量總和為零的電子對，讓它們像愛因斯坦說的那樣分別飛向相距很遠的兩個偏振器。

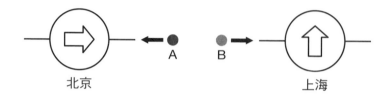

如果是這樣設置兩個偏振器，就可數出有多少個「男孩」

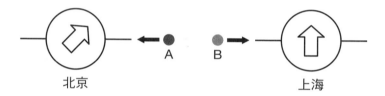

如果這樣設置兩個偏振器，就可以數出有多少個「外國成年人」

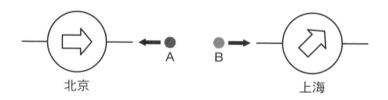

如果這樣設置兩個偏振器，就可以數出有多少個「男性外國人」

　　這裡我要特別說明的是，貝爾不等式是用嚴格的數學手段推導出來的，數學是凌駕於物理學之上的規律。這個貝爾不等式在 EPR 實驗中的含義是說：如果兩個量子是在分開的那一瞬間就已經決定了自旋的方向的話，那麼我們後面的測量結果必須符合貝爾不等式。也就是說，假

如上帝是愛因斯坦所想像的那個不擲骰子的慈祥老頭子，那麼貝爾不等式就是他給這個宇宙所定下的神聖戒律，兩個分離後的量子絕不敢違反這個戒律。其實這根本不是敢不敢的問題，而是這兩個量子在邏輯上根本不具備這樣的可能性。

我們回顧一下貝爾不等式用了哪三條假設：

1. 邏輯成立。
2. 電子在兩個方向上的自旋態存在，儘管我們不去測量它們。
3. 在北京、上海兩地測量互不影響，即資訊傳播速度不超過光速。

如果貝爾不等式被破壞，證明以上三條假設**至少有一條**是錯的！

上帝的最終命運取決於 EPR 實驗中量子的各個方向上自旋狀態的測量結果。如果貝爾不等式是仍然成立的，那麼愛因斯坦就會長噓一口氣，這個宇宙終於回到了溫暖的、古典的軌道上。但如果貝爾不等式不成立，則上帝就摘下了慈祥的面具，變身為靠機率來玩弄宇宙的賭徒。用科學的語言來說，那就是要麼放棄「定域性」（locality），要麼放棄「實在性」（reality），這兩者不可能兼得。到底要放棄哪個，你自己選擇，但你必須放棄一個。

這裡特別有意思的是，貝爾是愛因斯坦的忠實擁護者，當他發現了貝爾不等式後，他興奮不已，躊躇滿志，他信心滿滿地認為：只要安排一個 EPR 實驗來驗證我的貝爾不等式，物理學就可以恢復光榮，恢復到那個值得我們驕傲和炫耀的物理學，而不是波耳宣揚的那個玩骰子的上帝。物理學已經被波耳們的量子理論搞得混亂不堪、亂七八糟，現在整個天下都亂了，冒出來各種形形色色的搞不清是物理學家，還是哲學

家，還是神祕主義者的人，什麼超光速、量子心靈感應、多個歷史、多個宇宙、結果決定原因……我已經厭倦了這些瘋狂的想法，是到了該做個了斷的時候了。

真的，也許就差那麼一小步，真的只有一小步，我們就可以回到溫暖古典的宇宙的懷抱了，我們多麼渴望上帝是一個慈祥的老頭子啊。但是，當年邁克生為了證明以太存在的悲劇，又在貝爾身上上演了。

兩點說明：

1. EPR 的原始論文並沒有以電子自旋態作為思維實驗基礎，而是用微觀粒子的位置和動量來做思維實驗。這裡為了科普的需要做了改動，但並不影響對物理知識的正確理解。

2. 真實的 EPR 實驗不是測量電子，而是測量光子，因為光子的糾纏態遠比電子容易製造，光子的偏振器也比電子的偏振器容易製造。而且實際的實驗原理也比本書介紹的要複雜得多，本書介紹的例子是簡化再簡化之後的原型。請大家務必區分科普和科學的區別，切記不可在經過簡化、演繹後的概念上繼續演繹。如果你真想弄懂 EPR 實驗，那必須老老實實地學習大學教材，而不是看科普書。科普是給普通大眾提供思維樂趣的，不是用來做科學探索的。請記住：只看科普書，永遠當不了科學家。

上帝的判決

1982 年，法國奧賽研究所。

人類歷史上，這是對 EPR 實驗進行的首次嚴格的實驗檢測，它被

稱為「阿斯派克特實驗」，以這次實驗的領導者阿斯派克特命名。這次實驗總共進行了三個多小時，兩個分裂的量子分離的距離達到了 12 公尺，累積了巨量的資料。最後的結果與量子論的預言完全相符，愛因斯坦輸得徹徹底底，從此 EPR 實驗也被稱為「EPR 悖論」。

從阿斯派克特開始，全世界各地的量子物理實驗室展開了一直持續到今天的 EPR 實驗競賽，實驗精度越來越高，實驗的原型越來越接近愛因斯坦最原始的想法，兩個量子分離的距離越來越遠，而且實驗物件甚至增加到六個量子。2010 年中國的各大報紙都出現了一條報導，說是中國首次把 EPR 實驗的距離擴展到了 16 公里，取得了世界第一。但是看看各地不同報紙的報導，還是感到很好笑，很多科盲記者完全不了解什麼是 EPR 實驗，隨意地憑空捏造各種駭人聽聞的詞，什麼「超時空穿梭」、「超光速通信」、「時空穿越」……真是看得我汗如雨下。

EPR 實驗的結果無可辯駁地呈現給整個物理學界一個事實：要麼放棄定域，要麼放棄客觀實在。定域性是經過了幾十年嚴苛考驗的偉大的相對論的推論，而客觀實在則是似乎不應該挑戰的科學精神。如果是你，你會怎麼選擇呢？我看你可能最好奇的是那個發現貝爾不等式的可憐的貝爾到底會做出怎樣的選擇。

還真有這樣的好事者，兩位英國作家訪問了包括貝爾在內的八位知名的物理學家，想聽聽他們怎麼看待這次「上帝的判決」，最後出版了一本書叫做《原子中的幽靈》（*The Ghost in the Atom*）。我沒有看過這本書，但是從在網上搜尋來的結果來看，似乎願意放棄定域而保留客觀實在的科學家多一點，但多得不多。那個可憐的貝爾在被逼急了以後只好表示如果非要放棄一個的話，他只能放棄定域了，但他仍然試圖想說或許不用兩個都放棄。也有很多物理學家津津樂道於觀測者的作用，也

就是我們人類本身對量子狀態的作用，從意識談到了精神。但不論從哪個角度來說，要讓物理學家們放棄其中任何一個都是件極其痛苦的事。但是我要特別請讀者注意一點，EPR 悖論只是證明了定域和實在不可能同時正確，但是並沒有證明有超光速的信號存在，這是不同的兩個概念。如果願意放棄實在性，則相對論依然是牢靠的。

量子這種糾纏態也被稱為量子的超隱形傳輸，可以用來做通信的加密，但是不能用來做超光速的通信。更需要強調的一點是，量子的超隱形傳輸，傳遞的是量子態，而不是能量和物質。而中國各大報紙曾經頭版報導的量子超隱形傳輸實驗，把量子通信說得神乎其神，肆意地誇大渲染。尤其是 2016 年 8 月 16 日，中國發射了全世界第一顆量子通信衛星，各種輿論對量子通信的報導達到了頂峰，但這次的輿論報導相對準確客觀了許多。我說幾點：第一，量子通信衛星的主要功能是加密，通訊方式依然是傳統的光通訊。第二，量子通信無法保證資訊不被竊聽，只能保證資訊一旦被竊聽，可以第一時間報警，中斷通信或者改變密鑰，從而間接保障通道安全。第三，量子通信再厲害也無法做超光速通信，現在不行，將來也不行。理論上就行不通。第四，至於說未來透過量子通信能夠把物體甚至人體超光速瞬間移動，那就更是鬼扯淡了，沒那麼厲害。要知道，無線電通訊為什麼能達到光速，因為傳遞資訊的媒介是光子，光子沒有靜質量，所以能達到光速。而一旦要傳遞有質量的物質，理論上就不可能達到光速，更不要說超過光速。迄今為止，人類還沒有發明任何一種理論可以允許超光速傳輸能量、物質、資訊。

物理學走到今天，已經大大出乎牛頓和愛因斯坦的預料，它逐漸在人們眼前顯現出這樣的一幅圖景：

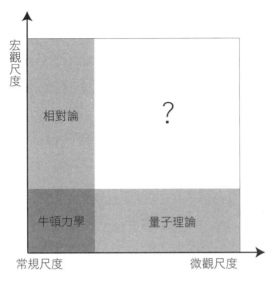

圖9-6　目前物理學的圖像

　　在我們日常身處的常規尺度下，我們用牛頓物理學就足夠了。但是隨著尺度的不斷擴大，尤其是擴展到了宇宙尺度的時候，就必須要用相對論來解釋宇宙萬物的規律了。而隨著尺度的不斷縮小，到了量子的世界，就必須要用量子理論來解釋了。簡而言之就是：尺度越大，相對論與實際觀測結果越符合；尺度越小，量子理論與實際觀測結果越符合。但是要命的是，這兩大現代物理學的基礎理論似乎是不相容的，它們不可能同時正確。在某些說不清楚是大尺度還是小尺度的地方，比如說黑洞的內部、宇宙大霹靂的奇點，都是質量巨大，但是體積微小，在這種時候，不論用相對論還是量子論都會得到一些根本不可能正確的結果，例如「質量無限大」「密度無限大」「機率無限大」等等。在物理學中出現「無限大」這樣的數學概念本身就意味著理論出錯了。相對論是如此的簡潔、優美，並且經受住了近百年的風霜洗禮，它已經儼然成了人

類智慧的里程碑。而量子理論，從一出生就很不討人喜歡，所有的原理都是那麼詭異，那麼讓人難以想像，然而正是這個詭異的理論造就了我們今天這個資訊時代。不論我們喜歡與否，凡是你身邊有晶片的東西，從手機到電腦，都離不開量子理論，沒有量子理論我們根本不可能像今天這樣透過互聯網與整個世界連通。量子理論在實際生活中的應用程度是相對論的百倍、千倍。

　　請各位讀者務必記住，我們必須小心翼翼地使用「推翻」、「顛覆」這樣的字眼來描述新舊理論之間的關係。在某些特定場合下為了吸引眼球，或許可以偶爾這麼說，但你真想表達自己發現了一個新理論時，你最好不要說你推翻了舊理論。我們可以看到，相對論是對牛頓理論的修正，在常規尺度下面，相對論就會退化為牛頓理論，量子理論也是同樣的情況。而且，以後出現的新理論也一定是對相對論和量子理論的修正，這兩大理論也一定是新理論的近似理論。以後你凡是看到有人宣稱牛頓理論和相對論都錯了，已經被他推翻了，這種文章你基本看個開頭就不用再看下去了，這絕不會是真正的物理學家寫出來的東西。

萬物理論

　　現在要命的是，相對論和量子論這兩位久經風霜、戰功顯赫的「戰士」從本性上是水火不相容的，他們之間的鴻溝無法跨越。那麼，有沒有一個能相容相對論和量子物理理論的嶄新理論呢？物理學家堅信，那種理論是否存在無需爭論，那是肯定存在的，我們要想的應該是如何找到它，而不是去懷疑它的存在。這個包容了牛頓理論、相對論、量子理論的新理論，物理學家們給它取了一個名字，叫做「T. O. E.」，也就是

英文「Theory of Everything」的首字母簡寫，中文叫做「萬物理論」。
這個T.O.E能夠解釋我們已知的所有尺度的物理現象，而且不管是牛頓
物理還是相對論還是量子物理都是這個萬物理論的近似理論：

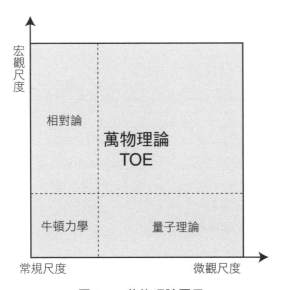

圖9-7 萬物理論圖示

　　這就是最近幾十年來大批理論物理學家們孜孜不倦、夢寐以求的理
論。而現在我們所處的這個時代，似乎又是一個創世紀的時代，天下英
雄輩出，萬物理論的尾巴似乎已經被我們抓到了。物理學的又一個黃金
時代已經到來，錯過了這個時代的未來物理學家在翻看今天的物理學史
的時候，那種感歎可能就如同我們現在看上個世紀初那些激動人心的物
理大發現的日子。

　　萬物理論到底離我們還有多遠？真實的宇宙到底是什麼模樣？我們
這個世界的本源到底是什麼？我們何以會存在？我們的宇宙將通向何

方？這一切有答案嗎？

　　或許，正如現代的物理學家告訴我們的：我們的宇宙真的是一首氣勢恢宏的交響樂。

　　請看下一章，全書的壓軸大戲即將上演。

10
宇宙是一首交響樂

萬物皆空唯有音樂

　　我們這個世界的萬物到底是由什麼構成的？

　　這個樸素的問題從兩千多年前的古希臘就開始不斷地被人類追問。德謨克利圖斯（Democritus）第一個提出了原子說，他認為世間萬物都是由一種叫做原子（atom，來自希臘文，原意就是「不可分割」）的小球構成的，每個小球都是一模一樣的，它們的不同組合構成了萬物的不同形態，包括你和我。兩千多年彈指一揮，人類對世界的認識就像爆炸一樣增長。很快，化學元素被發現，門德列夫（Dmitri Mendeleev, 1834-1907）發現了元素週期表；再後來，現代的原子理論發展起來，拉塞福發現原子並非不可分割，可以分解為原子核和電子；再往下，原子核又可以分割為質子和中子，質子和中子又可以繼續分割為夸克（quark）；然後又是形形色色的「子」被發現，費米子（fermion）、玻色子（boson）等等。似乎物質沒有盡頭，可以無限分割下去……

　　但是，終於有到頭的一天。根據現代最新的物理理論，到頭來，一切都是——空。

　　「拜託，剛才還一本正經地給我們上科學史課，怎麼突然跟我們玩起哲學概念了。」我已經聽到了你心裡面的嘀咕聲。

　　No，我是在很認真地告訴你，真的，到頭來一切都是空。比如，你拿起一杯水，仰頭一口氣喝下去了，我問你，你喝到的是什麼？

　　你說：「水啊，化學分子式為 H_2O，兩個氫原子和一個氧原子組成的水分子。」

　　我說：「好，我承認你喝下了無數的氫原子和氧原子。那你知道原子又是怎樣的一番情景嗎？讓我來告訴你，原子是由原子核和電子組

成，原子核只占到整個原子體積的幾千億分之一，而電子比原子核還要小1000倍。我給你打個比方，整個原子就像一個足球場那麼大的一個氣泡，原子核就是當中的一粒沙子，而電子就像一小顆灰塵一樣在氣泡裡飛來飛去。如果你看到這樣的一個氣泡，你會認為這幾乎是空無一物的氣泡，你再仔細也難以找到原子核和電子。你喝下去的一杯水，就是由無數個這樣的氣泡組成的，你看起來滿滿一杯水，其實裡面99.9999999999999%是空的。如果把這杯水中所有原子中空的部分全部抽走，只留下原子核和電子，那麼這杯水剩下來的東西你要用現在全世界最強大的電子顯微鏡放大差不多一億倍才能看到，現在你還認為你喝下的是一杯水嗎？」

你說：「好吧，我承認我其實只喝下了很小很小的一點東西，但你也不能就認為我喝下的是空，好歹還有點原子核和電子嘛。」

我說：「很遺憾，我的話還沒說完。那麼原子核和電子又是由什麼組成的呢？由一些更小更小的基本粒子組成，這些基本粒子又是什麼東西構成的？有些物理學家告訴我們，這些基本粒子到頭來都是一根根的『橡皮筋圈』，它們就像吉他弦一樣在空間中振動著。構成這些橡皮筋的材料不是別的，也正是空間本身，一段彎曲的六維空間。到頭來什麼也沒有，只有一段彎曲的六維空間蜷縮在你無法想像的小的三維空間中，構成一個橡皮筋圈，以不同的頻率振動著。」

如果這個理論是對的，那麼，你其實喝下去的什麼也沒有，只是空間本身而已。這個宇宙除了空間本身真的是什麼也沒有，你和我，世間萬物，到頭來，一切都是空。

以上，我所說的一切都不是筆者的胡思亂想。上面這些，正是最近三十年在物理學界迅速發展起來的「超弦理論」，也是謝耳朵的專業方

向。它現在是萬物理論的候選理論。

在超弦的世界中，一個個振動著的「橡皮筋圈」就是構成物質的最小單位，不同的振動頻率構成了不同的基本粒子，不同的基本粒子組合又構成了質子、中子和電子，質子和中子組合在一起構成了原子核，原子核和電子一起構成了原子，原子構成分子，分子構成材料，材料構成了世間萬物，包括你和我。

上帝就像是一個神奇的魔術師，在空無一物的空間中，隨手這麼一抓，然後在手中一搓，一段空間被搓成了一根弦。然後他捏起弦的兩頭，在空中打了一個結，再用手指這麼輕輕一彈，於是，弦振動了起來，這就是夸克。接著上帝又用同樣的手法製作了膠子（gluon）、微中子（neutrino）、費米子、玻色子……最後，他用令人眼花繚亂的迅捷手法不知怎地就用這些「子」組成了質子、中子、電子、原子、分子、金子、銀子……

如果上帝可以聽見振動著的弦發出的聲音，那麼每一個基本粒子就是一個音符，原子就是樂句，分子就是樂段，世間萬物、你和我就是樂章，整個宇宙就是一首恢宏的交響樂。這首交響樂從宇宙誕生的那天起就開始演奏，直到宇宙消失的那天為止，永不停歇。

宇宙是一首永不停歇的交響樂，我們都是這首交響樂的華美樂章！

這些聽起來美妙但又不可思議的事情到底是怎麼被發現的？物理學家何以敢向世人宣布「到頭來一切都是空」呢？超弦理論家們到底有些什麼樣的線索？未來我們又需要怎樣去證明它？

這就讓我帶你去了解一下他們是如何探索隱藏在物質最深處的祕密，你一定會被人類所展現的驚人智慧所折服。宇宙讓我們敬畏，但是物理學家們也同樣值得我們敬畏。

擊碎原子

如果有一種理論能稱為萬物理論的話，那麼它首先要解決我們這個宇宙中最基本的兩個問題：（1）物質到底由什麼東西構成的，怎麼形成的，物質有沒有最小單位？（2）宇宙中的「力」到底是什麼，有沒有一種最基本的理論和一個統一的公式能描述宇宙中所有的「力」？

讓我們先從第一個問題開始──尋找物質的最小單位。

觀察一個籃球，我們用眼睛看就可以了。如果要觀察一粒灰塵，那麼我們需要拿一個放大鏡仔細地看。如果要觀察一個病毒，我們就不得不借助顯微鏡。可是，如果我們要觀察一個比病毒還要小幾千萬、幾億倍的東西，你覺得我們應該怎麼辦呢？我知道你肯定抓耳撓腮想不出辦法了，等著我告訴你答案。

其實，要觀察一個東西的形狀和性質不是一定要直接觀察，我們還可以透過一種間接的辦法去了解這個東西，我把它叫做「子彈射擊法」。

我打個比方，我現在把一樣東西用一根棍子撐在空中，然後我在這樣東西的周圍裹上一層白霧（假設我發明了這樣一種不會散去的霧氣），於是你無法看到霧氣中的東西到底是什麼，自然也就不知道它的形狀、性質等。現在我給你一把槍，裝滿一種輕柔的橡皮子彈，你用這把槍不斷地對著白霧中的那樣東西射擊。射擊幾次以後，透過橡皮子彈被反彈的次數和反彈的角度，你大概就能感到這個東西的大小，還能模糊地感覺到這個東西的硬度。

隨著射擊次數的增加，以及觀察反彈子彈的細緻程度的提高，你越來越有經驗，現在連這樣東西的形狀都已經能大致確定下來了：是一個圓形的東西。但是你很快就發現，子彈的大小是個問題，雖然你已經發

現了那樣東西的表面肯定是不光滑的，但是這種橡皮子彈太大了，以至於你無法進一步了解那個東西的表面性質到底粗糙到什麼程度。

於是，你要求我把橡皮子彈換成米粒子彈。當你開始用米粒子彈增加射擊頻率，仔細地觀察反彈出去的米粒，你對這樣東西的外形已經掌握得越來越清晰了，這是一個近似橢圓形的東西，上下似乎有兩個尖頭。

然後你開始專注於研究那些反彈角度很小的米粒，因為這些米粒能反映出這樣東西表面的粗糙程度，一段時間以後，你發現米粒被反彈的角度呈現週期性變化，於是你可以確定這樣東西的表面有一些明顯的溝壑。但問題是米粒還是太大了，你無法細緻地掌握這些溝壑的粗細和深淺。這次你換上了沙粒子彈，於是這樣東西的表面細節被你掌握得更多了。你再換上更小號的沙粒子彈，於是每減少一次子彈的大小，你對那樣東西的掌握程度就增加一分。直到最後你正確地猜出了我放在支架上的那樣東西——一個大核桃。

如果你想通了我上面說的「子彈射擊法」，認可這種方法能夠確定一個無法被直接看到的物體的形狀和性質，那麼我恭喜你，你已經掌握了人類探索隱藏在物質最深處的祕密的方法，那就是盡可能地找到更小的子彈，不斷地轟擊你要研究的物件。如果物件穿著「衣服」，就把衣服打下來後繼續打。沒錯，這個方法很黃很暴力，但是真的很管用。不管物件是什麼東西，我就是用這一招，只要我的子彈與物件相比足夠小，我就能搞清楚物件的所有細節。

人類很快發明了一種用電子作為子彈的探測裝置，這種裝置就是被我們稱為電子顯微鏡的東西，用這種顯微鏡甚至能「看到」原子的形狀和大小。雖然電子這種子彈足夠小，但問題是電子的「力道」太小，打

到原子上就被反彈開（後來人們知道這是因為電子帶電，因為同性相斥的道理，被帶著電子的原子排斥開了），就好像我們用沙子去擊打籃球，雖然我們能掌握籃球的形狀和大小，但是我們卻無法進一步了解籃球內部到底是由什麼組成的。

但是勇敢無畏的物理學家們很快又在自然界中找到了一些神奇的礦物質，這些礦物質會天然地放射出大量的微小粒子（被稱為 α 粒子），而且這些粒子和電子比起來，就好像是真手槍子彈和玩具手槍子彈的區別一樣，它們的速度甚至可以達到光速的十分之一，力道大得驚人，可以輕而易舉地穿透金屬製成的箔片，更不要說人體了。

被人類發現的第一種這樣的物質叫做鐳，它是由大名鼎鼎的居禮夫人（Marie Curie）發現的，但是就像我前面說的，鐳時時刻刻都在放射出看不見的超級子彈，可以把人體細胞中的 DNA 都打得稀爛，居禮夫人就是這樣被鐳給奪去了寶貴的生命。除了鐳，還有名震四海的鈾，因為它是製造原子彈的材料（筆者就是在核工業部某大隊長大的，這個大隊的主要任務就是四處尋找鈾礦。筆者的父親就是新中國第一批這個專業的大學生，找了大半輩子的鈾礦。只是據我所知，他們金礦找到了不少，鈾礦卻沒找到多少。也好在找到的不多，幸使家父至今身體健康）。這些礦物質被統稱為「放射性材料」。

英國物理學家拉塞福第一個想到了用這種放射性材料做成「槍」，用它們放射出來的力道十足的粒子作為子彈，他準備用這把「槍」去轟擊原子，看看會發生什麼。1909 年 3 月，拉塞福用一把「鐳射槍」對著一張金箔（就是把金子做成薄薄的一張紙）猛烈開火，然後他詳細地記錄了所有發射出去的子彈在遇到金箔後的散射情況。他發現幾乎絕大部分 α 粒子都如入無人之境，直接射穿了金箔，但是有大概八千分之一的

α粒子發生了大角度的偏轉，然後大概有十萬分之一的α粒子竟然被反彈了回來。拉塞福後來回憶說，當時發現居然有被反彈回來的粒子，他實在是相當的吃驚，認為這是一輩子中遇到的最不可思議的一件事情，就好像用一門大炮對著一張紙轟擊，打了十萬發炮彈出去，全都直接穿透那張紙（這太正常了），但第十萬零一發炮彈打過去，居然這發炮彈沒有穿過紙，直接被反彈了回來，打著了自己。就這樣，拉塞福發現了原子的祕密，原子內部有一個非常緻密的原子核，但是體積只占了整個原子的一丁點兒。偉大的拉塞福一生培養了十多位諾貝爾獎得主，還不包括他自己在內。可惜的是，拉塞福也步了居禮夫人後塵，死於自己最親密的夥伴——放射性材料的手裡。

原子核被發現以後，人類繼續往下探索的挑戰就更大了。因為原子核實在是太堅硬了，天然的鐳射槍根本打不碎它。打不碎，自然就無從知曉原子核內部的祕密了。但是，沒有什麼事情能難倒頑強的物理學家們，他們很快就找到了一種提高子彈力道的方法，那就是「電磁加速」。α粒子是帶正電的一種粒子，讀過中學物理的人都知道，一個帶電的物體在電磁場中會受到勞侖茲力。於是人們想到：可以利用電磁場給α粒子加速，一旦速度提高，那麼α粒子的能量就提高了，只要不斷地提高能量，總能把原子核轟開。於是人類開始製造這種被稱為「粒子加速器」的機器，用來加速粒子，轟擊原子核，從而去探究原子核裡面的祕密。粒子加速器一般都是一個超級巨大的環形軌道，粒子在裡面被一圈圈地加速，甚至能夠被加速到接近光速！但這玩意兒耗電巨大。

人類如願以償地把原子核給擊碎了，並且發現原子核是由質子和中子組成的，還驚訝地發現原來我們用來做子彈的α粒子其實就是由兩個質子和兩個中子組成的。既然質子能被加速，那麼電子也能被加速，用

電子做子彈的好處就在於電子比質子還要小一千倍，正如我們前面所說的，子彈越小探測得越精確。但子彈光是小沒用，還要力道足夠大，也就是速度足夠快，這樣才能擊碎目標。於是要提高電子的速度，就需要更強的電力和更長的加速距離。

　　建造粒子加速器是目前人類認識物質深層祕密的唯一途徑，因此全世界都展開了競賽，看誰建造的粒子加速器更強大。目前暫時取得世界第一的是坐落於日內瓦附近的歐洲大型強子對撞機（Large Hadron Collider，簡稱LHC），這個龐然大物恐怕是目前人類建造的最大的一部機器，花費了一百多億美元，它的環形加速軌道的周長有27公里，埋在地底下。下面這張衛星照片可以讓你對它的大小有一個直觀感受。

圖10-1　LHC的衛星示意圖

圖 10-2　LHC 的環形加速軌道

　　這個龐然大物一旦開動起來，所需要的電力實在驚人，據說它一開動，整個日內瓦市的所有電燈都會變暗，因此它往往都在晚上用電低峰的時候開動。它需要一個可以給一座中型城市供電的發電廠專門為它供電。這麼一個龐然大物，裡面跑的居然只是一些小得不能再小的粒子。當粒子加速器把一些粒子加速到接近光速後，就要讓這些粒子對撞。但是你知道要讓那麼小的粒子正面對撞的機率有多小嗎？這就好像一個人在上海，一個人在舊金山，兩個人各拿一把手槍，隔著太平洋對射，要讓子彈剛好和子彈撞上，你說這個機率有多小？因此，為了提高對撞的機率，只有一個辦法，那就是一下子打出去幾億甚至幾十、幾百億顆子彈，那麼總會有那麼幾顆子彈對撞的。

　　人類就是靠著這種讓粒子對撞，然後再觀察對撞後粉碎的粒子的軌

跡來研究微觀世界，尋找新的粒子。不負眾望，越來越多的新的粒子在實驗室中被發現，這些粒子要麼具備以前沒有發現過的性質，要麼就是自旋的方式不一樣。現在，人類基本上已經掌握了一張資料表，裡面標明了已經發現的各式各樣粒子的各種性質，例如質量、大小、自旋方式、電荷、相互作用力等等。現在人類不禁要問：有沒有一種統一的理論，在這個理論下所有這些基本粒子都可以看成是同一種物質的不同表現形式？就好像石墨和鑽石，看起來如此不同的兩樣東西最後發現其實都是碳元素（C）的不同表現形式，C原子的不同排列形式決定了材料的性質。那麼所有這些看起來質量、自旋方式、電荷、大小都不同的基本粒子，是不是也能夠用一種統一的理論去描述呢？如果有的話，那麼這就有可能發展成為萬物理論（T.O.E.）。

　　我們了解了基本粒子的本質成因，就能了解由基本粒子構成的原子、分子、材料、萬物的性質和成因。打個比方，這就好像我們如果掌握了每個大氣分子的運動規律，那麼我們就能計算出整個大氣的運動規律。當然，這需要超級龐大的計算能力，但從理論上來說，就是這樣的。而一個分子相對於所有基本粒子來說，就像是整個大氣，我們把組成分子的每個基本粒子的規律掌握了，那麼要掌握分子的規律也就是水到渠成的事了。

　　然後，像這樣的一種關於基本粒子成因的理論絕不是可以隨意胡思亂想的。你必須找到一種理論，在這種理論下你可以得到描述這個理論的數學方程式，並且用這些數學方程式能夠自然而然地運算得到所有已經發現的基本粒子的各種屬性，並且不但能解釋已經發現的所有基本粒子，還能預言沒有發現的基本粒子的各項屬性。

　　就好像廣義相對論，雖然成功地解釋了水星的進動現象，但是僅能

解釋已有的現象還是不能讓人信服的，只有當廣義相對論成功地預言了星光偏轉現象之後，才讓全世界的物理學家信服這個新理論。尋找這樣的一個可以解釋所有基本粒子成因和準確地推算出各種資料的理論，就是人類向萬物理論發起衝鋒的第一步。

宇宙中的四種「力」

再讓我們來看看第二個問題——宇宙中的「力」。

我如果問你「力」是什麼，你可能馬上想到，力不就是力氣、力量、力度嗎？我如果問你受力的大小怎麼理解，你可能會揮起拳頭這麼一筆劃，說拳頭往沙包上打去，打得越狠，沙包受到的力就越大。可是，這些力都不是物理學家眼中這個宇宙中最根本的力。我們一拳打在沙包上，一個小球撞向另外一個小球，或者一顆子彈射穿標靶，這些是動量守恆定律在起作用，我們只要知道物體的運動速度和質量，我們就可以計算撞擊後發生的一切事情。

什麼才是最根本的力呢？我們從牛頓運動定律就知道，力是改變物體運動狀態的作用。那麼到底是什麼作用在改變著物體的運動狀態呢？兩個小球相撞，雖然兩個小球各自的運動狀態都改變了，可是從整個系統的角度來看，兩個小球仍然符合動量守恆，其實並沒有什麼「力」摻雜在這起小球相撞事件中，只不過是「速度」從一個小球轉移到了另外一個小球上。

宇宙中的第一種基本的力是萬有引力。你想想，我們平常所感受到的力其實究其本質都是重力在起作用，比如我們每個人自身感受到的重力，其實就是地球對我們的引力，大氣壓力是空氣的重力，靜止在高山

上的石頭滾落，是重力在起作用。

接著，人們又發現了宇宙中的第二種力，那就是電磁力。兩塊磁鐵異性相吸，同性相斥，特別是當你感受同性相斥的效應時，你尤其能實實在在地感受到磁力的存在。我們看到的火車開動，電梯升降，甚至煤氣灶把水燒開，這些現象究其根本，其實，都是電磁力的作用。

除此之外，還有沒有第三種力呢？在愛因斯坦活著的時代，其他種類的力還沒有得到實驗室的證實。在愛因斯坦的時代，物理學家們發現，宇宙中一切運動的物理現象，究其根本就是只有兩種力在發揮作用——重力和電磁力。不論是什麼樣的運動狀態的改變，你研究到最後，發現歸根究柢是重力和電磁力的作用。

在重力方面，我們先有牛頓的萬有引力公式，後有廣義相對論修正了的重力公式來描述；在電磁力方面，我們有優美的馬克士威電磁方程式來描述。而且我們發現重力比電磁力弱很多。比如把一根塑膠棒在頭上擦兩下，就能把桌上的紙片輕而易舉地吸起來，也就是說在頭上擦兩下產生的電磁力就遠遠大於整個地球對紙片產生的重力。

愛因斯坦在人生的最後三十年中，一直致力於把重力和電磁力統一到一個數學運算式中，這被稱為「統一場論」（Grand Unified Theory, GUT）。愛因斯坦認為如果統一了重力和電磁力，他就找到了這個宇宙中最深的奧祕，並且他堅信利用他發現的廣義相對論能夠找到這個統一場論。然而，悲壯的愛因斯坦苦苦追尋了三十年，直到去世，也沒能找到。其根本原因在於，廣義相對論在統一場論面前，仍然顯得太渺小了。在愛因斯坦之前的所有物理學家都習慣於「自大而小」地尋找理論，也就是先從最大的宏觀上找到一個近似的理論，然後逐步去修正它，使之和實驗值契合得越來越精確。在後愛因斯坦時代，人們開始意

識到可能這個方法根本就錯了，或許「自小而大」才是根本解決之道。

在愛因斯坦死後，人類對微觀世界的了解越來越多，尤其是有了威力巨大的粒子加速器之後，人類對原子的了解突飛猛進。於是，又有兩種最基本的力被發現，一種叫做弱核力（或弱作用力），它是產生物質的放射性現象的根本原因；另一種叫做強核力（強作用力），這種力把質子和中子結合成了原子核。說到這個強核力，看過《三體2：黑暗森林》的朋友都對那個威力無窮的「水滴」印象深刻吧，那個「水滴」又叫「強相互作用力探測器」，「強相互作用力」指的就是「強核力」，它是人類迄今為止發現的最強的「力」，它有多強，看看《三體2：黑暗森林》就知道了，保證你印象深刻。

現在，上帝把這四種力擺在人類的面前，就好像是四塊拼圖。上帝說：這四塊拼圖原本是完全沒有縫隙的一個完整的正方形，我用了一種巧妙的手法把它分割成了四塊，請你們人類思考一下該如何還原回去。

上帝留給人類兩個終極思考題：一題是，用一個統一的理論解釋所有基本粒子的起源和成因；另一題是，把宇宙中的四種基本作用力用一個統一的數學公式描述出來。

經過三千年的科學攀登，經過無數的磨難和坎坷，我們曾經掉在陷阱裡幾百年出不來，也曾經被困在迷宮中差點找不著出路。終於，這一天來臨了——我們，這個居於銀河系邊緣的一個毫不起眼的太陽系中的一顆美麗藍色行星上的兩足生物，站到了上帝的面前。上帝說如果你們能解開這兩道題目，那麼請接受我最誠摯的敬意，從此我收回我以前的一句玩笑話「人類一思考，上帝就發笑」。

我們朝上帝微微一笑：「不論你發不發笑，我們都不會停止思考。」

超弦理論

　　上帝有時候對人類挺好，經常會給我們一點好運氣，弦理論的發現也是這樣。物理學界流傳著這樣一句話——「弦理論是21世紀的理論偶然落到了20世紀，被好運氣的物理學家們撿到了。」

　　1968年，有一個叫做維尼齊亞諾（Gabriele Veneziano, 1942- ）的義大利年輕物理學家，他任職於大名鼎鼎的歐洲核子研究中心（簡稱CERN，這裡面出過許多厲害人物，包括互聯網之父Tim Berners-Lee，我們前面提到的全世界最大的粒子加速器LHC也是這個機構建造的）。大多數物理學家都是數學家，維尼齊亞諾也不例外，他對數學相當有興趣。有一天，他閒來無事開始把玩兩百多年前大數學家歐拉（Leonhard Euler, 1707-1783）發明的一個函數——所謂的歐拉β函數，即，給一個x值，算出一個y值，再給一個x值，再算出y值，然後寫在紙上，就好像小孩子孜孜不倦地把積木擺來擺去一樣。你可能覺得物理學家真奇怪，這有啥好玩的？我們大多數人都對數字很討厭，避之唯恐不及，所以我們大多數人就只能當當普通老百姓，當不了神奇的「家」。

　　維尼齊亞諾玩著玩著，突然發現眼前這些數字怎麼越看越熟悉啊。物理學有時候就會出現這種驚奇和意外，維尼齊亞諾手中的這些數字讓他突然聯想到了全世界各地匯集過來的粒子對撞中產生的大量的原子碎片的各種資料，它們似乎有著極其驚人的關聯。冥冥之中，似乎兩百多年前的歐拉獲得了上帝的啟示，寫下了這個歐拉β函數，歷經兩百多年的時空穿越，維尼齊亞諾偶然發現了這個函數的驚人祕密。但問題是，這個函數雖然很管用，但是沒有人知道這個函數到底代表著什麼物理意義，就好像一個小孩背好了九九乘法表，可以輕鬆地幫奶奶算出菜價，

但是小孩卻完全不知道這個像歌謠一樣的九九乘法表是怎麼來的，代表什麼意義。維尼齊亞諾面臨的尷尬就跟這個小孩是一樣的。

要把一團亂麻給理成一根線，最關鍵也是最難的是要找到線頭。現在，揭示微觀世界祕密的線頭被找到了，就是這個歐拉函數。兩年之後，芝加哥大學、史丹佛大學、波耳研究所的幾位科學家幾乎同時發現，如果用小小的一維的振動的弦來模擬基本粒子，那麼它們之間的核作用力就能精確地用歐拉函數來描述。這根弦非常非常小，小到在我們現有的所有實驗條件下，它表現出來的都仍然像一個點，實在太小了。

然而，弦理論的這條路非常坎坷，就像一堆剛剛冒出一點火星的柴堆，還沒竄出第一個火苗就被當頭澆了一盆冷水。弦理論最初的幾個預言被實驗資料無情地推翻，全世界的物理學家們在一片唏噓中都不情願地把弦理論扔進了垃圾桶，只有謝爾克（Joel Scherk）、格林（Michael Green）和施瓦茲（John Schwarz）等幾個少數的物理學家仍然沒有放棄。他們覺得弦理論所展現出來的數學之美實在太令人印象深刻了，哪怕在實驗資料上有瑕疵，他們也不願意放棄，他們願意去修正理論而不是把它扔到垃圾桶。經過十多年的努力，終於在一篇里程碑式的文章中，他們解決了矛盾，並且向世人宣告弦理論有能力成為萬物理論。這篇文章在物理學界一石激起千層浪，許許多多的物理學家放下手頭的工作，激動地閱讀格林和施瓦茲的文章，讀罷，很多人都馬上停掉了手裡的研究項目，轉而一頭奔向這個終極理論的戰場。有什麼事情比得上探求統一全宇宙的理論更令人激動呢？

1984年至1986年，出現了物理界中的「第一次超弦革命」。為什麼在弦理論前面又增加了一個「超」字呢？格林和施瓦茲認為，每一個基本粒子必須要有一個「超對稱夥伴」（superpartner），電子有一個超對

稱夥伴叫做超電子，光子的超對稱夥伴叫做超光子等等。弦理論和超對稱理論的假想一結合，立即發揮巨大的威力，就好像脫去普通西裝，露出內褲外穿的超人本尊。從此，弦理論升級為超弦理論（Superstring Theory）。超弦理論認為，任何基本粒子都不是一個點，而是一根閉合的弦，當它們以不同的方式振動時，就分別對應到自然界中的不同粒子。我們這個宇宙是一個十維的宇宙，但是有六個維度緊緊蜷縮了起來。就像遠遠地看一根吸管，它細得就像一條一維的線，但是當我們湊近一看，發現它其實是一根三維的管，其中的二維卷起來了。那六個維度的空間收縮得如此之緊，以至於你必須要放大一億億億億多倍（1後面34個零）才能發現。其實所有的粒子都不是一個點，而是一個六維的「橡皮筋圈」，不停地在空間中振動，演奏著曼妙的音樂。

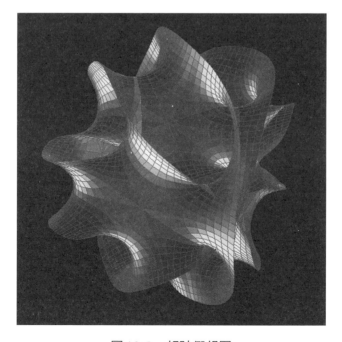

圖10-3　超弦假想圖

　　從第一次超弦革命爆發到現在，已經過去了二十多年，物理學界又有了很多很多的進展。例如從超弦理論中又派生出M理論，現在正熱門。這個理論把十維的宇宙又擴展了一維，變成了十一維的宇宙（十個空間維加上一個時間維）。再往下講就不是本書力所能及的了，畢竟這僅僅是一本介紹相對論的入門書，甚至不能稱之為一本嚴謹的科普書。如果你對超弦理論還想了解更多，推薦閱讀美國人布萊恩·格林（Brian Greene）所寫的《優雅的宇宙》（*The Elegant Universe*）。

偉大的設計

　　我們這本書帶領大家一起走過的旅程到這裡差不多要到達終點了。然而終點並不意味著結束，恰恰意味著一個新起點的開始。這個宇宙留給我們的兩道終極思考題還沒有找到答案。

　　2013年北京時間10月8日下午6點45分，在瑞典斯德哥爾摩音樂廳，白髮蒼蒼的希格斯（Peter Higgs, 1929- ）老先生激動地坐在台下，這位84歲的老人為了這一天，足足等了將近半個世紀。雖然諾貝爾物理學獎還未正式揭曉，但幾乎所有人都知道，今年的這個獎項非他莫屬。瑞典皇家科學院沒有讓希格斯老先生失望，2013年的諾貝爾物理學獎眾望所歸地頒給了希格斯和比希格斯小3歲的恩格勒（Francois Englert），以表彰他們在49年前提出了希格斯玻色子（Higgs boson）模型。就在一年多前的2012年7月4日，歐洲核子研究中心正式宣布，他們以99.99994%的置信度發現了希格斯玻色子。這條消息在那一年絕對是整個科學界的第一大新聞，所有報紙的頭版頭條都在追蹤報導這個事件，無數科普文章鋪天蓋地向公眾們湧來，很多知名的科學家認為這是

物理學40多年來最重大的發現之一，可比登陸月球。我有幸見證了這樣一個科學史上偉大的歷史時刻。為什麼希格斯粒子如此重要，那是因為這是整個標準粒子模型中最後一個沒有找到的粒子，而恰恰這最後一個粒子又是最為重要的一個粒子，它產生了世間萬物的質量，你想想，如果沒有了質量，那麼我們所見的一切有形物都將不復存在，因此，希格斯粒子還有另外一個非常震撼的別名──上帝的粒子（God particle）。但物理學家們還沒有到能沾沾自喜的地步，雖然標準粒子模型預言的所有粒子都找到了，但這個模型卻很難看，一點兒也不簡潔。打個比方來說，如果一個人問：麻雀、蚱蜢、青蛙、鯽魚的共同祖先是誰？生物學家把這四種動物用膠水黏在一起，然後扔給你說：「瞧，就是這傢伙。」這差不多就是標準粒子模型留給物理學家們的直觀感受，它雖然很好地解釋了每一個粒子的性質，但是這個模型就像是前面那隻共同祖先生物一樣，是個長得極為醜陋、複雜、怪異的生物。科學家們普遍相信，一定還有一個比標準粒子模型更簡潔的理論模型可以自然而然地推導出標準模型，人類對微觀世界的探索還遠遠沒有到達盡頭。一個里程碑的到來意味著下一段更加艱苦的賽道開始了。

　　2016年2月12日早上7點50分，像每一個平凡的早晨，我梳洗完坐到餐桌旁準備吃早餐，習慣性地拿起手機，準備放一點什麼東西邊吃邊聽。我點開了微信上的訂閱號，我驚訝地發現，我的手機被一個詞刷屏了──引力波（重力波）。

　　儘管幾天之前重力波可能被正式發現的消息已經傳得滿街都是了，但是當這個消息真正到來的時候，我還是熱淚盈眶了，這又是一次人類智力的偉大勝利，愛因斯坦廣義相對論的最後一個預言也被證實了，一個人類探索宇宙奧祕的新紀元到來了。像這樣的新紀元事件之前還有過兩次，第一次是光學望遠鏡的發明，讓人類擁有了一雙真正的「千里眼」；第二次是無線電波的發現和射電望遠鏡的發明，讓人類突破了肉眼的局限，開啟了一種全新的觀測宇宙的方法。前兩次的飛躍，每一次都讓人類獲得了難以想像的新發現。而這次重力波的發現，與前兩次技

術飛躍的意義同樣深遠，從此人類又獲得了一個全新的觀測宇宙的方法，我堅信，在不久的將來，我們又能對宇宙做出令人難以置信的新發現。關於重力波，我在網上能看到的最好的一篇文章是原載於《紐約客》的長文〈Gravitational Waves Exist: The Inside Story of How Scientists Finally Found Them〉，作者是 Nicola Twilley，這篇文章的開頭寫得極好，以至於我實在忍不住要一字不漏地引用：

　　十幾億年前，距離這裡有數百萬個銀河外星系之外，兩個黑洞發生了碰撞。它們彼此圍繞旋轉了億萬年，好像是求愛的舞蹈，每一圈後都在加速，呼嘯著靠近對方。到了它們間距只有幾百英里的時候，它們幾乎以光速旋轉，釋放出強大的重力能量。時間和空間被扭曲，像是壺裡面煮沸的水一樣。在不到一秒鐘的分毫瞬間裡，兩個黑洞終於合併為一，它們輻射出比全宇宙的恒星輻射出還多幾百倍的能量。它們生成了一個新的黑洞，質量約 62 個我們的太陽一般，面積幾乎和緬因州一樣。在它（新黑洞）平靜下來的過程中，逐漸形成一個扁平的球狀，最後的幾縷顫抖的能量逃離出去。然後時間和空間再次寂靜了。

　　黑洞碰撞產生的重力波向四周傳播，旅途中隨著距離衰減。在地球上，恐龍崛起，演化，消亡。重力波繼續前進，大概五萬年前，重力波到達了我們的銀河系，正當智人開始取代其近親尼安德塔人開始成為地球上最主要的人猿。100 年前，愛因斯坦，靈長類物種中進化得最先進的人類的一員，預言了重力波的存在，激發了數十年的猜測和無果的尋找。20 年前，一個巨大的探測器開始建設：the Laser Interferometer Gravitational-Wave Observatory (LIGO)。終於，在 2015 年的 9 月 14 日，在中午 11 點（中歐時間）前，重力波到達了地球。Marco Drago，一位

32歲的義大利籍博士後學生，全球LIGO科學合作組織的成員，成為第一個注意到它們的人。Marco當時坐在位於德國漢諾威阿爾伯特─愛因斯坦研究所他自己的電腦前，遠端觀看LIGO的資料。重力波出現在他的螢幕上，就像一個被壓縮了的曲線，不過LIGO裝置著全宇宙最精緻的耳朵，可以聽到千億分之一英尺的振動，應該彷彿聽到了被天文學家稱為「唧唧叫」（chirp）的聲音──一聲微弱的由低到高的呼叫。一年之後，在華府的新聞發布會上，LIGO團隊正式宣布那個信號即為歷史上第一個直接觀測到的重力波。

　　上面的這兩段文字我百讀不厭，每一次閱讀都會產生無限的遐想，這是宇宙間最渺小的個體對最恢宏事件的傾聽，這是人類文明向宇宙展示的智力成就。

　　在短短的不到兩年時間，我就見證了必定會在人類文明史上留下印記的兩大科學新發現，我們這代人難道不是幸運兒嗎？2016年2月20日，LIGO團隊宣布他們又確認發現了一起重力波事件。但這一次引起的關注就小得多，這是對的，因為重力波從此會成為天文學研究的常規手段，全世界將會有無數的重力波探測器拔地而起，或者飛向太空。科學將帶領著我們窺探隱藏在深處的宇宙奧祕。

　　1999年，霍金在一次演講中公開宣稱，他願以1：1的賠率跟任何人打賭，人類將在二十年之內找到萬物理論，現在離霍金的賭局結束還剩下幾年的時間。這幾年裡物理學還會有些什麼激動人心的發現，誰也無法預知。

　　超弦理論作為目前萬物理論的唯一候選仍然面臨諸多的挑戰，前途似乎非常的坎坷。即便是像LHC這樣全世界最大的粒子加速器，也只

能探測到一百億億分之一公尺大小的尺度（探測更小的尺度需要更高的能量，這意味著把能量聚集到單個粒子的加速器必須做得很大很大），而弦的尺度比我們今天能探測到的尺度還要小17個數量級，因此，如果用今天的技術，至少要把我們的加速器造得跟銀河系那麼大才有可能探測出一根根的弦。但是我們不是要等到直接「看」到弦的那一天才能證明超弦理論是否正確，仍然可以用很多的間接證據和實驗訊息來驗證超弦理論。

　　從第一隻古猿直立身體仰望星空到我們今天建造出LHC這樣的龐然大物，不過大約300萬年，和宇宙138億年的歷史來比，就如同一個百歲老人一生中不到8天的時間。然而正是在這「8天」裡，我們的哈伯太空望遠鏡已經能看到465億光年外的宇宙盡頭[1]；我們的LHC能探測到比我們肉眼能看到的尺度小一億億倍的東西；我們發明的理論大到能推測宇宙的膨脹係數，描述星系的運動軌跡；小到可以解釋令人難以置信的量子的行為。現在，或許就差那麼最後一步，人類將站到一個全新的高度來審視我們所處的這個神奇宇宙。難怪霍金在《大設計》中發出尼采式的宣言：

　　它（萬物理論）將是人類長達三千餘年智力探索的成功終結，我們將找到這個宇宙中最偉大的設計！

　　霍金的理想或許已經真的離我們不遠了，在我們的有生之年很有可

1　雖然宇宙的年齡是138億年，但因為宇宙在膨脹，目前可觀宇宙的半徑約465億光年。

能等到物理學家向我們宣布找到萬物理論的那一天，我從內心深處為生活在這個激動人心的時代而感到慶幸。唯一遺憾的是，我除了靜靜地等待，似乎什麼也做不了。但是如果我親愛的讀者中有即將選擇自己人生方向的學子的話，那麼請接受我對你的羨慕，你將有機會投身到這場尋找大設計、解答上帝兩道終極思考題的智力探索中。未來之路剛剛在你腳下展開，你的這一步或許決定了我能不能在有生之年看到答案！

（全書完）

後記

　　多年來，我一直有一個理想，等將來獲得了財務自由，我要為中國的科普事業做一點貢獻，比如贊助一些科普作家，投資拍點科普的動畫片、電視片甚至電影等等。因為我一直有一個樸素的信念，那就是中國的希望在於開啟民智，而開啟民智在於科普教育。

　　突然有一天，我想通了一件事情，做科普跟有沒有錢完全是兩回事，沒錢人有沒錢人的做法，有錢人有有錢人的做法，關鍵在於你是去做還是不去做，早一天做就是早一天實現自己的理想，早一天實現自己的理想等價於延長自己的生命。想通了這點後，我決定立即動手去做，自然，在現有的條件下面，寫點兒科普類的文章是一個最現實的選擇。我手頭有一本令我愛不釋手的曹天元寫的《上帝擲骰子嗎——量子物理史話》，這本書曾經在網上連載，最後結集出版。我想，我也能以曹天元為榜樣，寫點東西。於是，我想到了寫相對論。雖然我最喜歡的是天文學，但是鑒於大眾對於相對論的陌生感要遠遠超過天文方面的知識，因此，我決定先寫一本介紹相對論的淺顯的書。我的目標是凡是受過高中以上教育的普通人，都能輕鬆地閱讀這本書。我並沒有寫一本非常嚴謹的科普讀物的能力，我只能按照自己平常跟人聊天的習慣，來談談相對論這個主題，有很多地方加入了「戲說」的成分。希望那些被我戲謔過的大科學家們，看在我賣力傳播科學知識的份上，在天堂裡不會生我

的氣。

　　有了上面的想法以後，我就馬上開始動筆了。我怕自己沒有毅力堅持寫下去，所以不急於在網上發表，想等寫了一大半以後再發到網上連載，這樣也才對得起網友。寫完第二章的時候，我拿給了幾個好朋友看看，其中有一個朋友把我這個書稿傳給了新星出版社的高磊老師，沒想到她看過後，立即跟我取得了聯繫，說願意出版這本書，這下實在讓我有點受寵若驚。有了來自出版社的壓力後，我一方面不得不更加認真地對待我的寫作，另一方面自己也得到一種暗示：要堅持。

　　2011年5月29日動筆，到7月9日，終於完成了這本書，我在寫後記的時候想計算一下到底用了多少天。我把電腦右下角的日曆點開一看，不禁啞然失笑，還真是巧，大家看看：

　　剛剛好42天（不由得讓人想起《銀河便車指南》中的那個宇宙終極問題的答案），都不用數，一天也不多一天也不少，而且動筆的具體時刻和完稿的時刻都幾乎是一模一樣的，這還真是巧。這42天來，我堅持每天晚上睡覺前寫兩三小時，週末則寫一個通宵。說實話能堅持下來，我自己覺得並不是一件易事，因為我根本談不上是一個作家，甚至

稱不上是一個寫手，在寫這本書之前，我從來沒有一口氣寫過一篇超過1萬字的文章。你們可以想到這麼一本接近17萬字的書稿對我而言是一個多麼大的挑戰。

我能完成這個挑戰，有兩個人功不可沒。一個是我的妻子，她永遠是我的第一位讀者，每次我寫完一段，她總是第一個閱讀並且不忘給我鼓勵，每次看到她看稿的過程中發出的會心一笑，就是對我最大的安慰。除了給我鼓勵外，她還得忍受我每天晚上在床頭劈裡啪啦的鍵盤敲擊聲和螢幕亮光，但是這42天來，除了有一個晚上把我趕到了書房以外，其他時間都毫無怨言。另一個就是新星出版社的高磊老師，是她每天成為我的第二個讀者，給了我很多的鼓勵和督促，如果沒有她的督促，我想我肯定會藉機偷懶的。我每次完成當天的寫作任務後都會很惴惴然地問：「昨晚寫得還行嗎？能看得下去嗎？」對第一次寫書的人來說，很害怕受到打擊，好在高老師作為資深編輯，深知這點，從來不給我任何打擊，全是鼓勵和肯定的話，甚至對我的「的地得」不分的語文水準也抱以非常大的寬容。她安慰我說你完全不用管「的地得」的事情，我們的審稿編輯會幫你修訂，我真是大為感激。我深知自己如果寫字的時候一旦去考慮何時用「的」，何時用「地」，我就完了，思路完全沒有辦法延續。

同時也要特別感謝我的幾個同事，他們為本書繪製了精美的插圖，他們是平哥、大力、國華和君君，他們的工作為這本書增添了很多很多的溫暖。

寫到這裡，我想對能堅持看到這裡的用心讀者說：有一件事情我沒有忘記，在本書的第四章結尾的時候提出的四個問題，還有兩個我沒有回答。我想能堅持看到這裡的讀者，真的都是用心的讀者，你們之中估

計有些人還對此念念不忘。其實那兩個問題（長棍佯謬和潛水艇佯謬）的答案已經不是很重要了，長棍佯謬必須考慮重力對時空的彎曲效應，而潛水艇佯謬則要複雜得多，如果你真的有興趣，大可以在網上自己搜尋答案。本書的最大目的還是在激發讀者的求知欲和好奇心，至於多一點少一點問題的答案，其實並不是關鍵問題，如果到此時你仍然沒有忘記那兩個問題，說明我的目的已經達到了。

　　按照常理，我應當在後記之後開一個長長的參考書目的列表，但是我忍不住想問，這真的有必要嗎？我的確看了不少書，如果要列出來的話，也能開一個長長的清單，但是其實要說參考，百度百科和維基百科還有各式各樣的網站是我參考最多的東西，但是我仍然覺得完全沒有必要列出來。不列參考書目我覺得還可以向廣大讀者表明我是一個不懂學術研究的普通人，對我來講，了解科學知識就跟看美劇、打遊戲、健身娛樂沒有什麼本質區別，它們都是生活的一部分，都是能給人帶來享受的活動。

　　一個業餘的、不懂學術研究的、大學專業是文科的人能不能寫一點像科普一樣的書呢？是不是只有真正的科學家或者至少是科班出身的正統科普作家才能寫科普書呢？我想顯然是未必的，在我看過的所有這類書籍中，恰恰是兩個「外行人」寫的書最好看，一個就是寫《萬物簡史》（*A Short History of Nearly Everything*）的比爾・布萊森（Bill Bryson），還有一個就是中國人曹天元。我想，恰恰因為他們是外行人，所以他們更能知道普通人能看懂什麼，看不懂什麼，什麼樣的術語是恰當的，什麼樣的術語是過於專業的。

　　比爾・布萊森在《萬物簡史》的引言中給我們講了一個他小時候的故事，說學校裡面發下來一本地理教科書，他一下子就被一張精美的地

球剖面圖吸引住了。回到家裡迫不及待地讀了起來，可是卻發現，這本書一點都不激動人心，它沒有回答任何正常人腦子裡會冒出來的問題：我們的行星中央怎麼會冒出一個「太陽」（高溫的地核）？怎麼知道它的溫度的？為什麼我們的地面不被烤熱？為什麼地球的中間不融化？要是地心都燒空了，會不會在地面形成一個大坑，我們都掉進去呢？等等。可是作者對這些有趣的問題卻隻字不提，永遠在那裡翻來覆去的說背斜啊、向斜啊，地軸偏差啊，作者似乎是有意要把一切都弄得深不可測，並且，這似乎是所有教科書作者的一個普遍陰謀：確保他們寫的東西絕不能去接近那些稍有意思的東西，起碼要迴避那些明顯有意思的東西。這個故事很容易引起我們的共鳴，想想我們從小到大看過的那些教科書和指定的課外讀物吧，對於那些真正有意思的問題，那些始終在我們腦子中縈繞的樸素疑問，似乎那些書從來不願意正面回答我們那些傻問題，似乎一回答那些問題就丟掉了作者的榮耀。我們其實可以改變這些。

我這一輩子最大的願望之一是，在我老得快要死掉的時候，收到幾張全世界知名的科學家的信或者卡片或者電子郵件什麼的任何東西，上面說：年輕的時候曾經看過您寫的一本好像是科普的書，雖然名字和內容現在都已經想不起來了，但是我記得我當年看完以後就毅然決定投身物理學，以至於有今天的一點點小成就，非常感謝您，祝您老一路走好。

如果真有這樣的一天到來，我想我會帶著非常愉快的心情上路，這遠比能睡進豪華骨灰盒，住進豪華墓地來得重要得多。

完。

汪詰

第二版後記

經常有人問我，為什麼那麼熱愛科普創作？

其實，我也一直在問自己，但總是不能回答得令自己滿意。2019年末，我在「得到」上聽科普作家萬維鋼老師解讀美國作家大衛・布魯克斯（David Brooks）的新書《第二座山》。萬維鋼老師解讀得極好，一下子戳中了我神經元中的某處開關，一些長期回蕩在我腦中的碎片化思緒，被《第二座山》精準地拼接了起來，讓我對這位智者的深刻洞見產生強烈的共鳴。可以說，布魯克斯替我回答了這個問題。

所以，在這裡，我也想把「第二座山」講給你們聽。

先跟大家說兩個人，他們都是我虛構的人物，但這樣的人卻又是真實存在的：

有一個人叫王偉，今年28歲，他和幾個小夥伴一起創業，並且獲得了一筆數百萬元的天使投資，他們每天都不知疲倦地工作。王偉加了很多與創業有關的群，因為群裡面每天都會有各種的勵志故事，他能從這些故事中感受到力量。王偉的夢想是到紐約證交所去敲鐘，他最崇拜的人是比爾・蓋茲。如果有人問他：你為什麼那麼努力？他通常會回答說：我要讓父母過上好日子，讓自己的妻子有足夠的安全感，讓自己未來的孩子接受全世界最好的教育，我要實現自己的人生價值。

另外一個人叫王霞，今年40歲，名校畢業，在職場上打拼了十五六

年，在一家大型國企中擔任高層，年薪過百萬。但是，她遇到了人生中的不幸，10歲的孩子得了罕見疾病，在醫院中拖了2年後終於去世。從此，她經常會去醫院做義工，幫助那些與自己有同樣遭遇的人。這一天，王霞穿上清潔工的衣服打掃一間病房，患病孩子的父親剛好出去抽菸了，王霞打掃完出來，在樓梯口遇到了孩子父親，父親看到她，突然很生氣，質問道：妳為什麼還不去打掃我孩子的病房。王霞沒有反駁，她謙卑地說：對不起，我馬上去打掃。然後當著父親的面，又打掃了一遍。王霞在心裡對自己說：這位父親已經夠不幸的了，我就不要再讓他心煩了。

第一個人王偉，當然是一位值得我們點讚的有為青年，他在攀登人生的第一座山。而王霞攀登的，是第二座山。

「第二座山」是布魯克斯發明的概念。他說人生要爬兩座山，第一座山是關於「自我」的，你希望自己越來越成功、越來越厲害，要實現自我，獲得幸福。第二座山，卻是關於別人的，是關於「失去自我」的：你為了別人，或者為了某個使命，而寧可失去自我。

並不是第一座山不應該爬，但是布魯克斯注意到，有很多爬完第一座山的人，現在都在爬第二座山。第二座山不是以你自己為核心，而是以別的某個東西為核心。第一座山追求的是幸福，第二座山得到的是喜悅。

布魯克斯說，幸福是爬完第一座山後的結果，而喜悅是攀登第二座山時得到的副產品。幸福是變幻無常稍縱即逝的，喜悅卻是深刻和持久的。幸福能讓我們感到快樂，而喜悅卻能改變我們。

但你不要走入一個誤區，以為只有爬完了第一座山的人，才會去爬第二座山。其實，爬第二座山不需要任何的先決條件，有些人一出道就已經在爬第二座山，有些人第一座山爬了一半突然改爬第二座山，而有些人一輩子都在同時攀登兩座山。

或許你會覺得爬第二座山的人都是聖人，是人群中的極少數，是那些脫離了低級趣味的人，他們離你很遙遠。

不是的，其實人人都有第二座山。試想一下，假如你正在完成一項很重要的工作，突然電話響起來了，你的孩子或是父母得了急病，需要你馬上去醫院。請問，你會不會立即放下工作去醫院？這時候你不會去考慮我如果沒有完成工作，可能得不到升遷，可能會影響自己的職業前途。這時候，你的頭腦中完全被自己親人的安危所占據，你沒有時間再去多考慮其他的。這就是你的第二座山。這是因為，身為人父人母，或身為人子，你在接到電話的那一刻，你受到了一種使命的召喚。

爬第一座山的人，是他選擇了某項工作；爬第二座山的人，是某項工作選擇了他。而這項工作對他而言，就不再是工作，是使命。

王霞能切身感受到那些患者和家屬需要人與人之間的幫助，所以，打掃病房這個工作在她看來，就不再是一項工作，而是使命。

你可以選擇職業和職業生涯，但是你不選擇使命——你是被使命選擇。有一天你突然強烈地感到一個召喚，你覺得這件事情必須得做，而且必須由你去做，這就是你的使命召喚。

35歲之前，我就是那個王偉，我拼命工作的動力是夢想著紐約證交所的鐘聲。但是，在經歷了三年的人生低谷，看完了300本書後，我被使命召喚，我覺得是科普這個工作選擇了我，因為我就是它最好的選擇，它賴在我身上不肯走了。

這聽起來似乎有點神奇加神祕，其實不然。如果明天地球遭到了外星人的入侵，你就不會覺得使命召喚有任何神奇。只要你還能行動，你就一定會被生存還是毀滅的使命召喚，在那一刻，我們都只有一個名字——「地球人」。

　　使命是要做一輩子的事情，如果你有了使命感，你不會考慮自己的天賦夠不夠，你只知道自己必須要做這事，為了把這件事做成，你願意學習任何新技能，你願意進行任何艱苦的刻意訓練。這個過程有時會讓你感到很痛苦，因為刻意練習要求你反覆做自己做不好的事情。

　　因此，我們除了使命，我們還需要和使命訂立一個誓約。誓約不是合約，合約是有條件的，而誓約是無條件的。誓約是我給使命的一個承諾，不管別人怎麼樣，反正我拼命也要做到。誓約也帶給我痛苦，但它帶給我的好處遠遠大過痛苦。

　　誓約讓我有了身分認同。別人問我是什麼人？我總不能回答他我是一個喜歡看電影的人吧？我會回答我是一個專業科普人。誓約給了我明確的目標，誓約讓我下半輩子不再有選擇困難症，誓約讓我成為一個堅定的人。我每天寫作，真實的原因並不是我多麼擅長寫作，而是我必須每天寫作，這是我使命的一部分。誓約讓我在攀登第二座山的時候慢慢改變自己。

　　在喬治・馬丁的《冰與火之歌》（美劇《權力遊戲》）中，有一段守夜人的誓詞：

　　長夜將至，我從今開始守望，至死方休。
　　我將不娶妻，不封地，不生子。
　　我將不戴寶冠，不爭榮寵。
　　我將盡忠職守，生死於斯。
　　我是黑暗中的利劍，長城上的守衛，抵禦寒冷的烈焰，破曉時分的光線，喚醒眠者的號角，守護王國的堅盾。
　　我將生命與榮耀獻給守夜人，今夜如此，夜夜皆然。

守夜人很多都是卑微的囚犯，他們被發配到長城，一輩子不得離開。但因為有了這段誓約，他們不再卑微，他們變得強大，他們不再是一個個的人，他們已經是長城的一部分。

我也是一名守夜人，我守望的不是長城，而是文明和理性的火種。

但我與長城守夜人的不同在於，他們面對的是無盡的寒冷和黑夜，而我的未來充滿了溫暖和光明。我堅信自己守護的是終將燎原的星火，因為被喚醒的人就不會再沉睡，從無例外。

附汪詰已出版作品清單：

《時間的形狀：相對論史話》（繁體版：《時間的形狀》）

《星空的琴弦：天文學史話》

《億萬年的孤獨：外星文明搜尋史話》（繁體版：《外星人防禦計畫》）

《漫畫相對論》

《十二堂經典科普課》

《未解的宇宙》

《少兒科學思維啟蒙》（繁體版：《原來科學家這麼想》）

《迷途的蒼穹：科幻世界漫遊指南》

《太陽系簡史》

《精衛9號：汪詰科幻小說精選集》

《文明的火種》

《哪》（科幻小說）

《植物的戰鬥》

《說出來你別不信》

汪詰寫於 2022 年 2 月 22 日

名詞列表

人名

Marco Drago
Nicola Twilley

三劃
大衛森 Charles Davidson

四劃
牛頓 Isaac Newton

五劃
加來道雄 Michio Kaku
史瓦西 Karl Schwarzschild
布萊森 Bill Bryson
石原純
弗拉姆 Ludwig Flamm

六劃
朱德

米列娃 Mileva
艾爾莎 Elsa
西拉德 Leo Szilard

七劃
伽利略 Galileo Galilei
伽莫夫 George Gamow
克卜勒 Johannes Kepler
克萊因 Felix Klein
克羅梅林 Andrew Crommelin
利奇 Ostilio Ricci
吳有訓
希格斯 Peter Higgs
希爾伯特 David Hilbert
貝爾 John S. Bell
李淼

八劃
周恩來
周培源

愛丁頓 Arthur Eddington
愛因斯坦 Albert Einstein
楊 Thomas Young

十四劃

維尼齊亞諾 Gabriele Veneziano
蒲柏 Alexander Pope
赫茲 Heinrich Hertz

十五劃

德謨克利圖斯 Democritus
歐拉 Leonhard Euler
歐幾里得 Euclid
蔡元培
黎曼 Bernhard Riemann

十六劃

錢學森
霍金 Stephen Hawking

十七劃

謝耳朵 Sheldon
謝爾克 Joel Scherk
邁克生 Albert Michelson
薩根 Carl Sagan

十八劃

魏嗣鑾

十九劃

羅伯遜 Howard P. Robertson
羅森 Nathan Rosen
羅默 Ole Romer
龐加萊 Jules Henri Poincare

《自然哲學的數學原理》（簡稱《原理》）
　（*Philosophiae Naturalis Principia
　Math-ematica*）

七劃

伽利略相對性原理

伽利略變換 Galilean Transformation

克萊因瓶

吸積盤 accretion disk

希格斯玻色子 Higgs boson

貝爾不等式（貝爾定理）

辛普森佯謬 Simpson's Paradox

角動量

八劃

事件的未來光錐

佯謬

奇點 Singular Point

定域

波粒二象性 wave-particle duality

《物理評論》（*Physical Review*）

《物理學年鑑》（*Annalen der Physik*）

〈物質的慣性同它所含的能量有關嗎？〉

空間收縮

長棍佯謬

《阿凡達》

非等向性 anisotropy

九劃

星光實驗

星際殖民

星際貿易

〈星際貿易學〉（The theory of interstellar
　trade）

玻色子 boson

《相對論入門——狹義和廣義相對論》
　（*Relativity: The Special and General
　Theory*）

相對論因子

秒角 arcsecond

紅移 redshift

《胡桃裡的宇宙》（*The Universe in a
　Nutshell*）

重力波 gravitational wave

重力場

重力場方程

祖母悖論

十劃

原子 atom

《原子中的幽靈》（*The Ghost in the Atom*）

哥本哈根詮釋 Copenhagen interpretation

哥本哈根學派

弱核力（弱作用力）

時空 spacetime

國家圖書館出版品預行編目資料

時間的形狀：相對論史話／汪詰著. -- 二版.
-- 臺北市：經濟新潮社出版：英屬蓋曼群
島商家庭傳媒股份有限公司城邦分公司發
行, 2022.04
　面； 公分. --（自由學習；15）
ISBN 978-626-95747-7-3（平裝）

1. CST：相對論　2. CST：通俗作品

331.2　　　　　　　　　　　111004438